祁门红茶史料丛刊

（茶商账簿之一）

康　健◎主编
王世华◎审订

安徽师范大学出版社
ANHUI NORMAL UNIVERSITY PRESS
·芜湖·

图书在版编目(CIP)数据

祁门红茶史料丛刊.第六辑,茶商账簿之一/康健主编.—芜湖:安徽师范大学出版社,2020.6
ISBN 978-7-5676-4606-3

Ⅰ.①祁… Ⅱ.①康… Ⅲ.①祁门红茶-贸易史-史料 Ⅳ.①TS971.21

中国版本图书馆CIP数据核字(2020)第077036号

祁门红茶史料丛刊 第六辑(茶商账簿之一)　　康 健◎主编　王世华◎审订
QIMEN HONGCHA SHILIAO CONGKAN DI-LIU JI (CHASHANG ZHANGBU ZHI YI)

总 策 划:孙新文　　执行策划:汪碧颖
责任编辑:汪碧颖　　责任校对:蒋 璐
装帧设计:丁奕奕　　责任印制:桑国磊
出版发行:安徽师范大学出版社
芜湖市九华南路189号安徽师范大学花津校区
网　　址:http://www.ahnupress.com/
发 行 部:0553-3883578　5910327　5910310(传真)
印　　刷:苏州市古得堡数码印刷有限公司
版　　次:2020年6月第1版
印　　次:2020年6月第1次印刷
规　　格:700 mm × 1000 mm　1/16
印　　张:19.75
字　　数:364千字
书　　号:ISBN 978-7-5676-4606-3
定　　价:63.80元

凡　例

一、本丛书所收资料以晚清民国（1873—1949）有关祁门红茶的资料为主，间亦涉及19世纪50年代前后的记载，以便于考察祁门红茶的盛衰过程。

二、本丛书所收资料基本按照时间先后顺序编排，以每条（种）资料的标题编目。

三、每条（种）资料基本全文收录，以确保内容的完整性，但删减了一些不适合出版的内容。

四、凡是原资料中的缺字、漏字以及难以识别的字，皆以□来代替。

五、在每条（种）资料末尾注明资料出处，以便查考。

六、凡是涉及表格说明“如左”“如右”之类的词，根据表格在整理后文献中的实际位置重新表述。

七、近代中国一些专业用语不太规范，存在俗字、简写、错字等，如“先令”与“仙令”、“萍水茶”与“平水茶”、“盈余”与“赢余”、“聂市”与“聂家市”、“泰晤士报”与“太晤士报”、“茶业”与“茶叶”等，为保持资料原貌，整理时不做改动。

八、本丛书所收资料原文中出现的地名、物品、温度、度量衡单位等内容，具有当时的时代特征，为保持资料原貌，整理时不做改动。

九、祁门近代属于安徽省辖县，近代报刊原文中存在将其归属安徽和江西两种情况，为保持资料原貌，整理时不做改动，读者自可辨识。

十、本丛书所收资料对于一些数字的使用不太规范，如“四五十两左右”，按照现代用法应该删去“左右”二字，但为保持资料原貌，整理时不做改动。

十一、近代报刊的数据统计表中存在一些逻辑错误。对于明显的数字统计错误，整理时予以更正；对于那些无法更正的逻辑错误，只好保持原貌，不做修改。

十二、本丛书虽然主要是整理近代祁门红茶史料，但收录的资料原文中有时涉及其他地区的绿茶、红茶等内容，为反映不同区域的茶叶市场全貌，整理时保留全

文，不做改动。

十三、本丛书收录的近代报刊种类众多、文章层级多样不一，为了保持资料原貌，除对文章一、二级标题的字体、字号做统一要求之外，其他层级标题保持原貌，如“（1）（2）”标题下有“一、二”之类的标题等，不做改动。

十四、本丛书所收资料为晚清、民国的文人和学者所写，其内容多带有浓厚的主观色彩，常有污蔑之词，如将太平天国运动称为“发逆”“洪杨之乱”等，在编辑整理时，为保持资料原貌，不做改动。

十五、为保证资料的准确性和真实性，本丛书收录的祁门茶商的账簿、分家书等文书资料皆以影印的方式呈现。为便于读者使用，整理时根据内容加以题名，但这些茶商文书存在内容庞杂、少数文字不清等问题，因此，题名未必十分精确，读者使用时须注意。

十六、原资料多数为繁体竖排无标点，整理时统一改为简体横排加标点。

目　录

一　各号茶庄流水

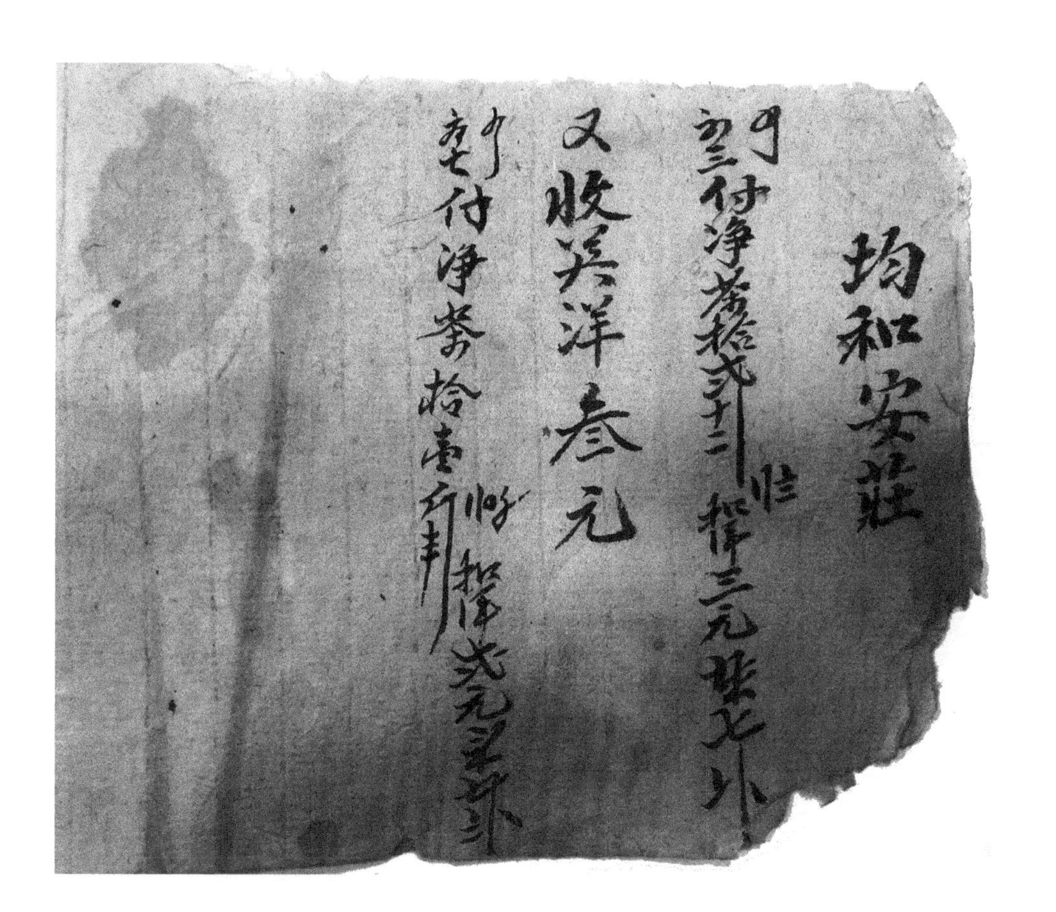
均和安莊

九月初三付淨茶拾弍斤十二两 折洋三元

又收英洋叁元

九月初七付淨茶拾壹斤半 折洋弍元

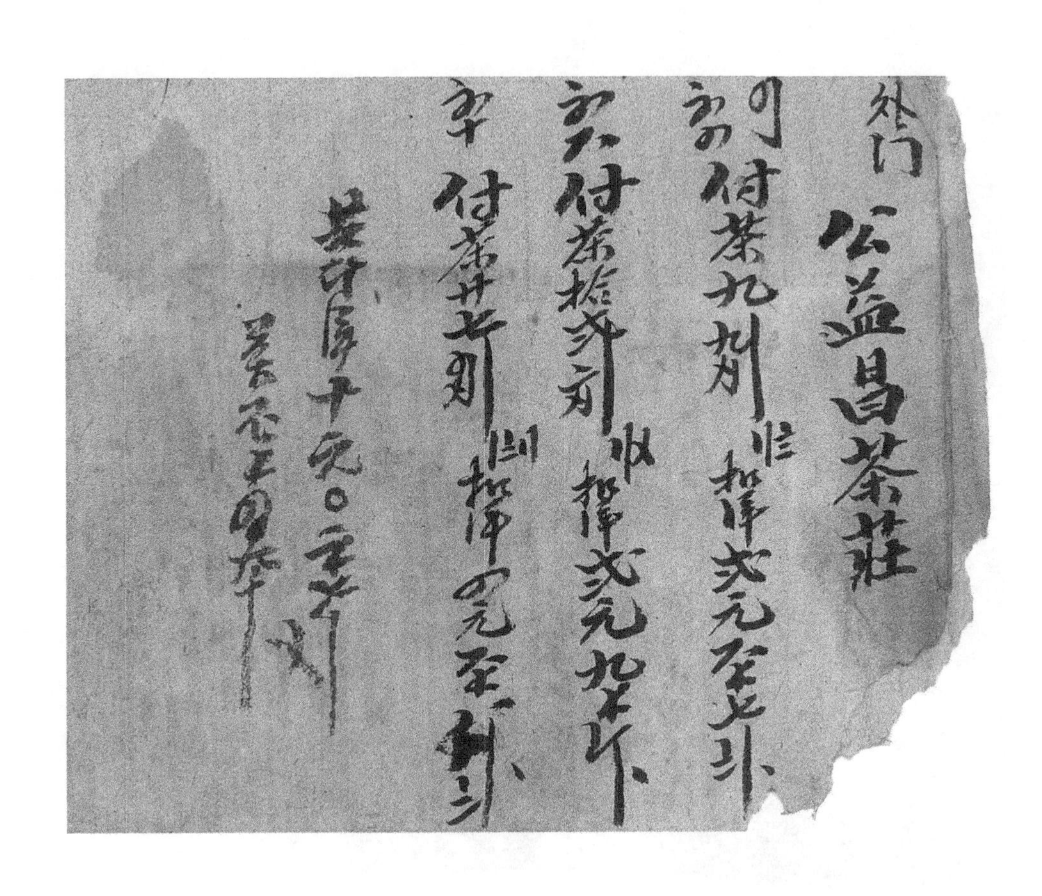
外门 公益昌茶莊

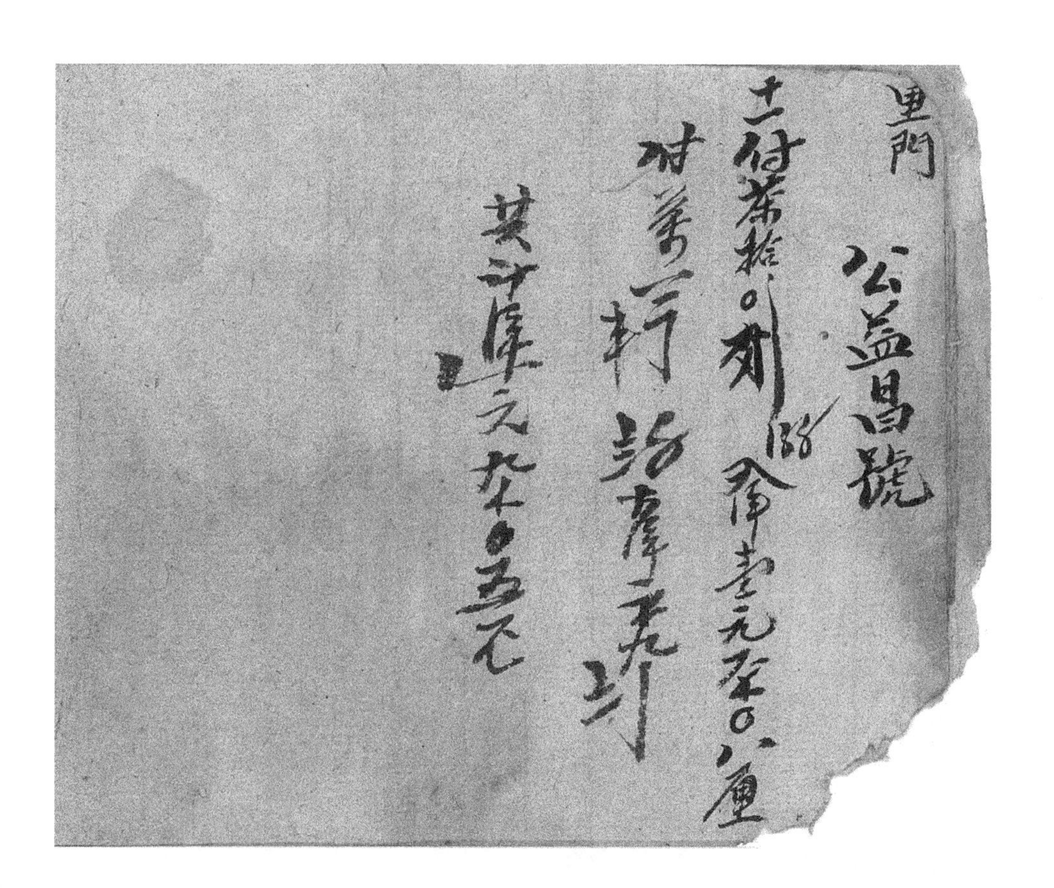

里門

公益昌號

十一付茶稅〇[illegible] 洋壹元叁角〇八厘

付箬一斤 [illegible] 洋一元九角

共計洋二元九角〇五厘

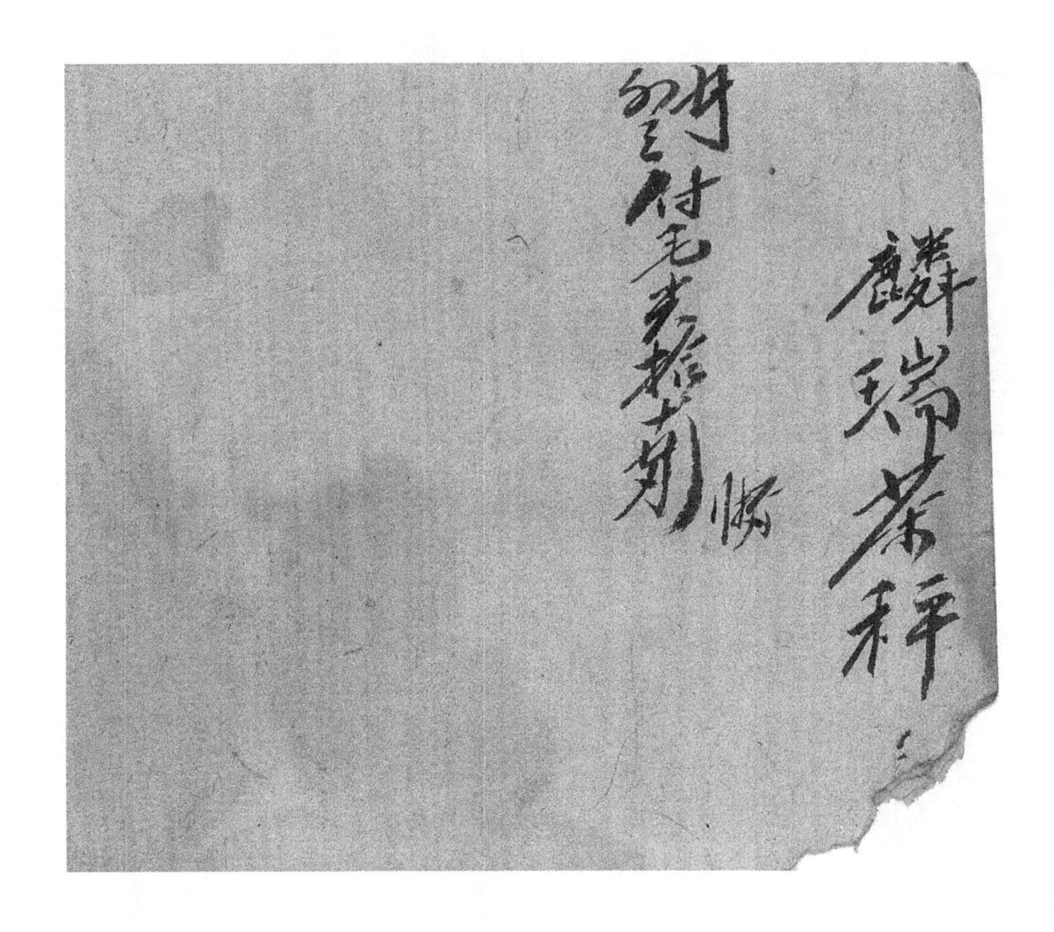
麟瑞茶秤

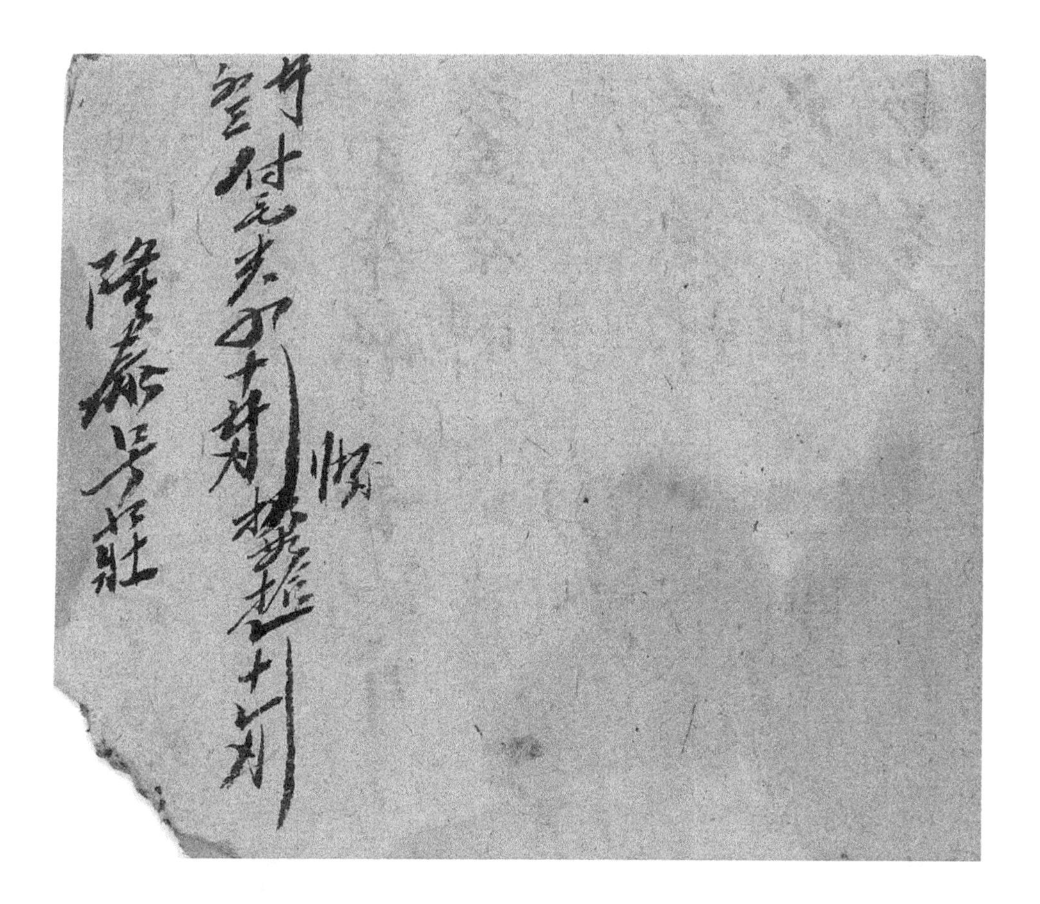

收

隆泰号茶莊

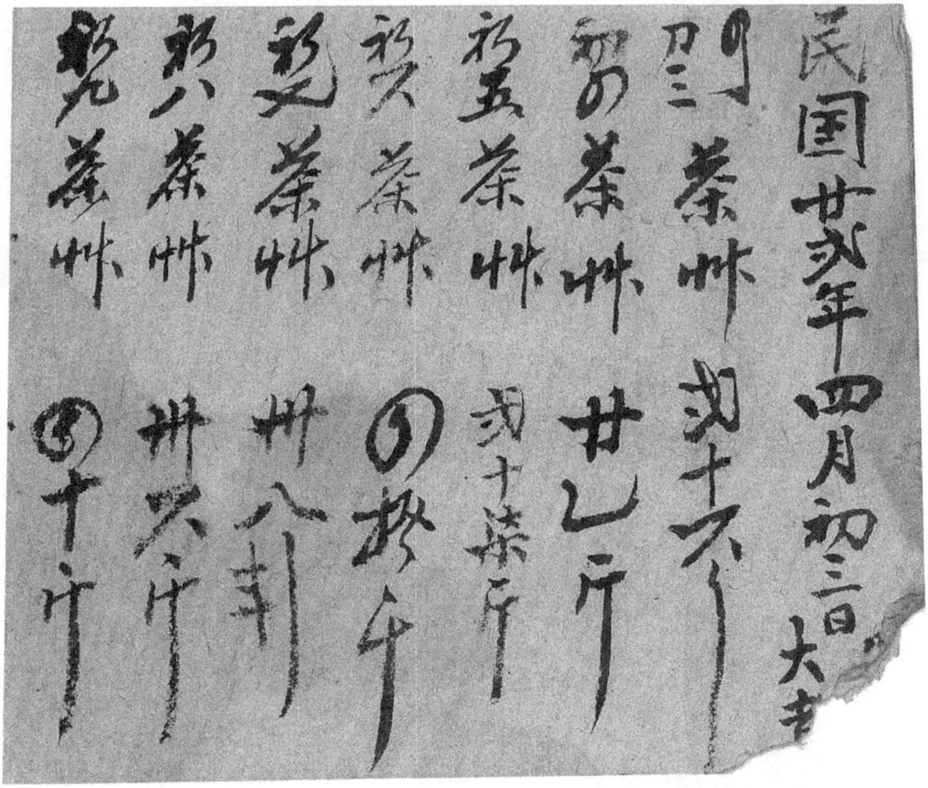

民国廿贰年四月初三日　大吉

初三茶草　贰十六斤

初四茶草　廿乙斤

初五茶草　贰十柒斤

初六茶草　四拾斤

初七茶草　卅八斤

初八茶草　卅六斤

初九茶草　四十斤

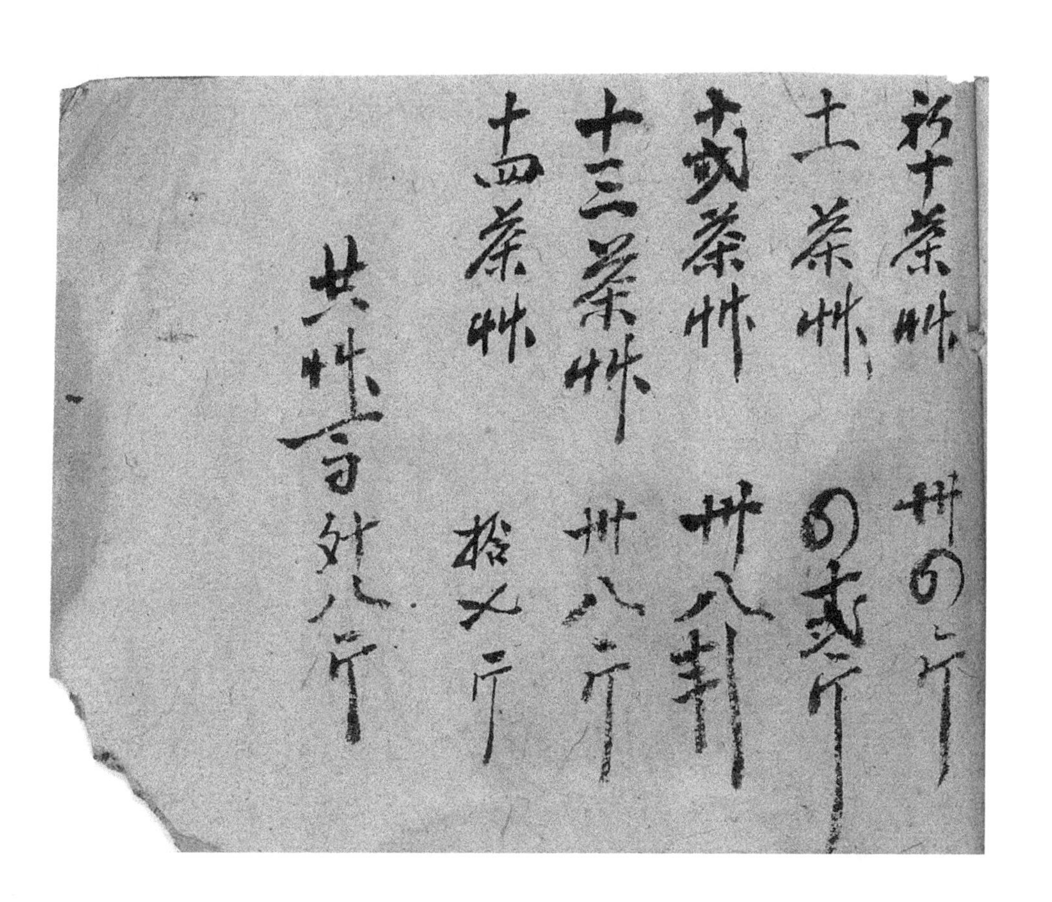

初十茶帐 卅四斤

十一茶帐 四弍斤

十弍茶帐 卅八斤

十三茶帐 卅八斤

十四茶帐 拾丈斤

共帐一百五八斤

逐日出售乾茶

〇義祥莊

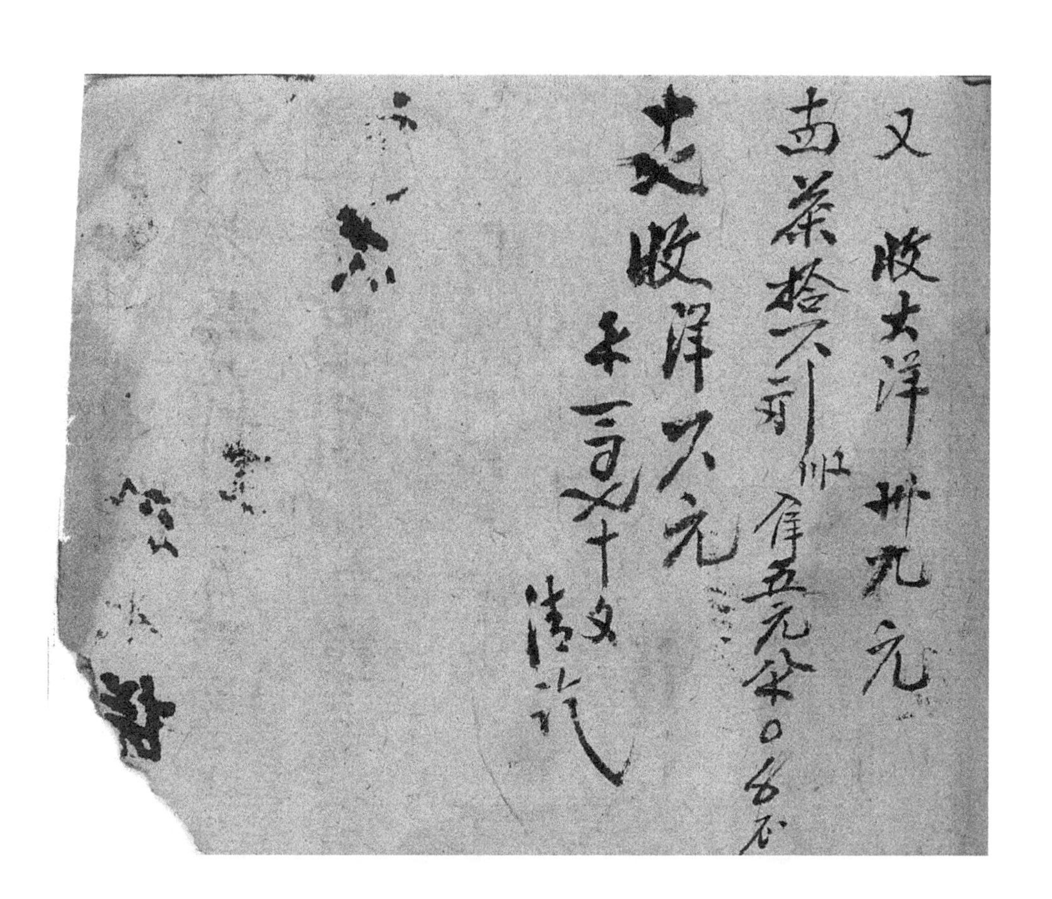

又收大洋卅九元

去茶拾六斤付洋五元八〇

支收洋六元

钱一百九十文

清讫

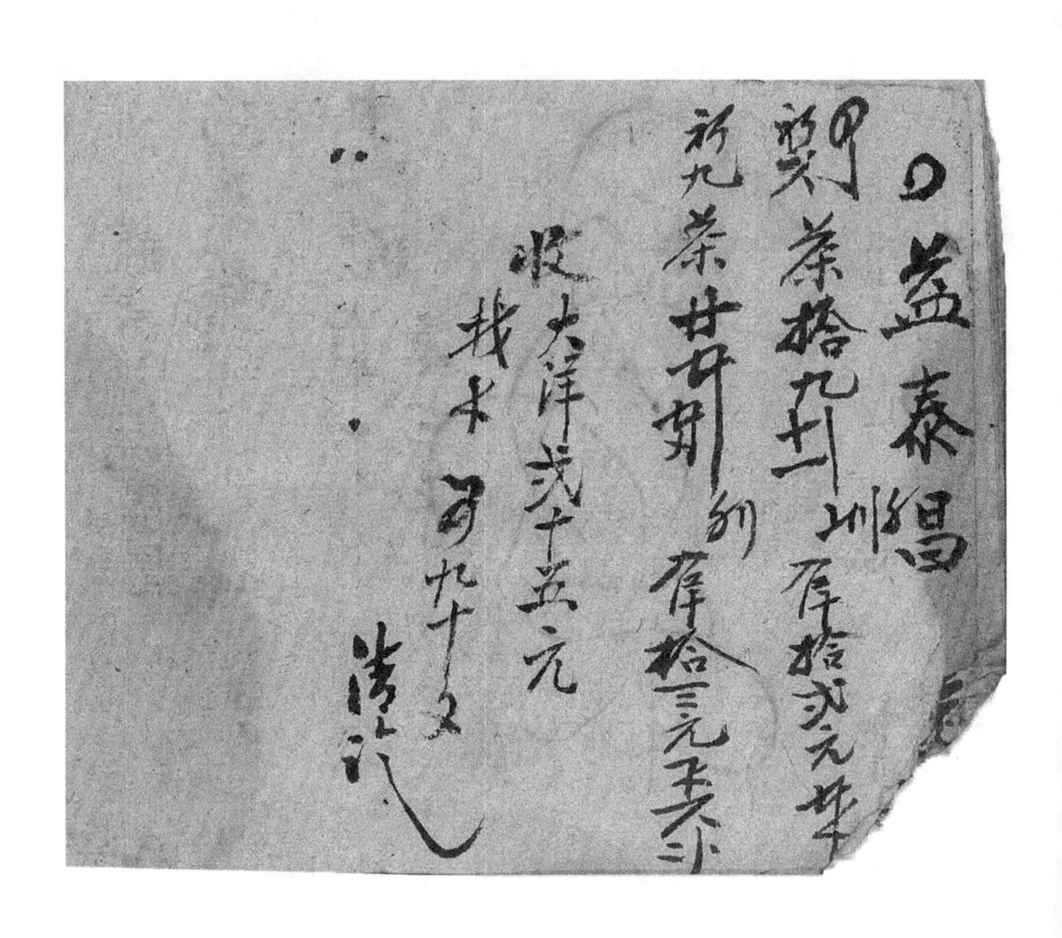
益泰號
[illegible]茶拾九斤十一兩 洋拾弍元[illegible]
[illegible]九茶廿斤 例 洋拾三元
收大洋弍十五元
找米 [illegible]九十文
清訖

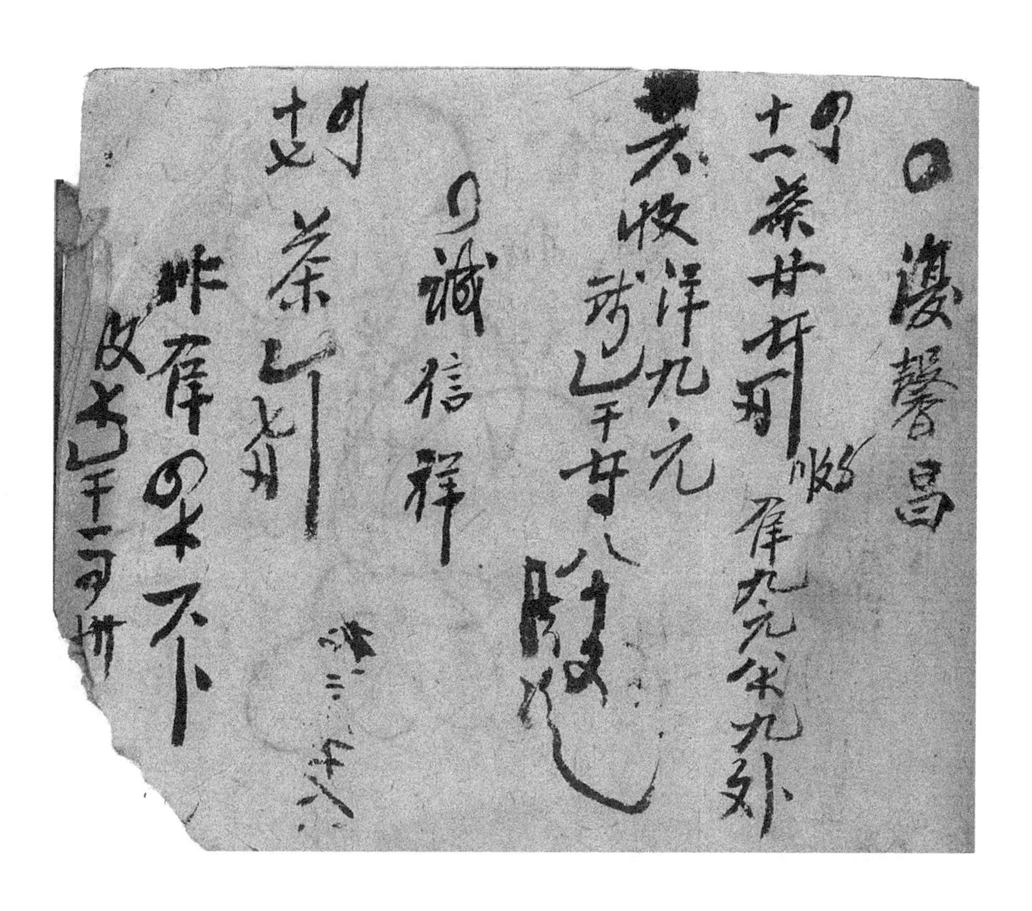

慶馨昌

共收洋九元

信祥

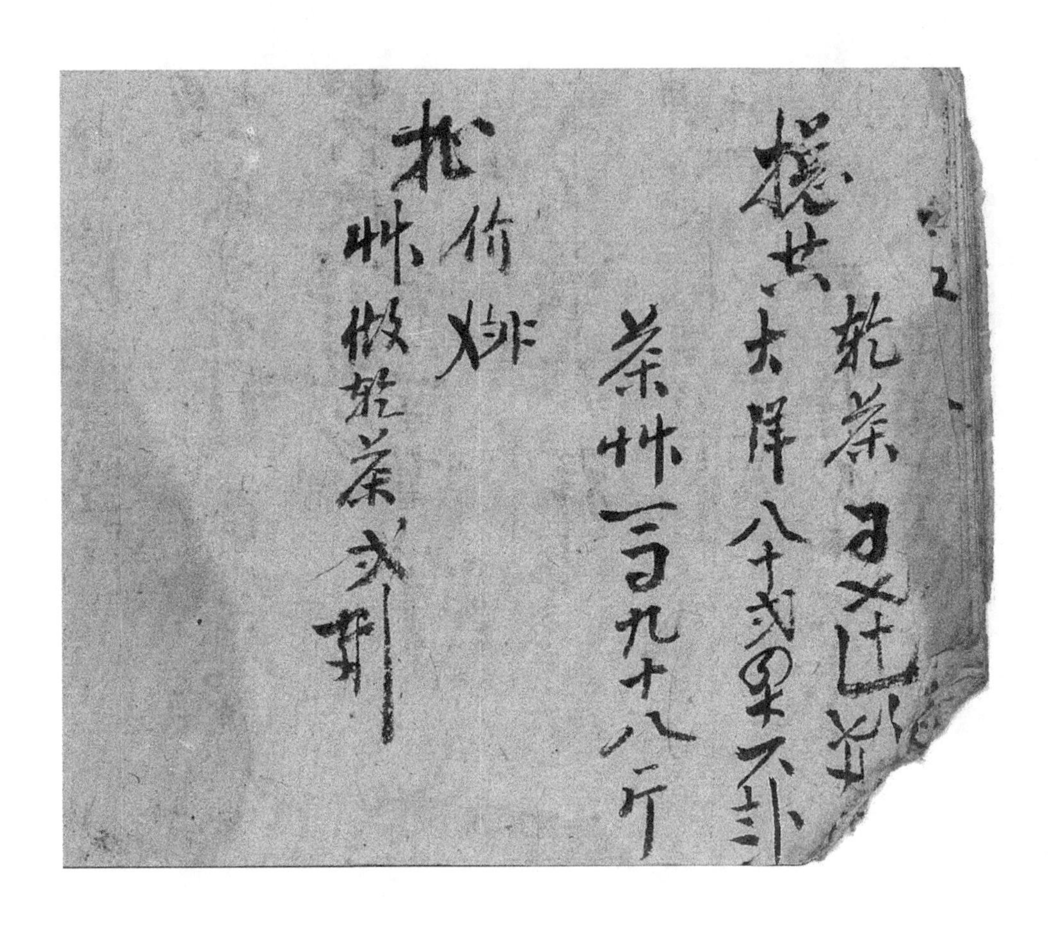

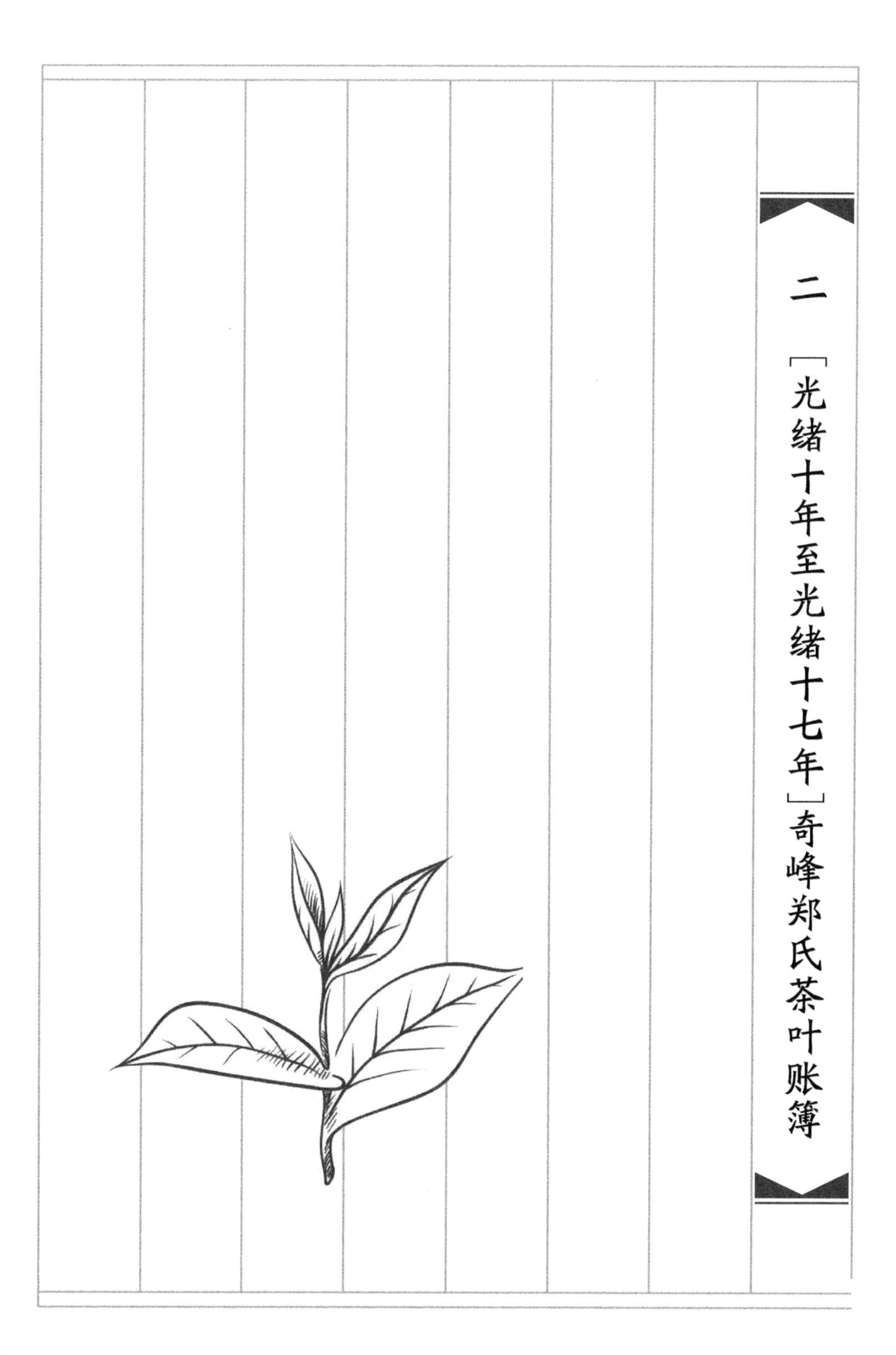

二　〔光绪十年至光绪十七年〕奇峰郑氏茶叶账簿

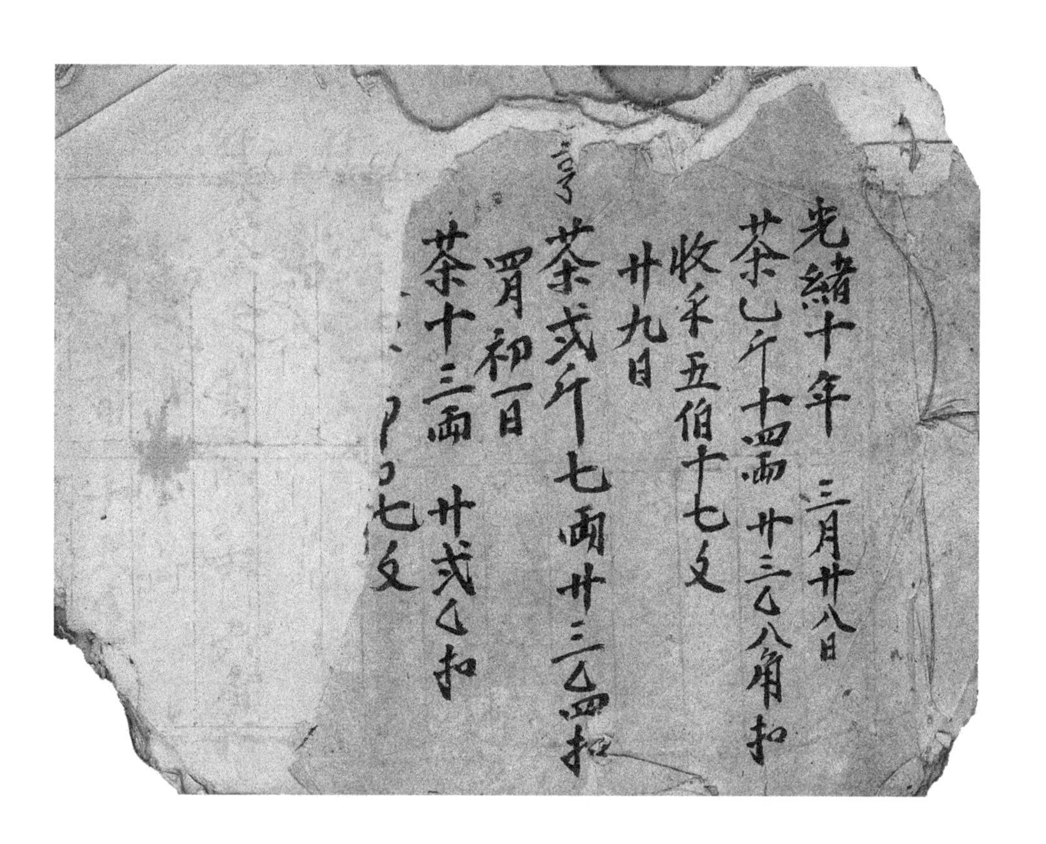

光緒十年 三月廿八日

茶乙斤十四両 廿三〡八角扣

收乎五伯十七文

廿九日

茶弍斤七两 廿三〡四扣

四月初一日

茶十三両 廿弍〡扣

□□七文

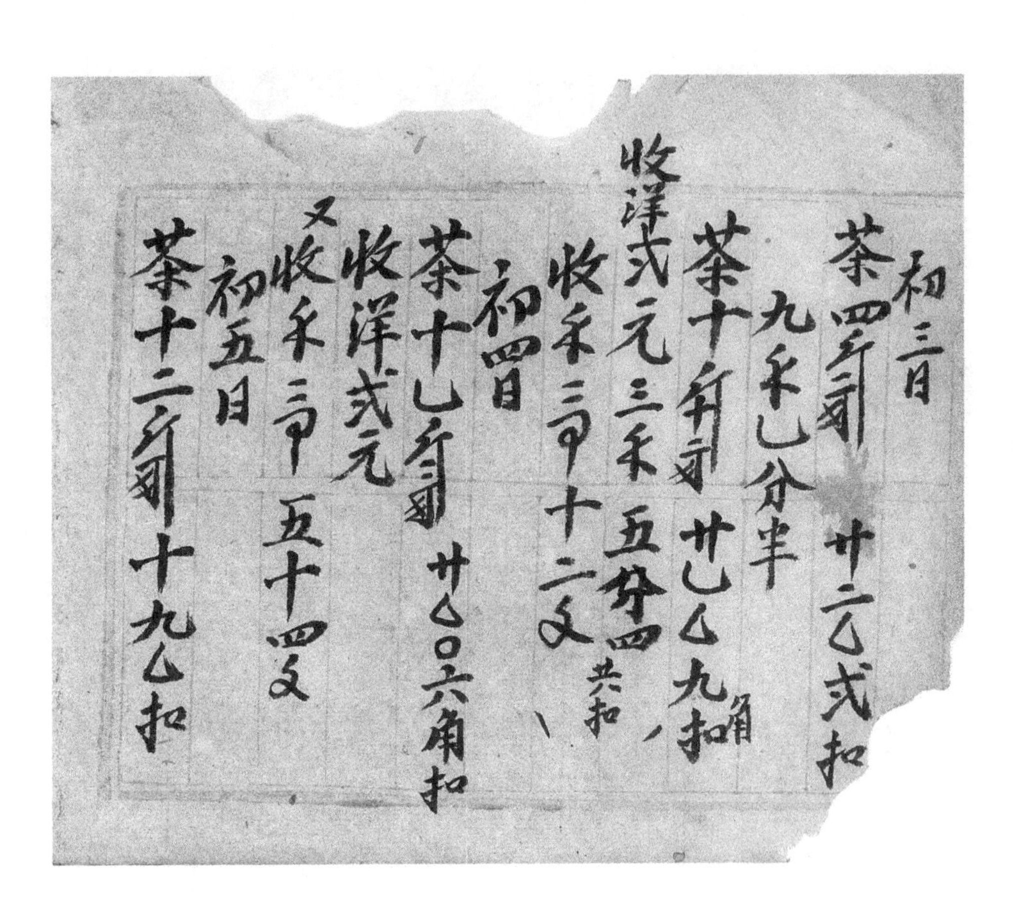

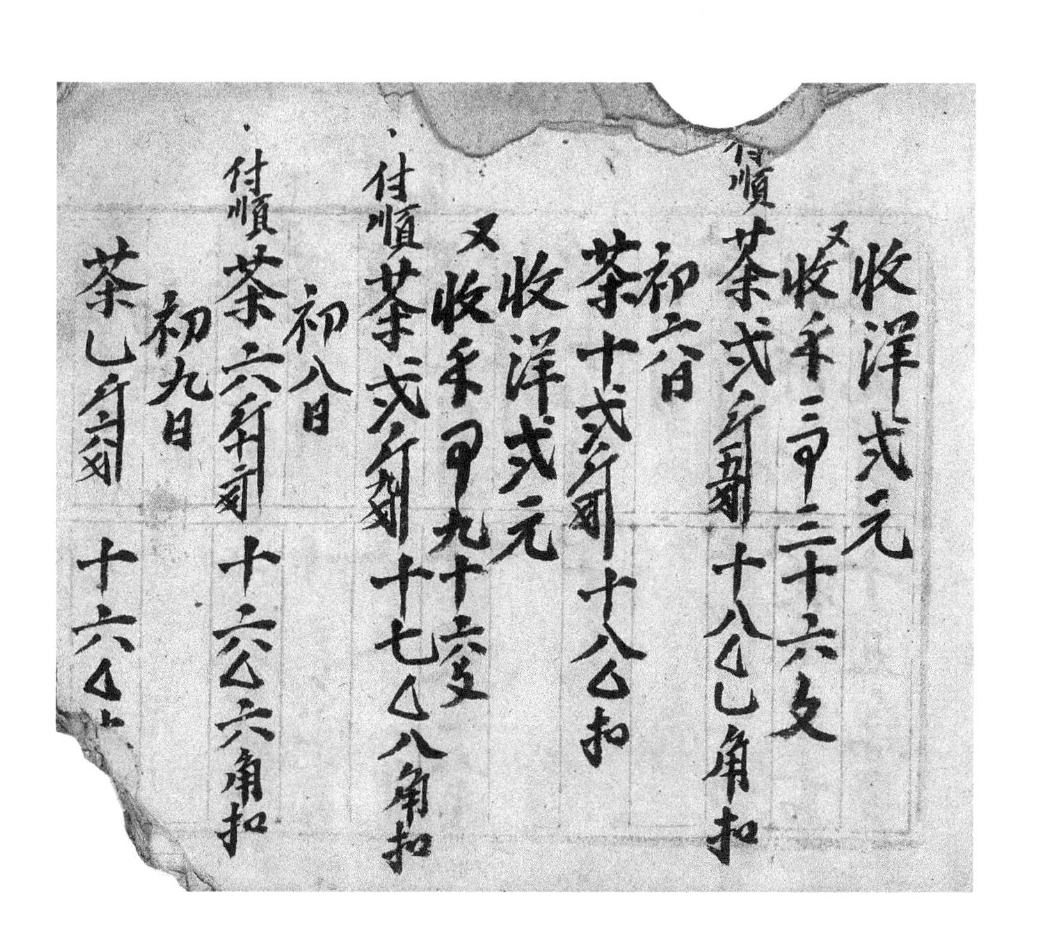

收洋弍元
又收钱三百二十六文
付顺茶弍斤[illegible] 十八[illegible]角扣
初六日
茶十弍斤[illegible] 十八[illegible]扣
收洋弍元
又收钱四百九十六文
付顺茶弍斤[illegible] 十七[illegible]八角扣
初八日
付顺茶六斤[illegible] 十六[illegible]六角扣
初九日
茶[illegible]斤[illegible] 十六[illegible]

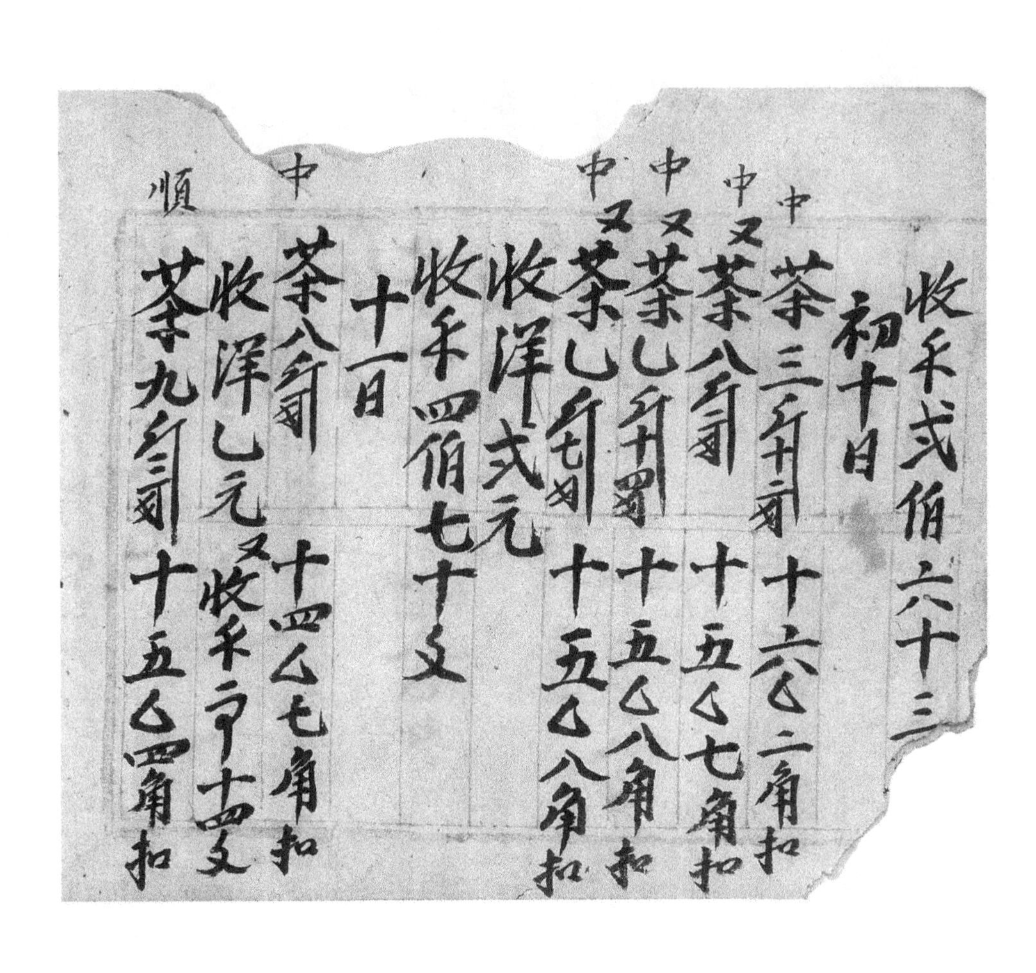

收乎弍佰六十三

初十日

中 茶三斤十两 十六乙二角扣

中 又茶八斤十两 十五乙七角扣

中 又茶乙斤十两 十五乙八角扣

中 又茶乙斤七两 十五乙八角扣

收洋弍元

收乎四佰七十文

十一日

中 茶八斤十两 十四乙七角扣

收洋乙元 又收乎廿四文

顺 茶九斤三两 十五乙四角扣

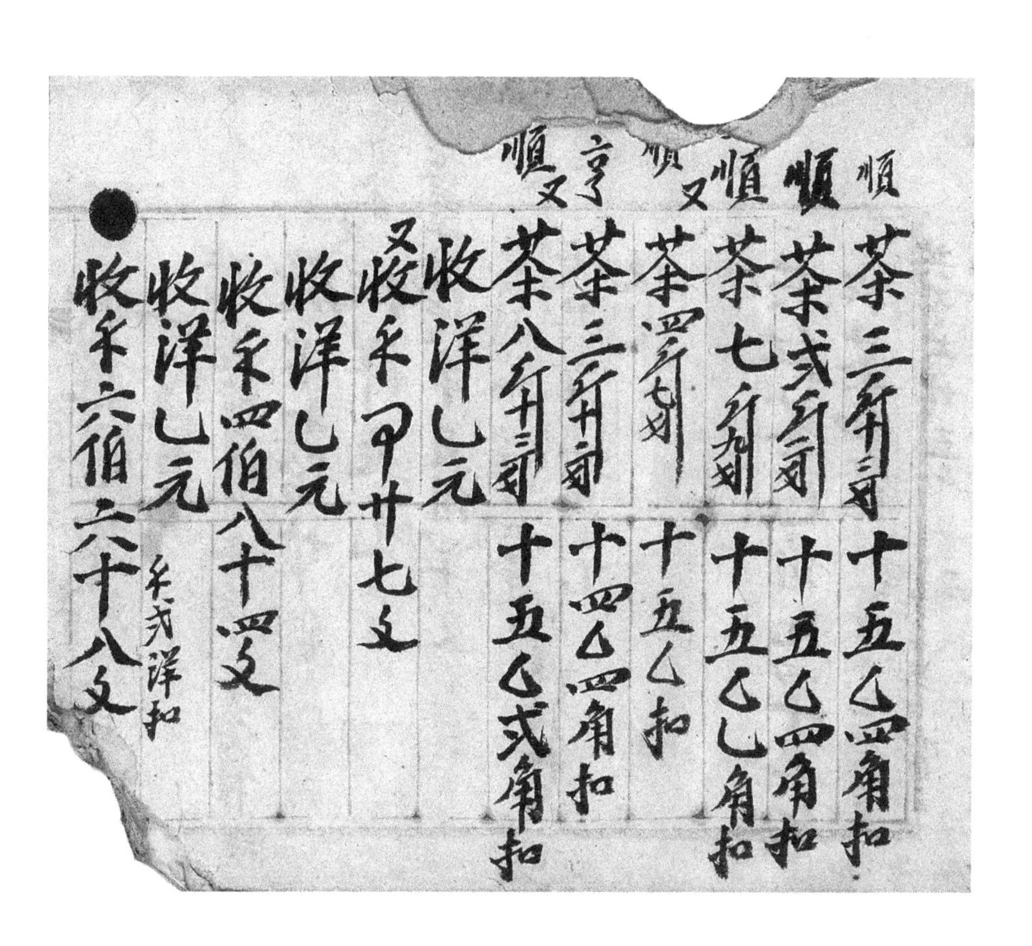

順 茶三斤三両 十五乙四角扣
順 茶弍斤三両 十五乙四角扣
順 茶七斤九両 十五乙乚角扣
又 茶四斤七両 十五乙扣
順 茶三斤十両 十四乙四角扣
又 茶八斤十三両 十五乙弍角扣
亨 收洋乚元
又 收禾甲廿七文
收洋乚元
收禾四佰八十四文
收洋乚元
收禾六佰六十八文 禾弍洋扣

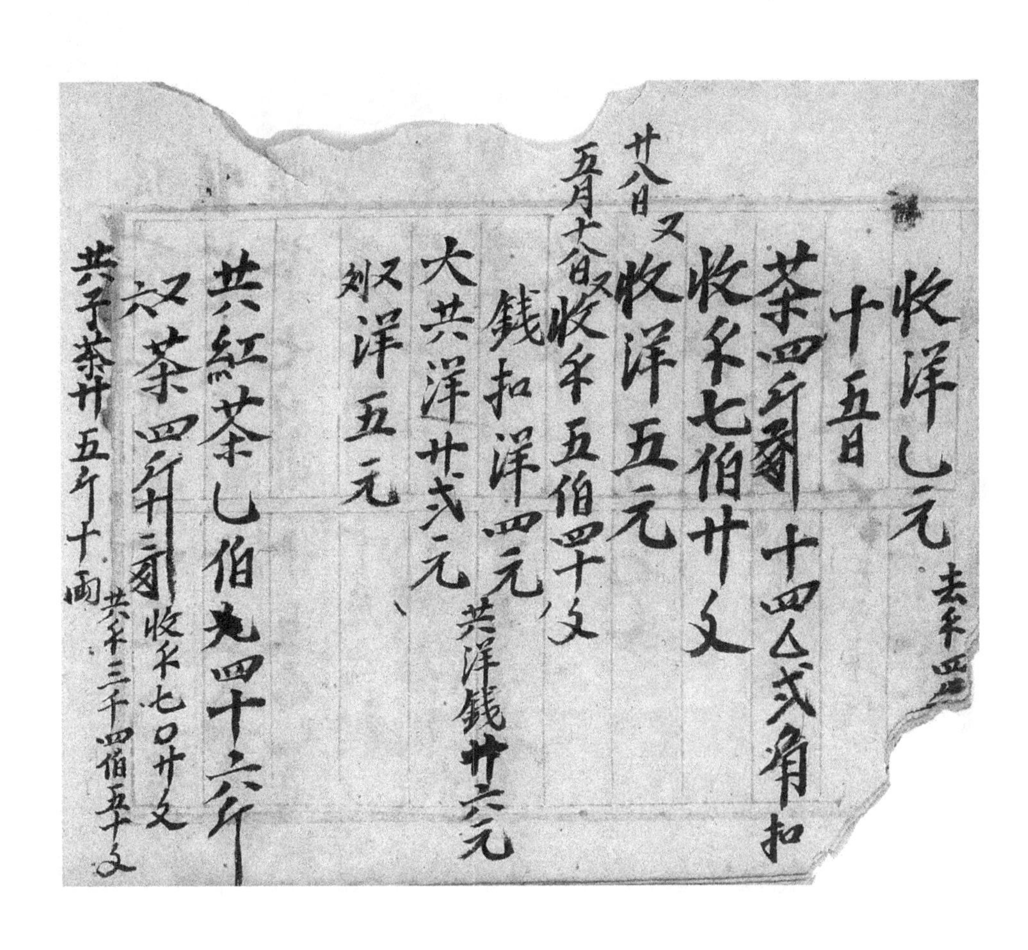

收洋乙元 去钱四……
十五日
茶四斤……十四……角扣
收钱七伯廿文
廿八日又收洋五元
五月十六日又收钱五伯四十文
钱扣洋四元
大共洋廿弍元
又刘洋五元
共洋钱廿六元
共红茶乙伯九四十六斤
又六茶四斤廿二……收钱七伯廿文
共子茶廿五斤十两
共钱二千四伯五十文

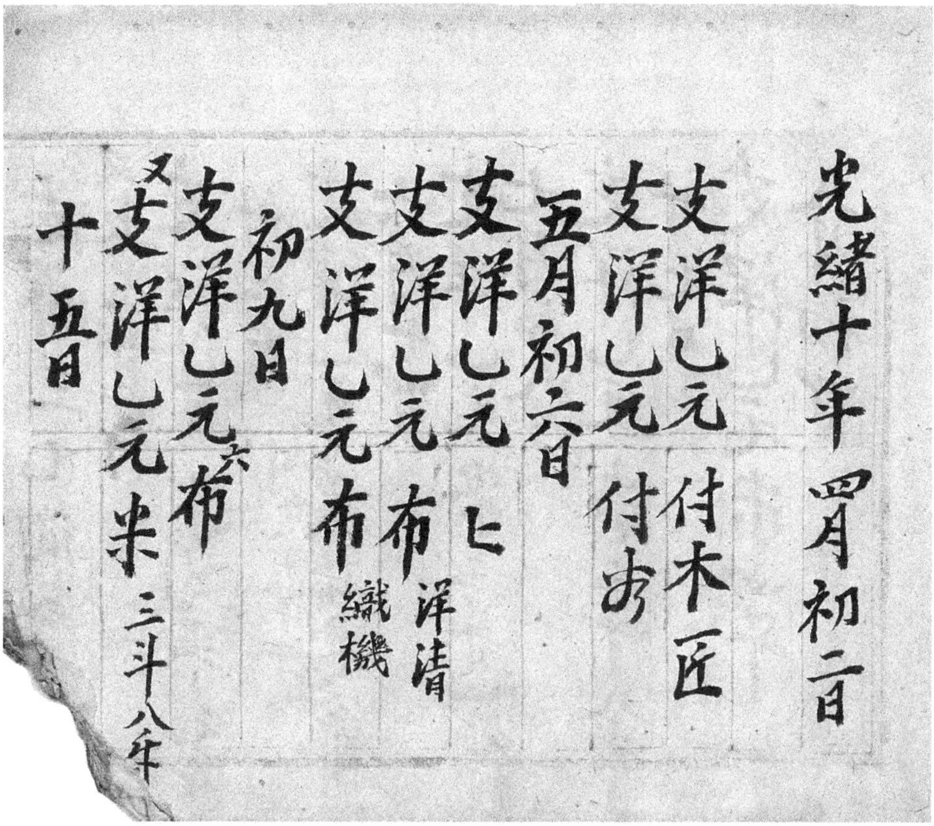

光绪十年四月初二日

支洋乚元　付木匠

支洋乚元　付书

五月初六日

支洋乚元　七

支洋乚元　布　洋清

支洋乚元　布　織機

初九日

支洋乚元六　布

又支洋乚元　米　三斗十八斤

十五日

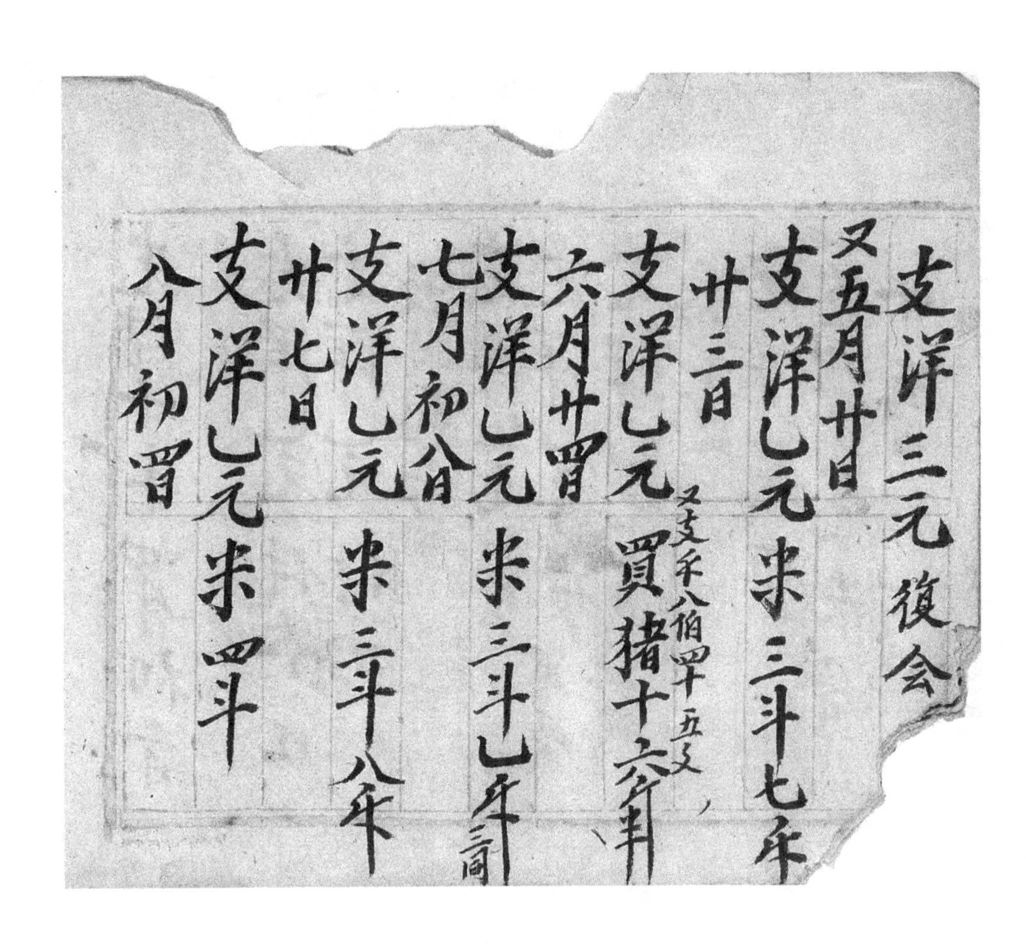
支洋三元復会
又五月廿日
支洋乚元 来三斗七斤
廿三日
支洋乚元 買豬十六斤半
又支钱八伯四十五文
六月廿四日
支洋乚元 来三斗乚斤[illegible]
七月初八日
支洋乚元 来三斗八斤
廿七日
支洋乚元 来四斗
八月初四日

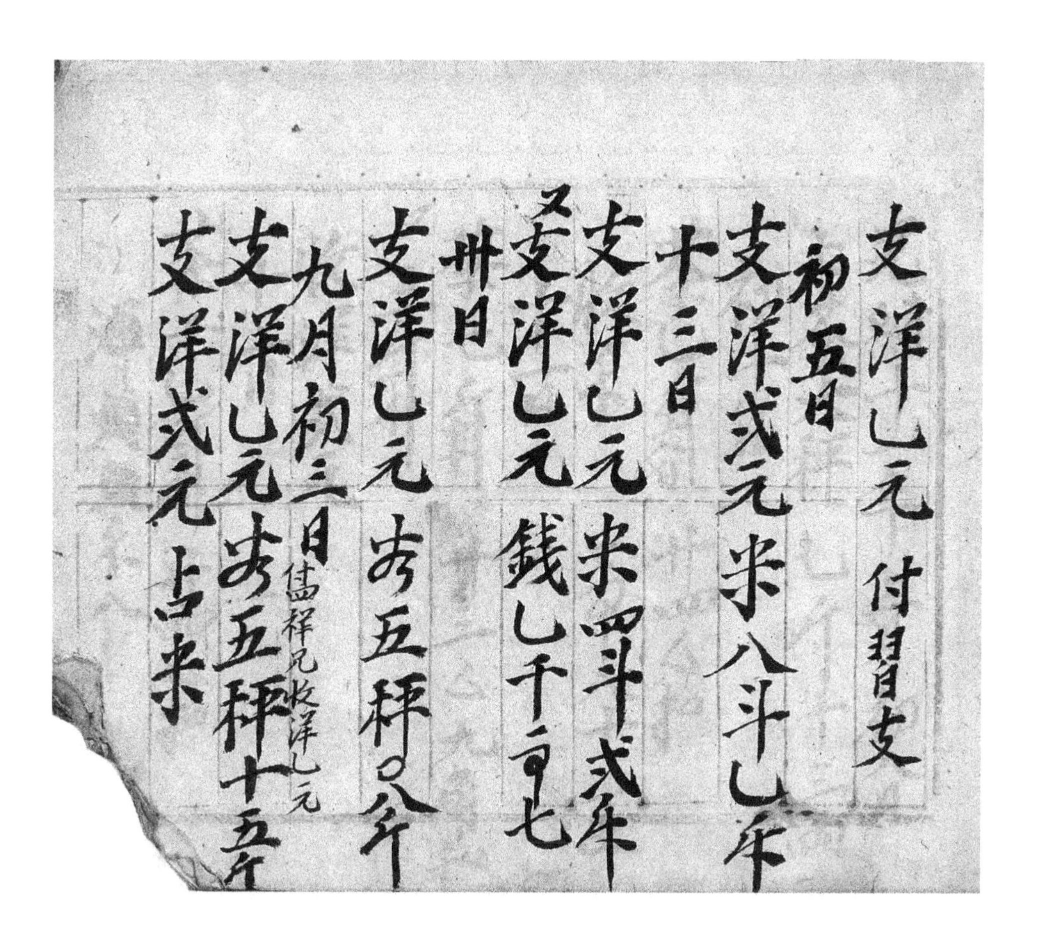

支洋乙元 付習支

初五日

支洋弍元 来八斗乙斤

十三日

支洋乙元 来四斗弍斤

又支洋乙元 錢乙千〇七

卅日

支洋乙元 买五秤〇八斤

九月初三日 付盛祥兄收洋乙元

支洋乙元 买五秤十五斤

支洋弍元 上吉来

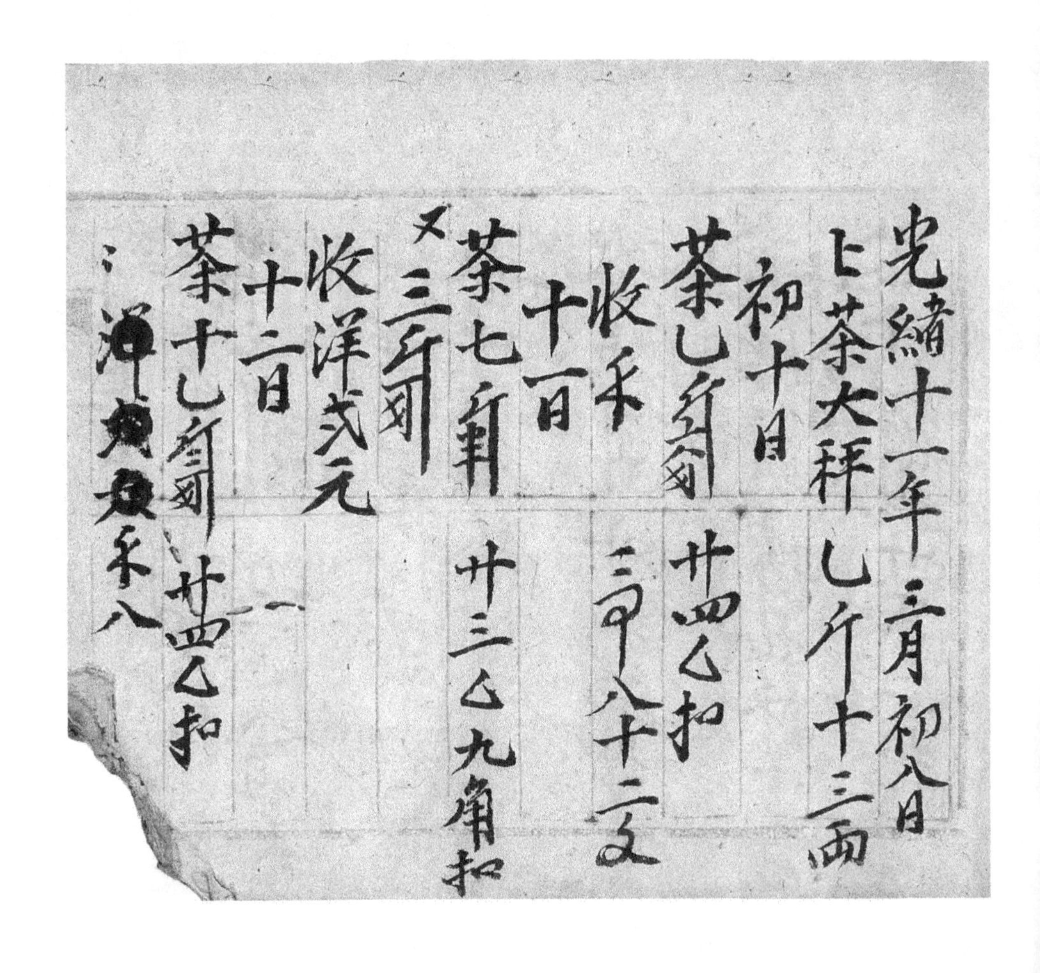
光緒十一年三月初八日
上茶大秤乙斤十三両
初十日
茶乙斤刃 廿四乙扣
收禾 三千八十二文
十一日
茶七斤肖 廿三乙九角扣
又三斤刃
收洋弍元
十二日
茶十乙斤刃 廿四乙扣
洋[illegible]兑禾八

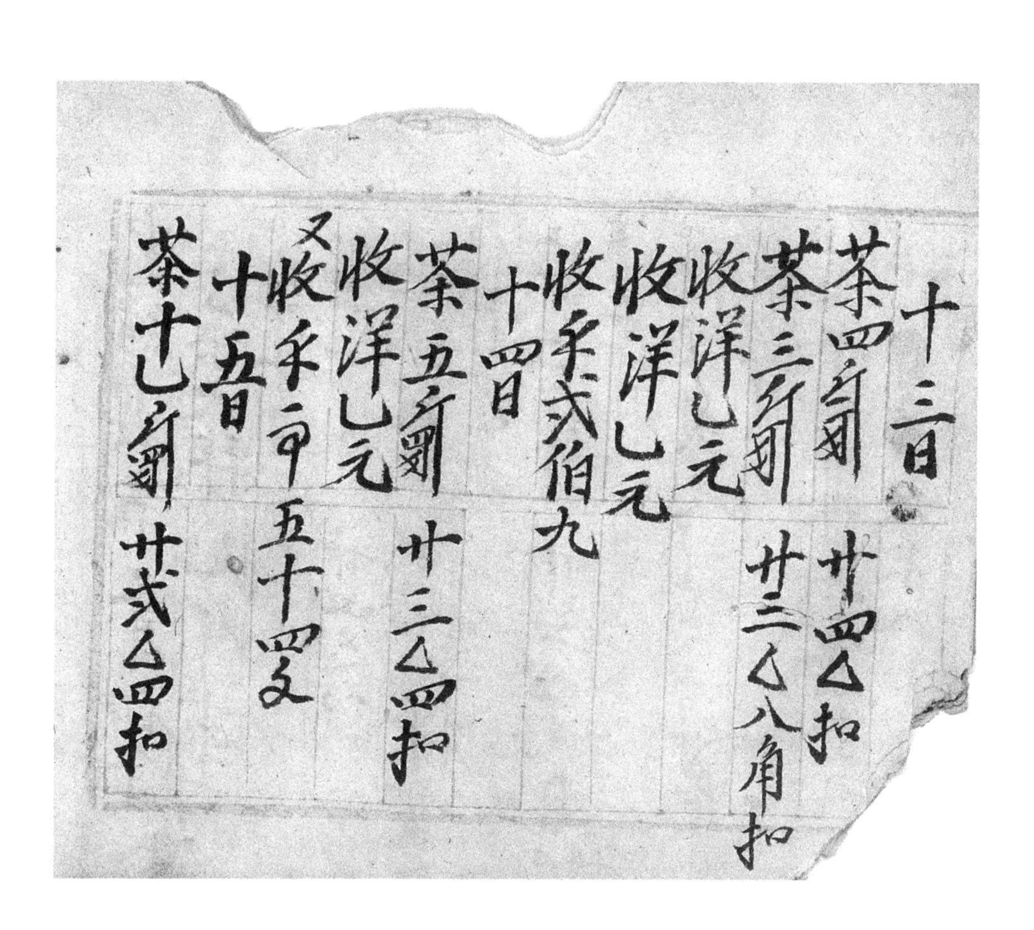

十三日
茶四斤[illegible]　廿四△扣
茶三斤[illegible]　廿三△八角扣
收洋七元
收洋七元
收钱贰佰九
十四日
茶五斤[illegible]　廿三△四扣
收洋七元
又收钱一千五十四文
十五日
茶十七斤[illegible]　廿贰△四扣

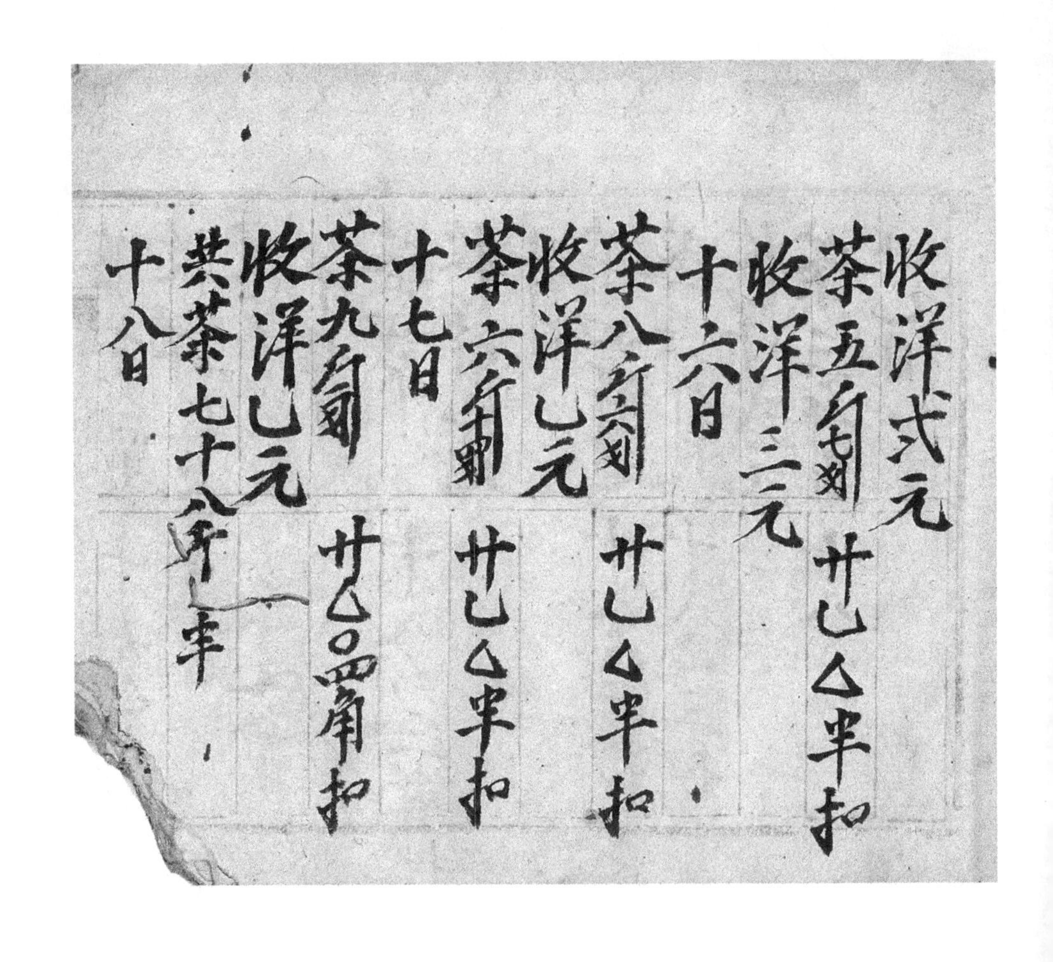
收洋弍元
茶五斤七刈 廿乚△半扣
收洋三元
十六日
茶八斤六刈 廿乚△半扣
收洋乚元
茶六斤五刈 廿乚△半扣
十七日
茶九斤刈 廿△四角扣
收洋乚元
共茶七十八斤乚半
十八日

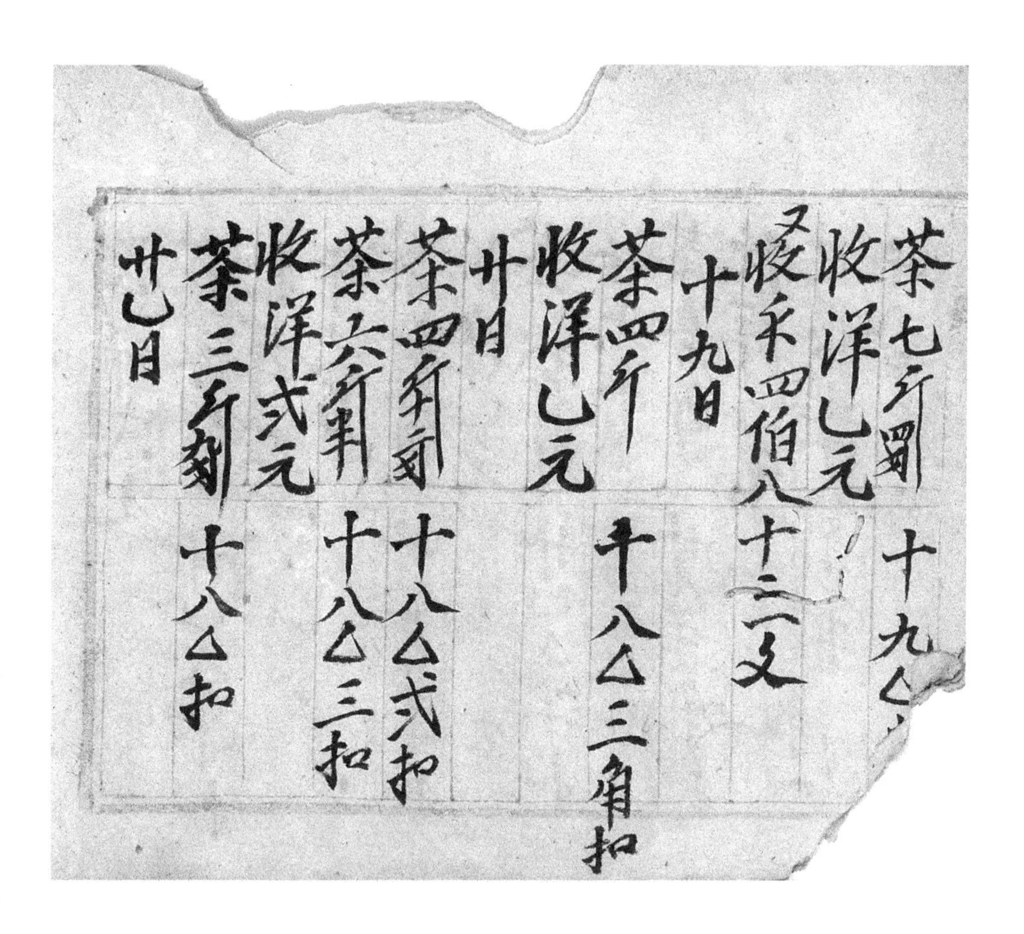
茶七斤罚 十九△
收洋乙元
又收禾四伯八十二文
十九日
茶四斤 十八△三角扣
收洋乙元
廿日
茶四斤罚 十八△弍扣
茶六斤半 十八△三扣
收洋弍元
茶三斤剢 十八△扣
廿乙日

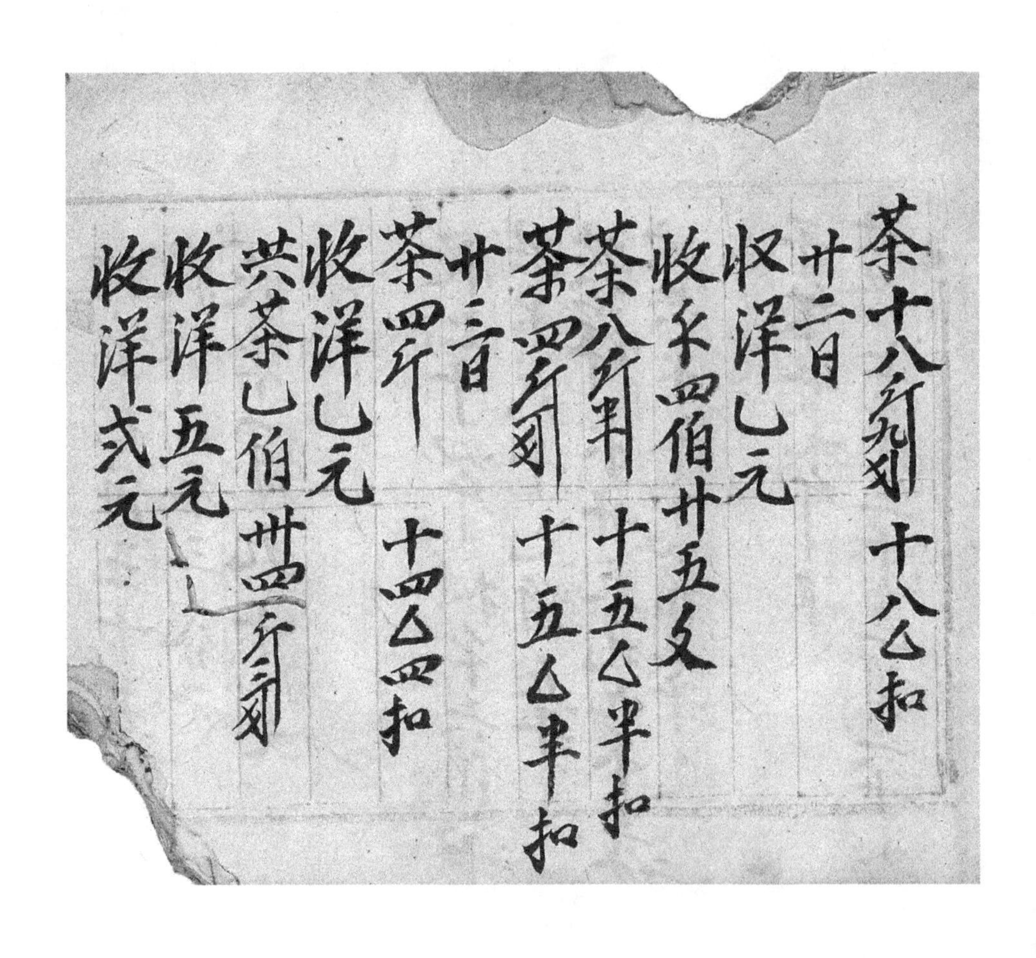
茶十八斤九刃　十八△扣
廿二日
收洋乚元
收钱四佰廿五文
茶八斤半　十五△半扣
茶四斤刃　十五△半扣
廿三日
茶四斤　十四△四扣
收洋乚元
共茶乚佰卅四斤刃
收洋五元
收洋弍元

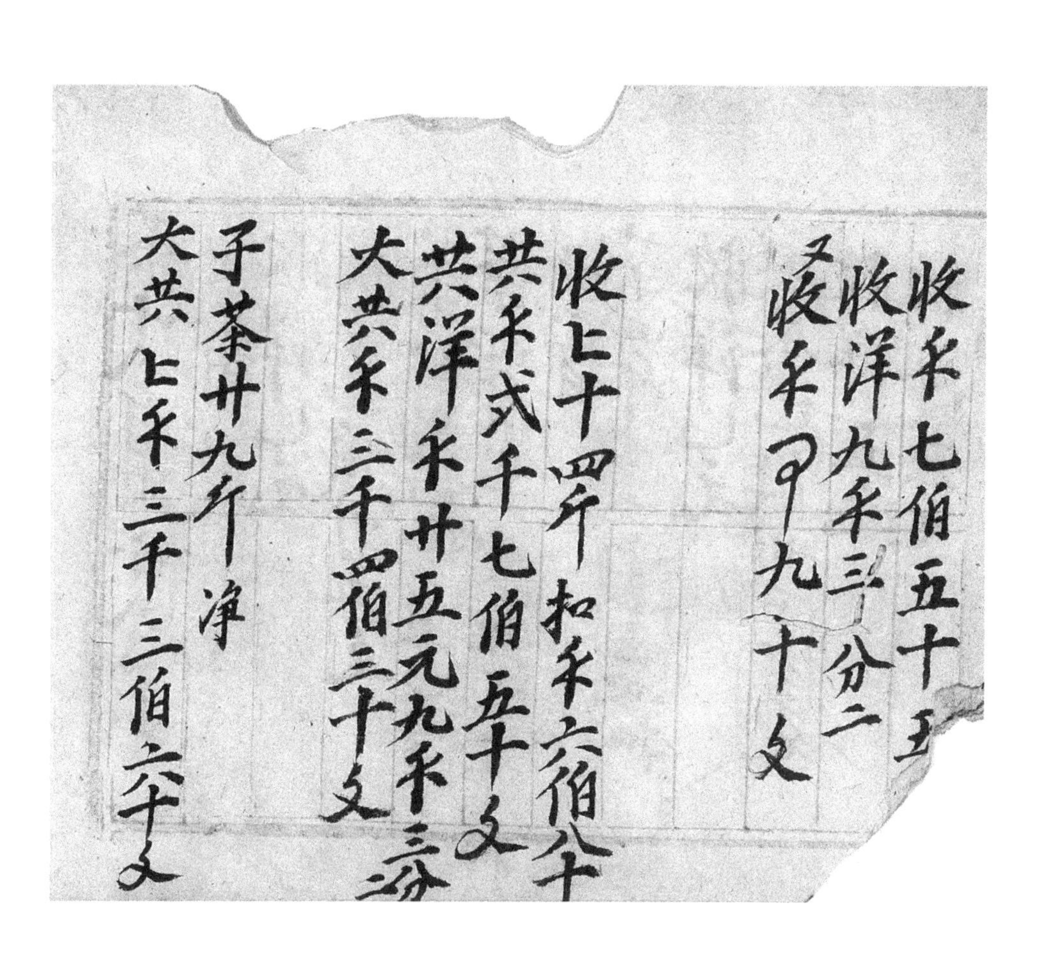

收钱七佰五十五
收洋九钱三分二
又收钱[illegible]九十文
收七十四斤 和钱六佰八十
共钱弍千七佰五十文
共洋钱廿五元九钱三分
大共钱三千四佰三十文
子茶廿九斤 净
大共 七钱三千三佰六十文

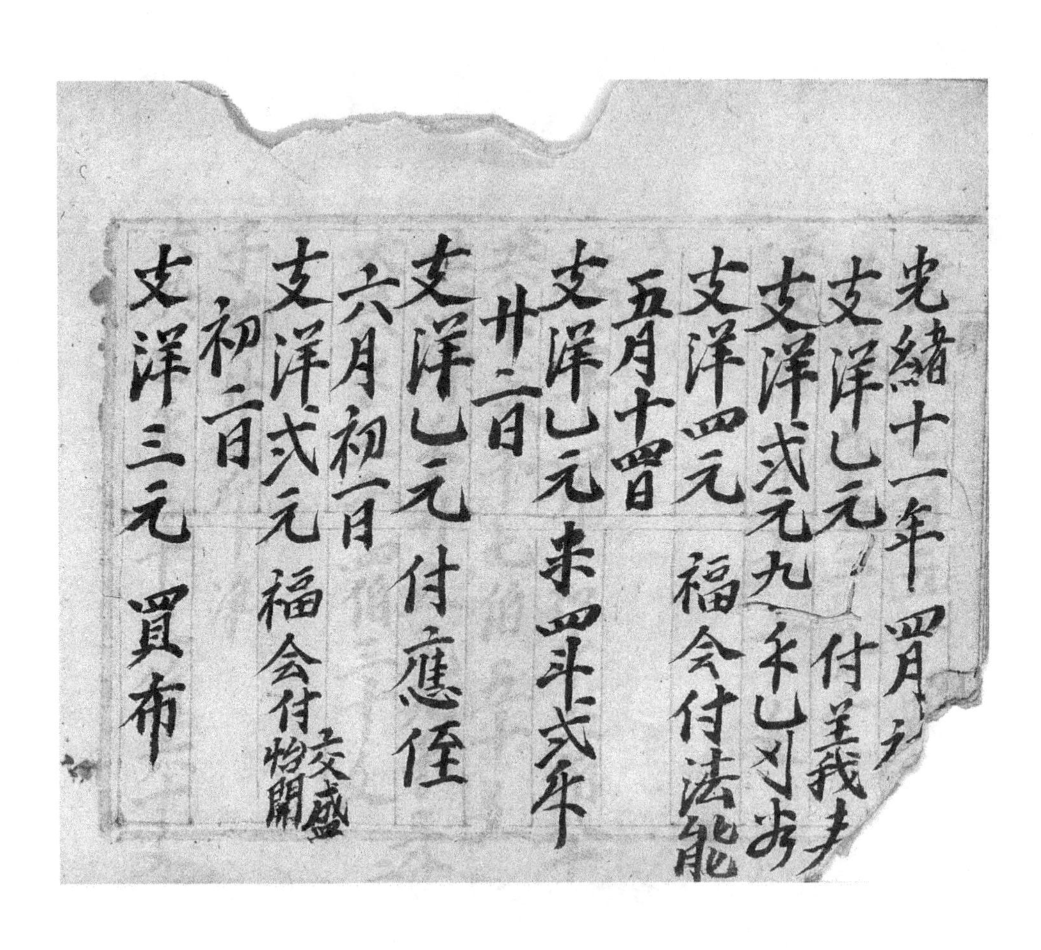

光緒十一年罒月六
支洋乙元 付義夫
支洋弍元九 禾乙刈步
支洋四元 福会付法能
五月十四日
支洋乙元 來四斗弍升
廿二日
支洋乙元 付應侄
六月初一日
支洋弍元 福会付怡開交盛
初二日
支洋三元 買布

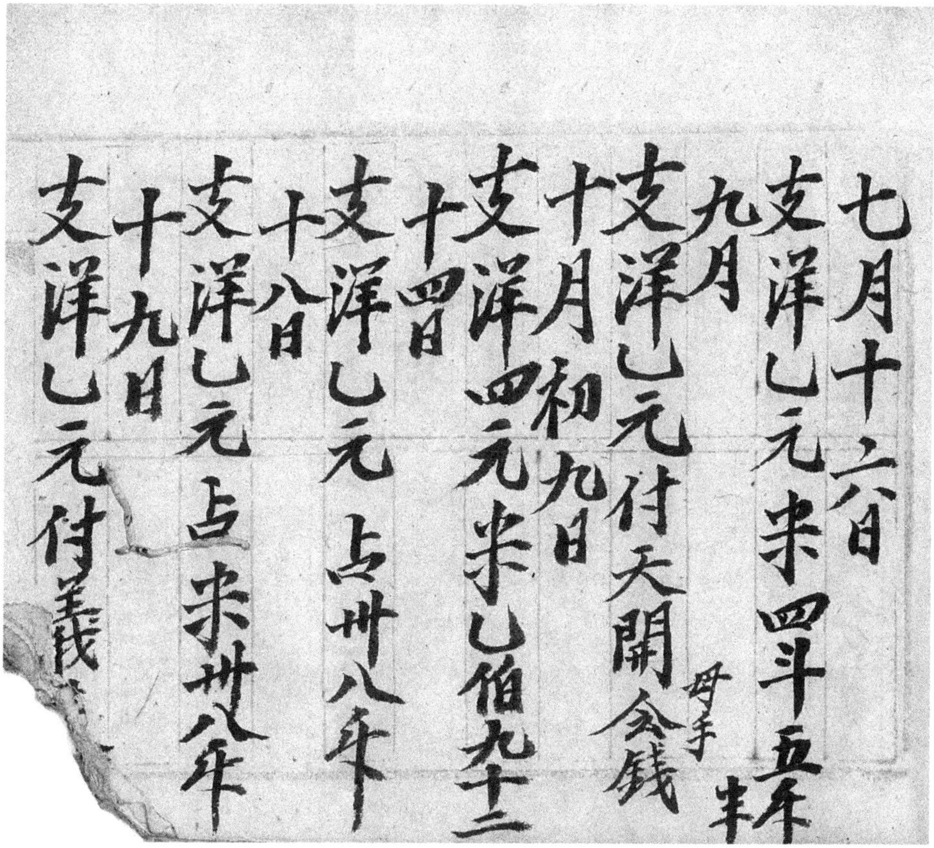

七月十六日
支洋乚元来四斗五斤米
九月
支洋乚元付天開公錢 母手
十月初九日
支洋四元来乚伯九十三
十四日
支洋乚元 占卅八斤
十八日
支洋乚元占来卅八斤
十九日
支洋乚元付義錢

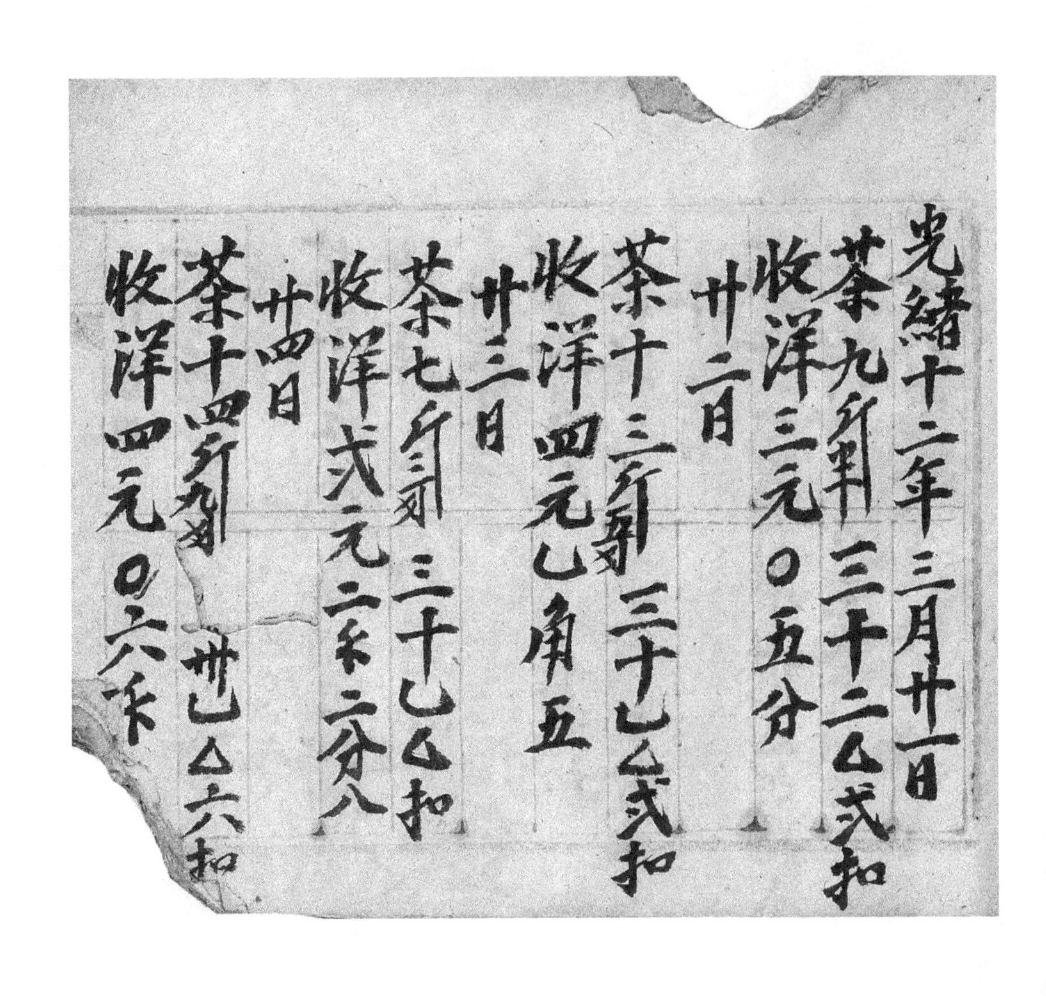

光緒十二年三月廿一日
茶九斤半 三十二ㄙ弍扣
收洋三元〇五分
廿二日
茶十三斤弍两 三十乚ㄙ弍扣
收洋四元乚角五
廿三日
茶七斤三两 三十乚ㄙ扣
收洋弍元二〆二分八
廿四日
茶十四斤九两 卅乚ㄙ六扣
收洋四元〇六八

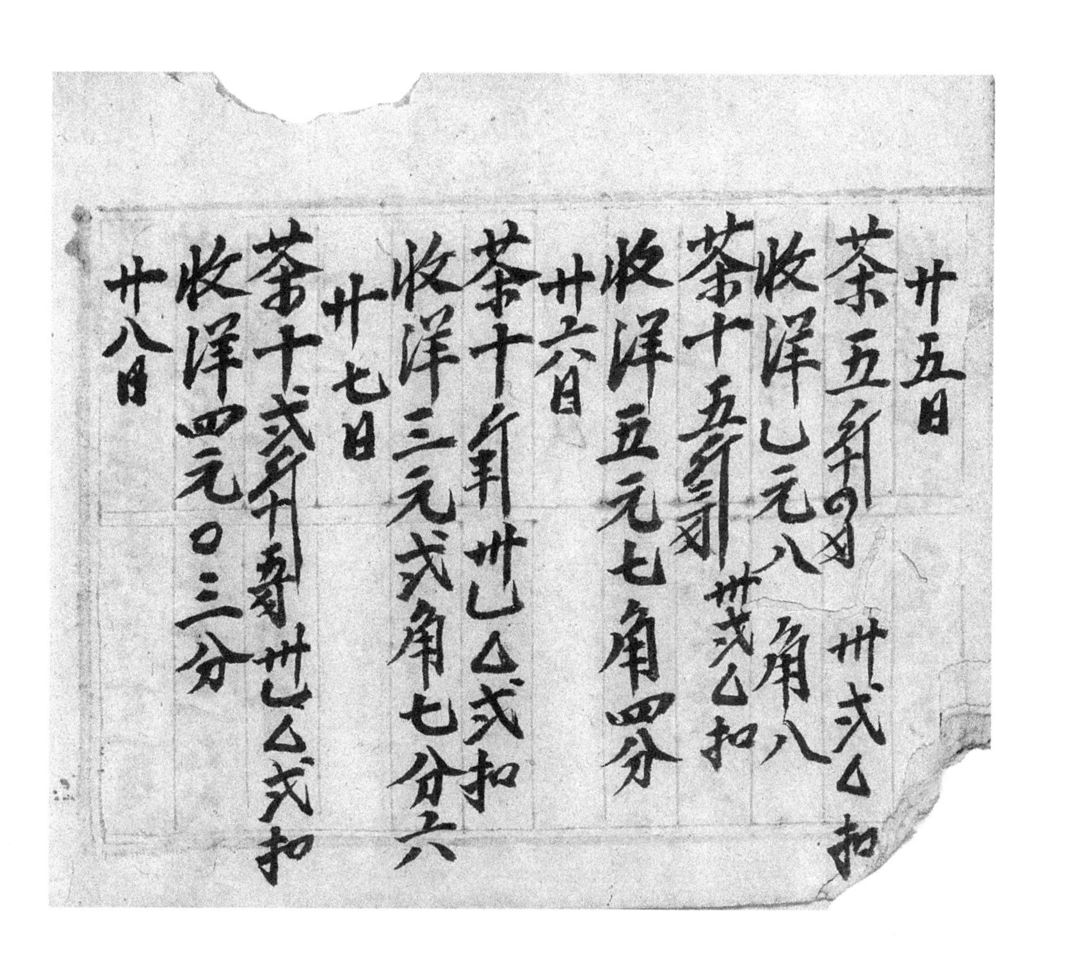

廿五日
茶五斤〇㐅 廿弍△扣
收洋乚元八角八
茶十五斤〣㐅 廿弍△扣
收洋五元七角四分
廿六日
茶十斤 廿乚△弍扣
收洋三元弍角七分六
廿七日
茶十弍斤〸〤 廿乚△弍扣
收洋四元〇三分
廿八日

茶九斤[illegible] 廿九△半扣

收洋弍元八角九分半

茶弍斤[illegible] 廿九△半扣

收洋八角二分六

廿九日

茶九斤[illegible] 廿六△扣

收洋弍元四禾

卅日

茶三斤[illegible] 廿乚△半扣

收洋七角七分九

茶六斤[illegible] 廿△扣

收洋乚元弍角弍

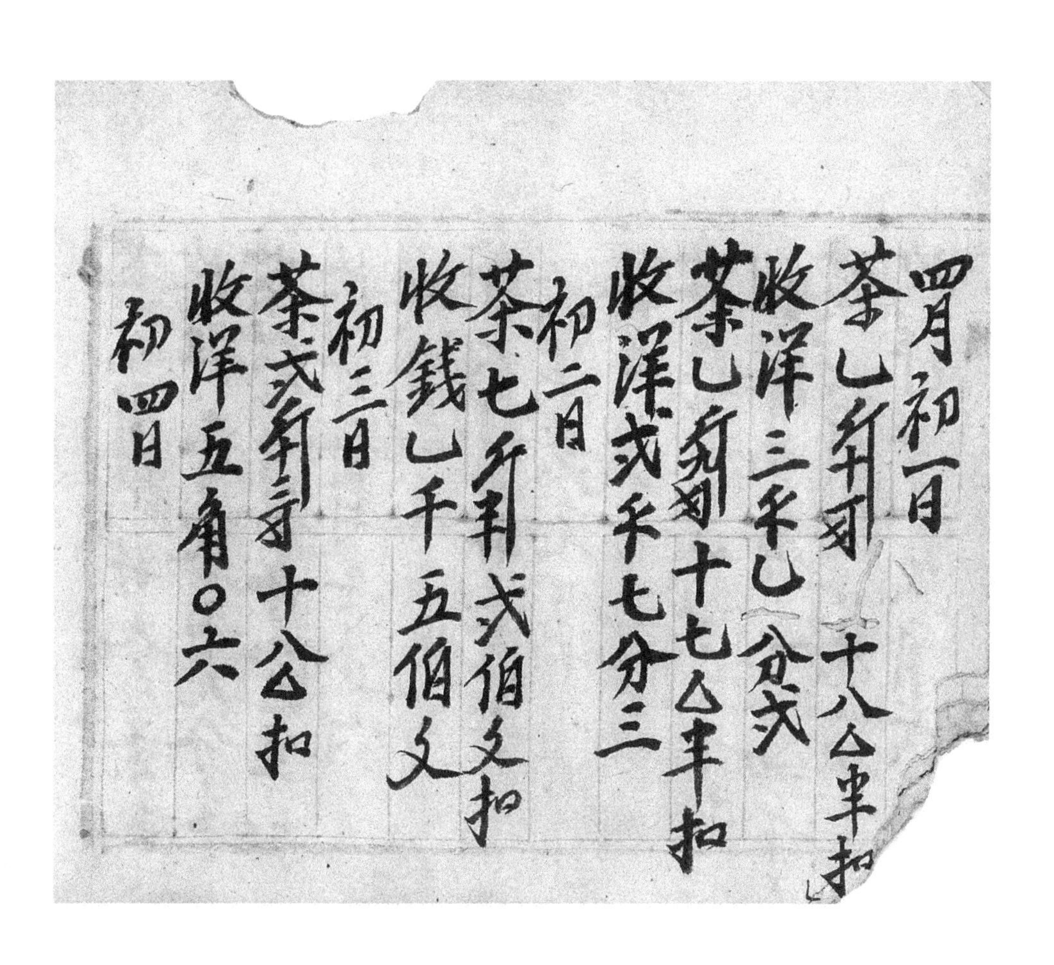

四月初一日
茶乙斤両十八△半扣
收洋三乎乙分弍
茶乙斤両十七△半扣
收洋弍乎七分三
初二日
茶七斤両弍佰文扣
收钱乙千五佰文
初三日
茶弍斤両十八△扣
收洋五角〇六
初四日

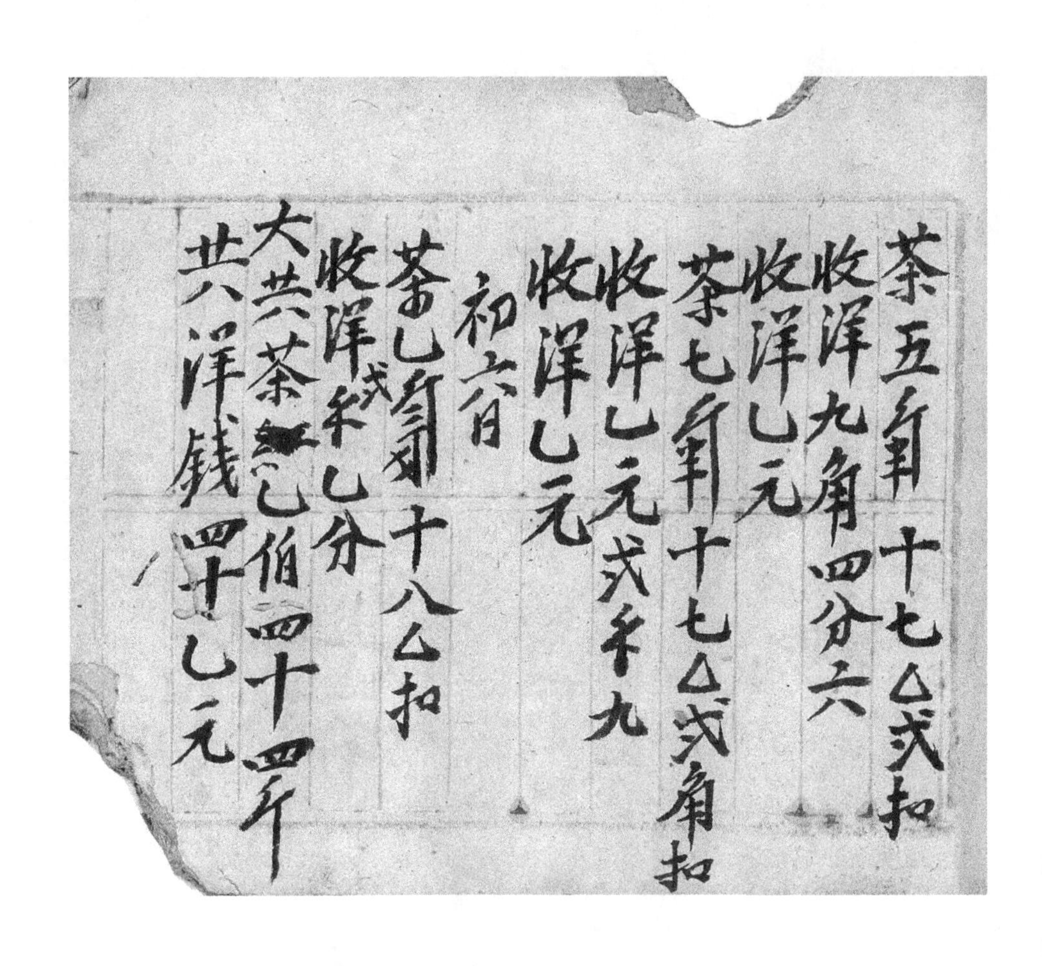

茶五斤半十七△弍扣
收洋九角四分六
收洋乙元
茶七斤半十七△弍角扣
收洋乙元弍千九
收洋乙元
初六日
茶乙斤两十八△扣
收洋弍千乙分
大共茶乙佰四十四斤
共六洋钱四十乙元

光緒十三年三月廿九

付茶三斤十两廿△扣

收洋七角五分扣钱八佰文

四月初一日

付茶乙斤五两廿△扣

扣洋弍角五分

付茶弍斤十乙两廿△扣

初二日

付茶四斤十两廿△扣

付茶十斤十二两廿△扣

收洋四元

付茶四斤廿△扣

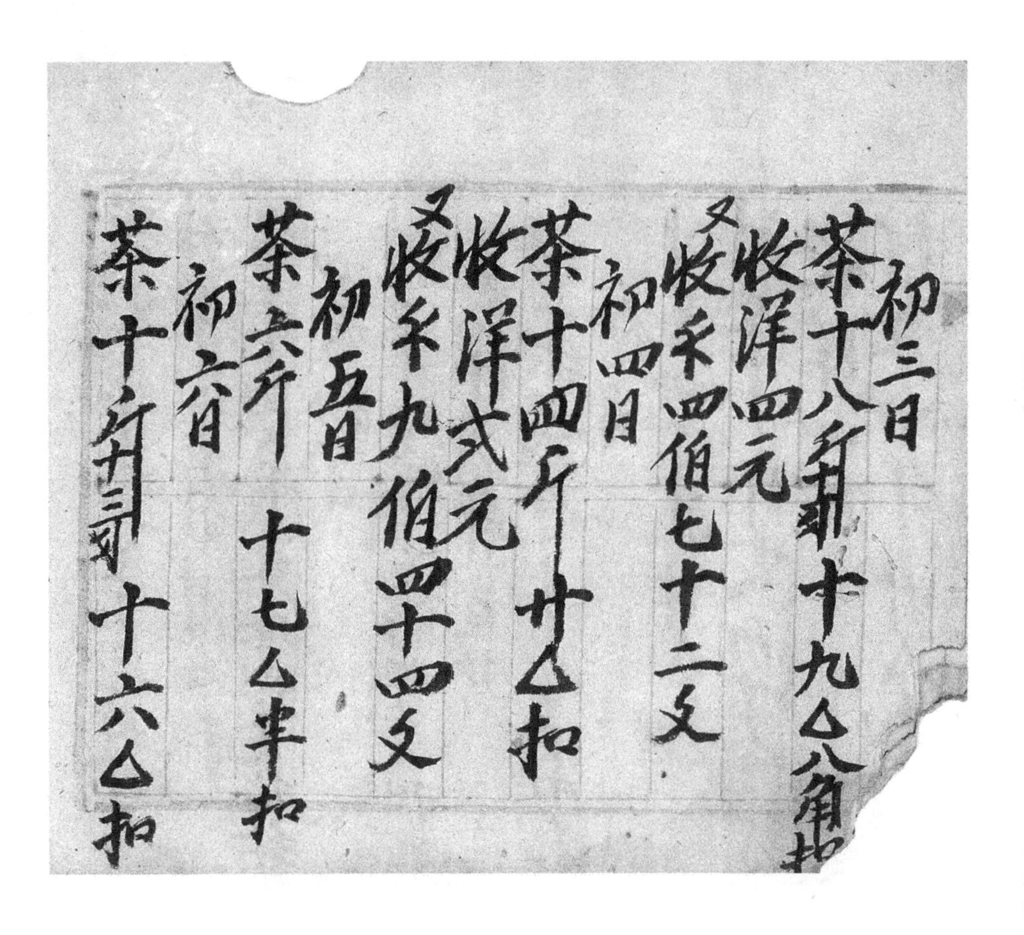

初三日
茶十八斤廿两 十九△八角扣
收洋四元
又收钱四伯七十二文
初四日
茶十四斤 廿△扣
收洋弍元
又收钱九伯四十四文
初五日
茶六斤 十七△半扣
初六日
茶十斤廿三两 十六△扣

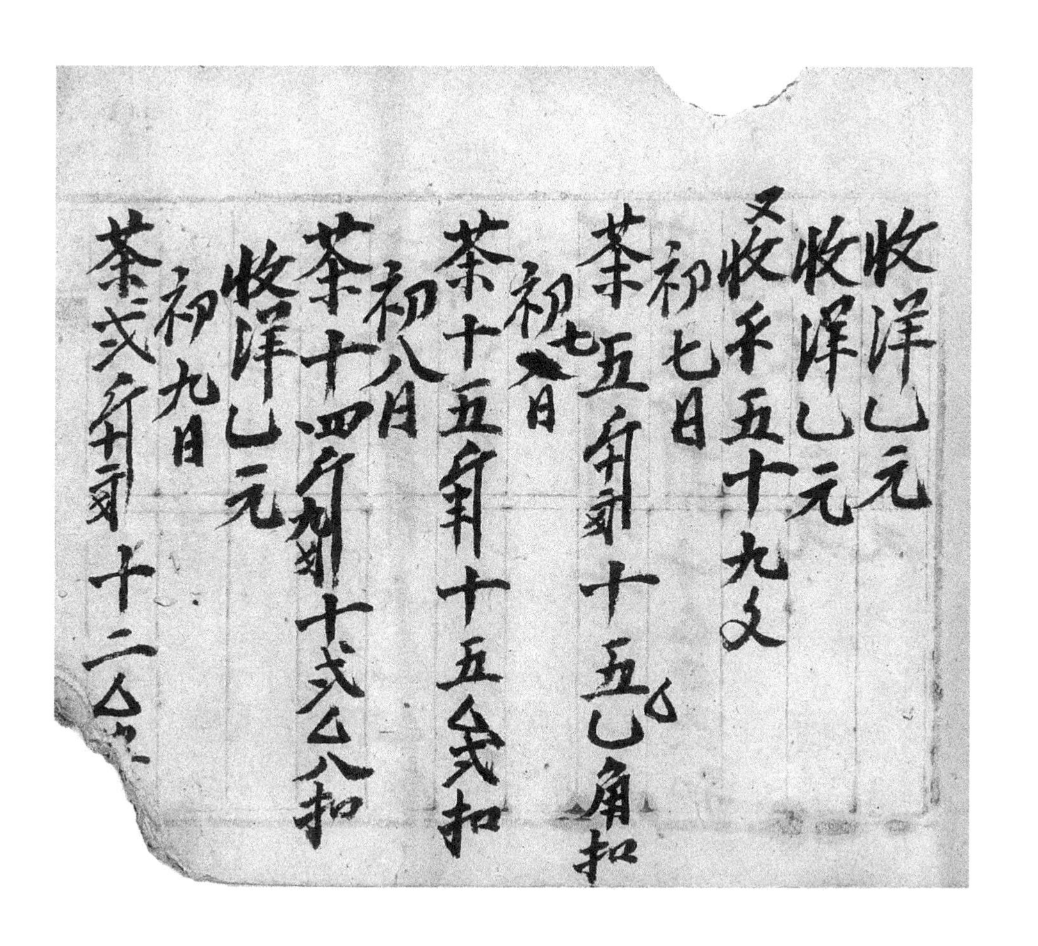
收洋乙元
收洋乙元
又收钱五十九文
初七日
茶五斤刃十五乙角扣
初七日
茶十五斤刃十五分式扣
初八日
茶十四斤刃十式分八扣
收洋乙元
初九日
茶式斤刃十二分

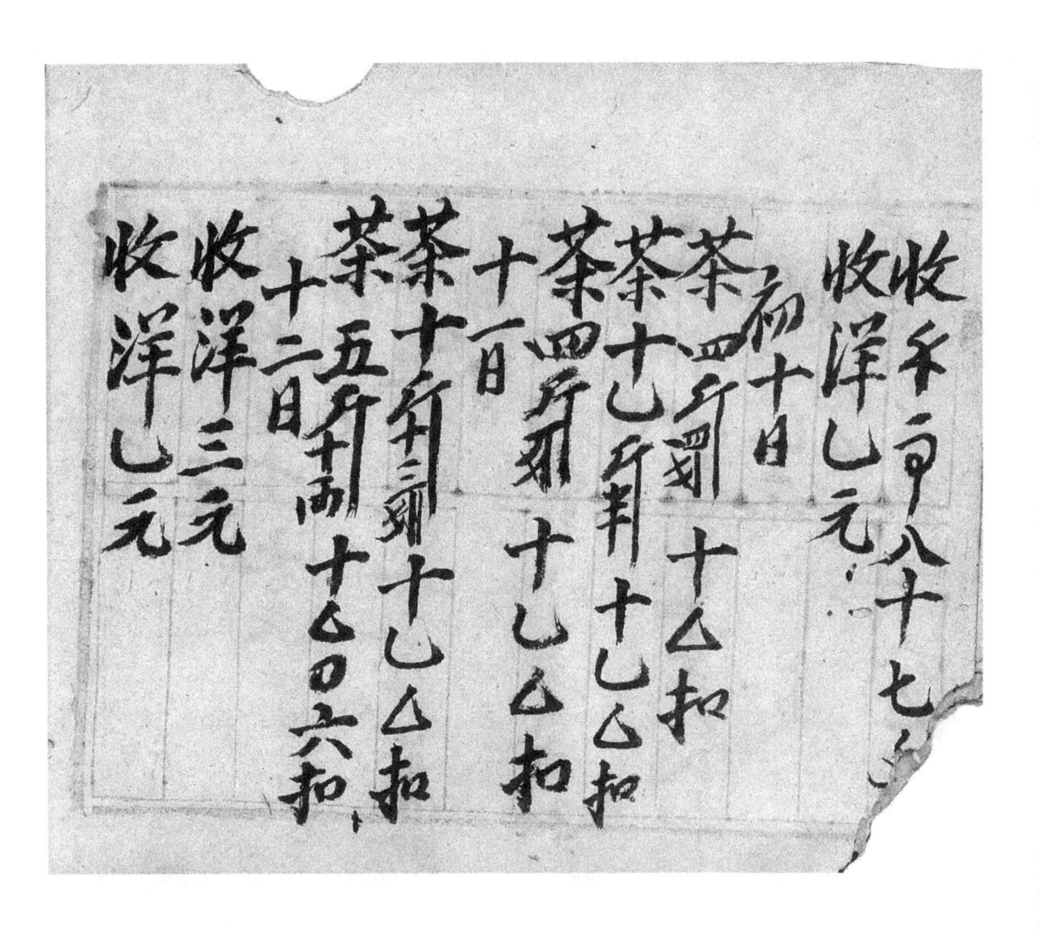
收[illegible]百八十七[illegible]
收洋乚元
初十日
茶四斤两十△扣
茶十乚斤半十乚△扣
茶四斤两十乚△扣
十一日
茶十斤十三两十乚△扣
茶五斤十两十△〇六扣
十二日
收洋三元
收洋乚元

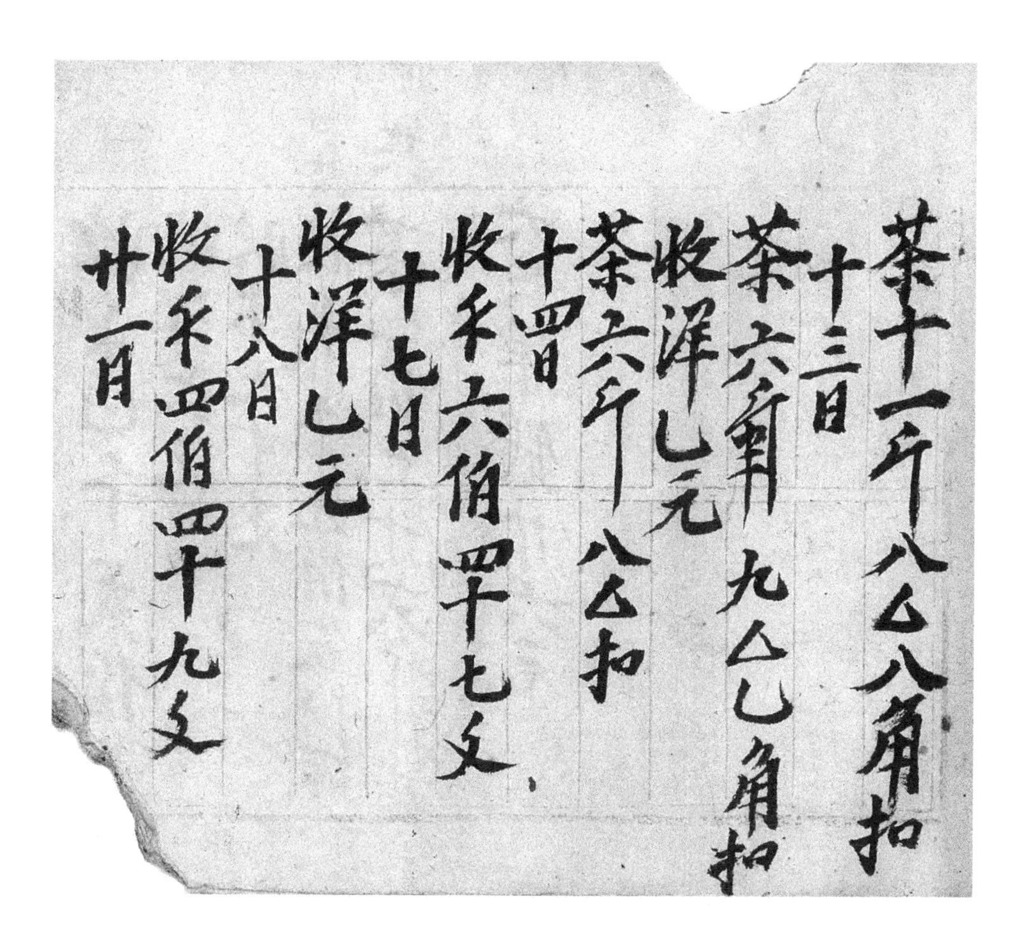

茶十一斤八厶八角扣
十三日
茶六斤九厶乚角扣
收洋乚元
茶六斤丨八厶扣
十四日
收禾六佰四十七文
十七日
收洋乚元
十八日
收禾四佰四十九文
廿一日

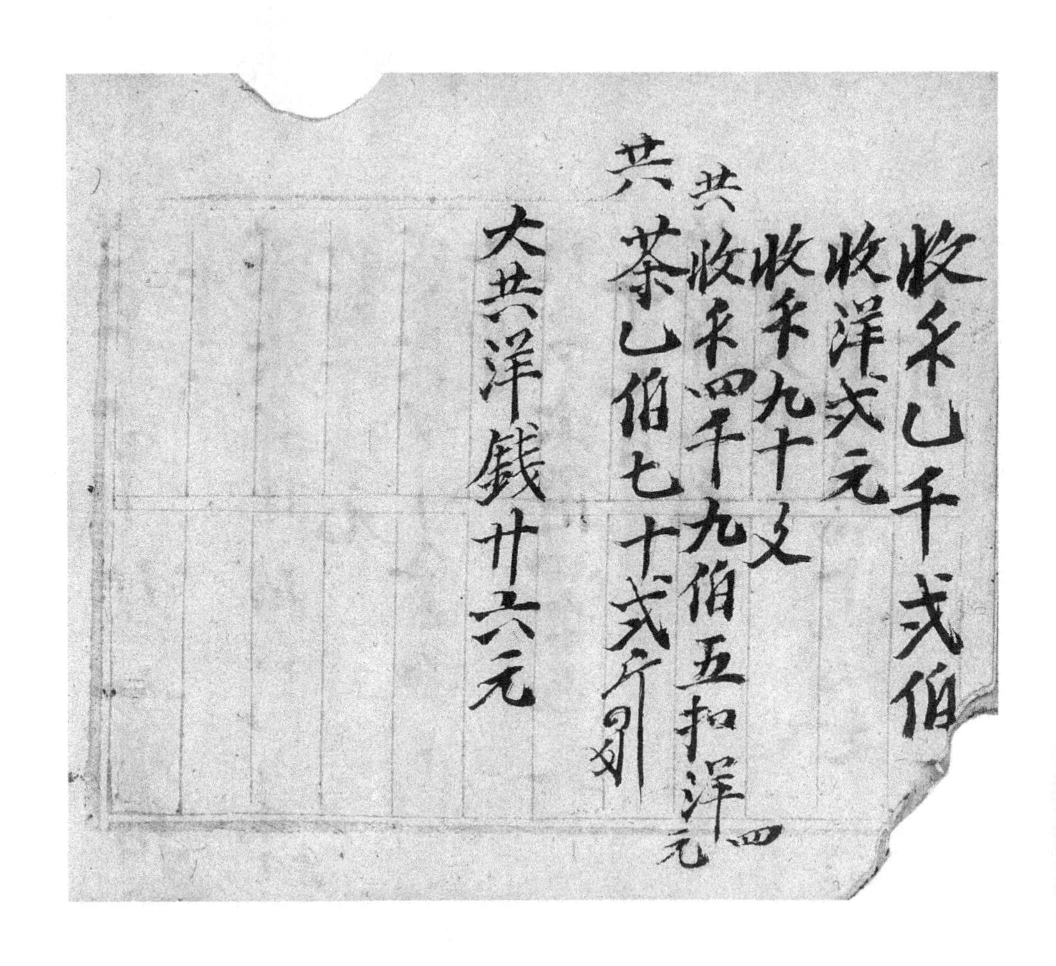
收乑乙千弍佰
收洋弍元
收乑九十文
共收乑四千九佰五扣洋四元
共茶乙佰七十弍斤
大共洋錢廿六元

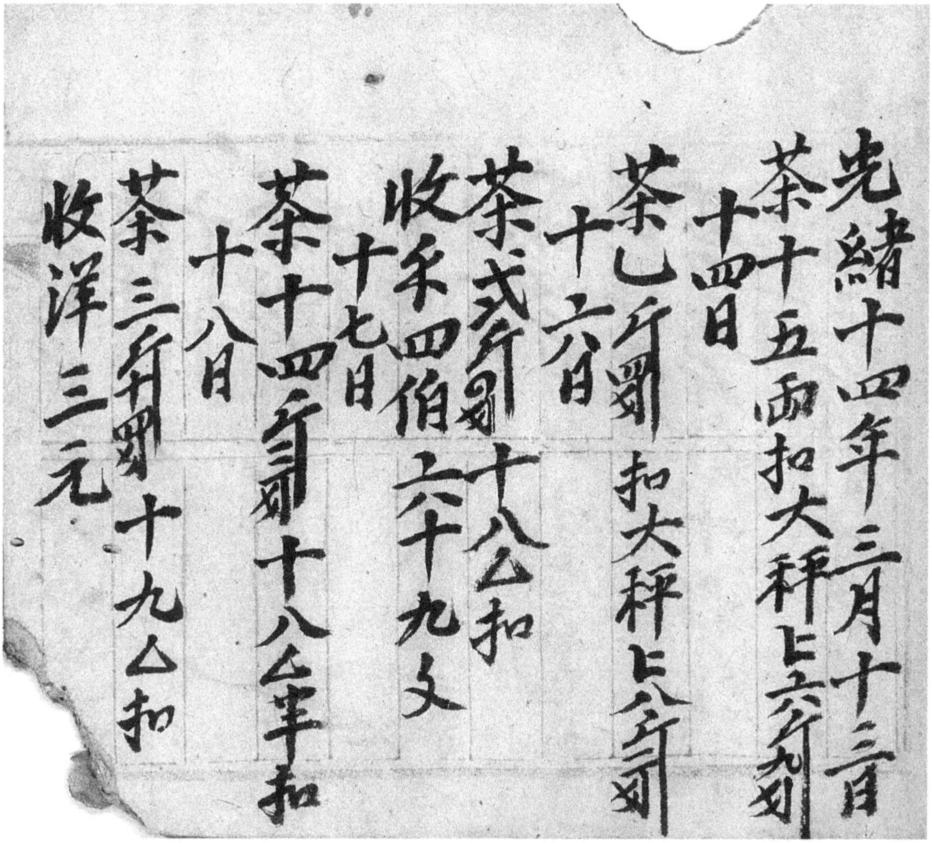

光緒十四年三月十三日

茶十五両扣大秤乚六斤九两

十四日

茶乙斤两扣大秤乚八斤两

十六日

茶式斤两十八厶扣

收禾四佰六十九文

十七日

茶十四斤两十八厶半扣

十八日

茶三斤两十九厶扣

收洋三元

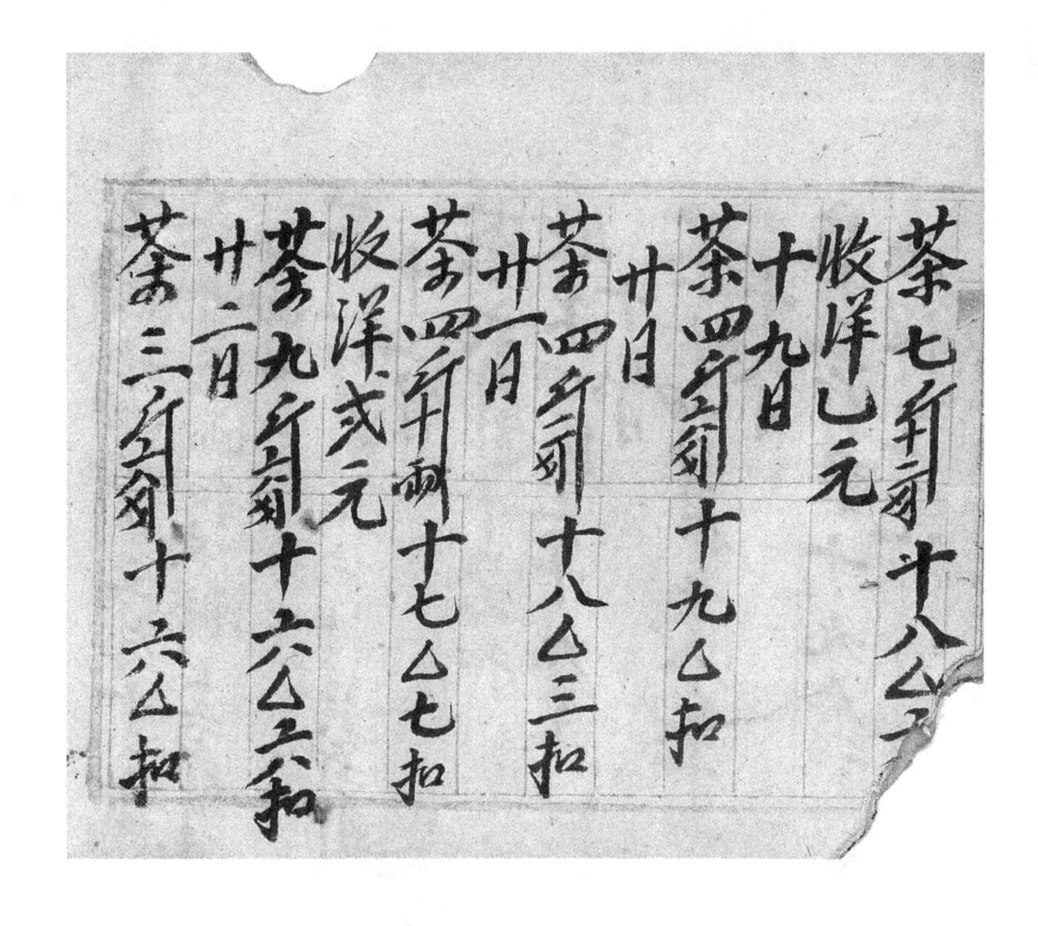
茶七斤二两十八△
收洋乙元
十九日
茶四斤二两十九△扣
廿日
茶四斤两十八△三扣
廿一日
茶四斤十两十七△七扣
收洋弍元
廿二日
茶九斤二两十六△六扣
茶三斤二两十六△扣

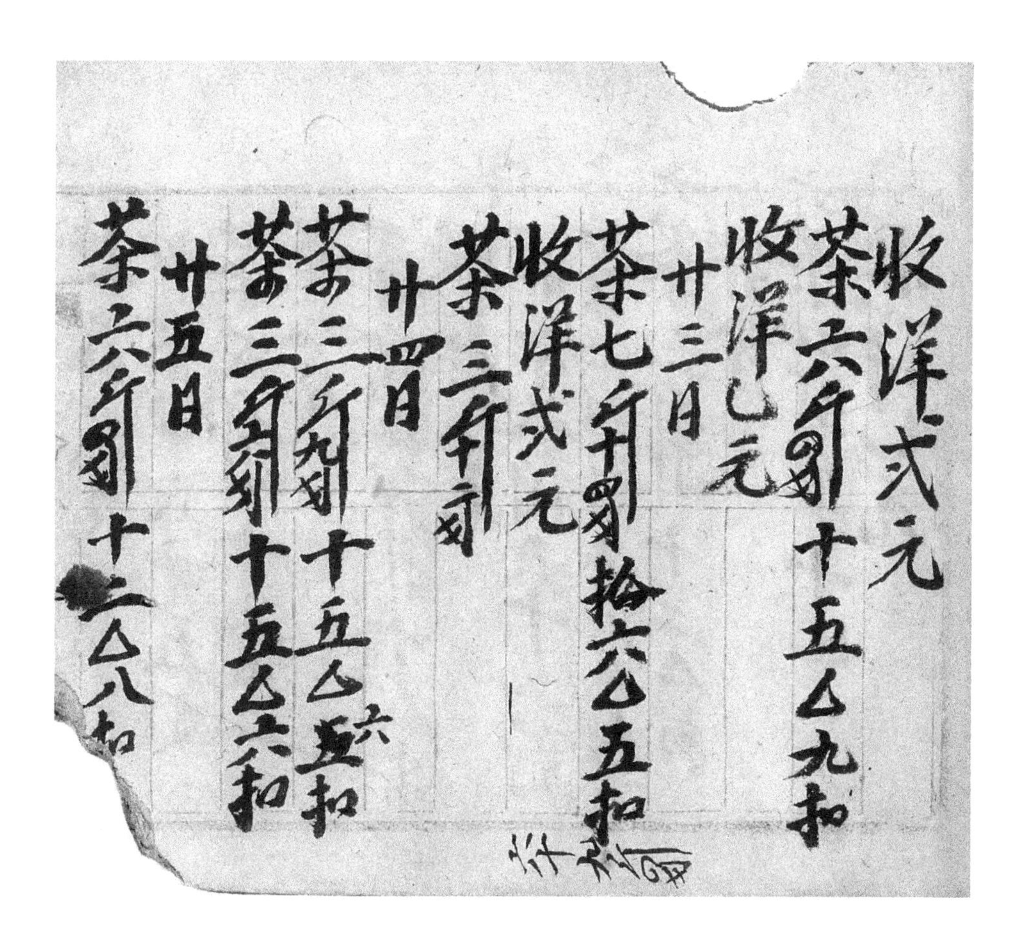
收洋弍元
茶六斤四两十五△九和
收洋乙元
廿三日
茶七斤四两拾六△五和
收洋弍元
茶三斤刃
廿四日
茶三斤九两十五△五[六]和
茶三斤刃十五△六和
廿五日
茶六斤四两十二△八和

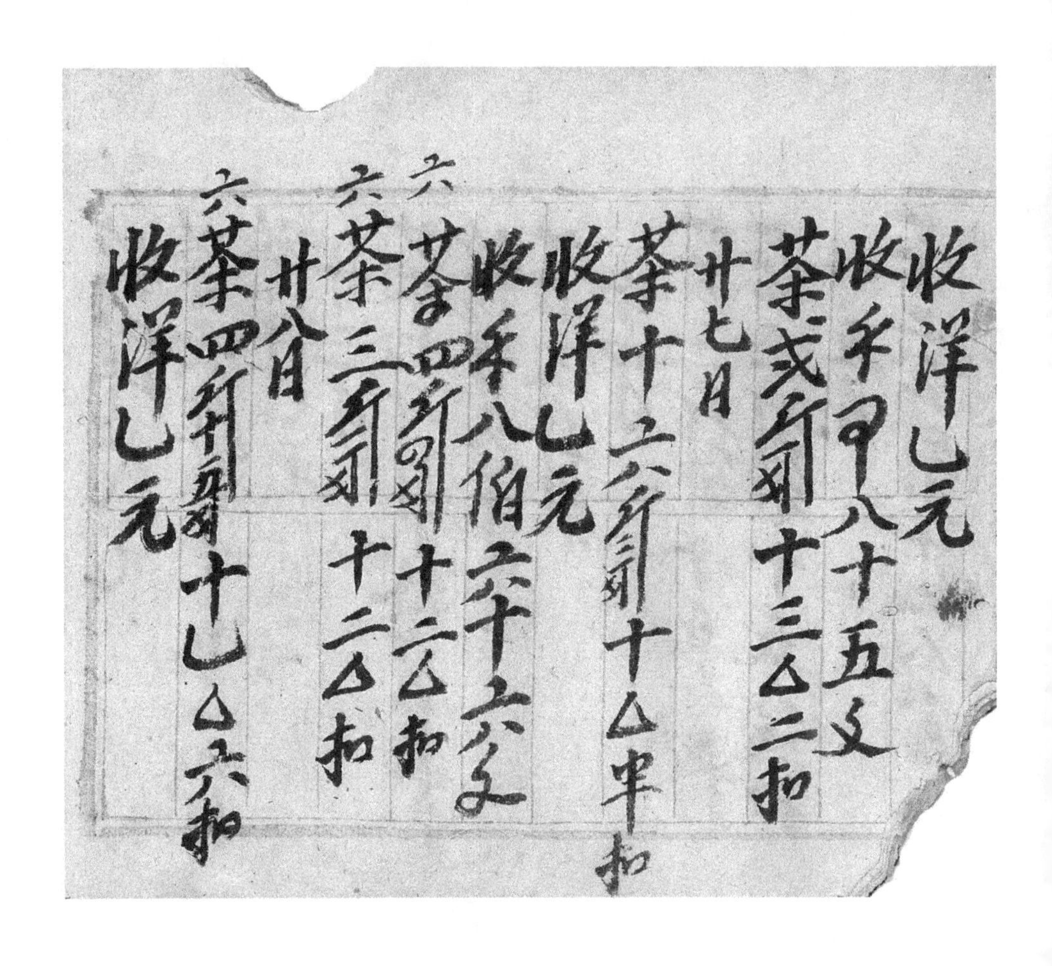
收洋乙元
收乎甲八十五文
茶弍斤𠛑十三△二扣
廿七日
茶十二六斤𠛑十△半扣
收洋乙元
收乎八佰六十二六文
六 茶四斤𠛑十二△扣
六 茶三斤𠛑十二△扣
廿八日
六 茶四斤廿两𠛑十乙△二六扣
收洋乙元

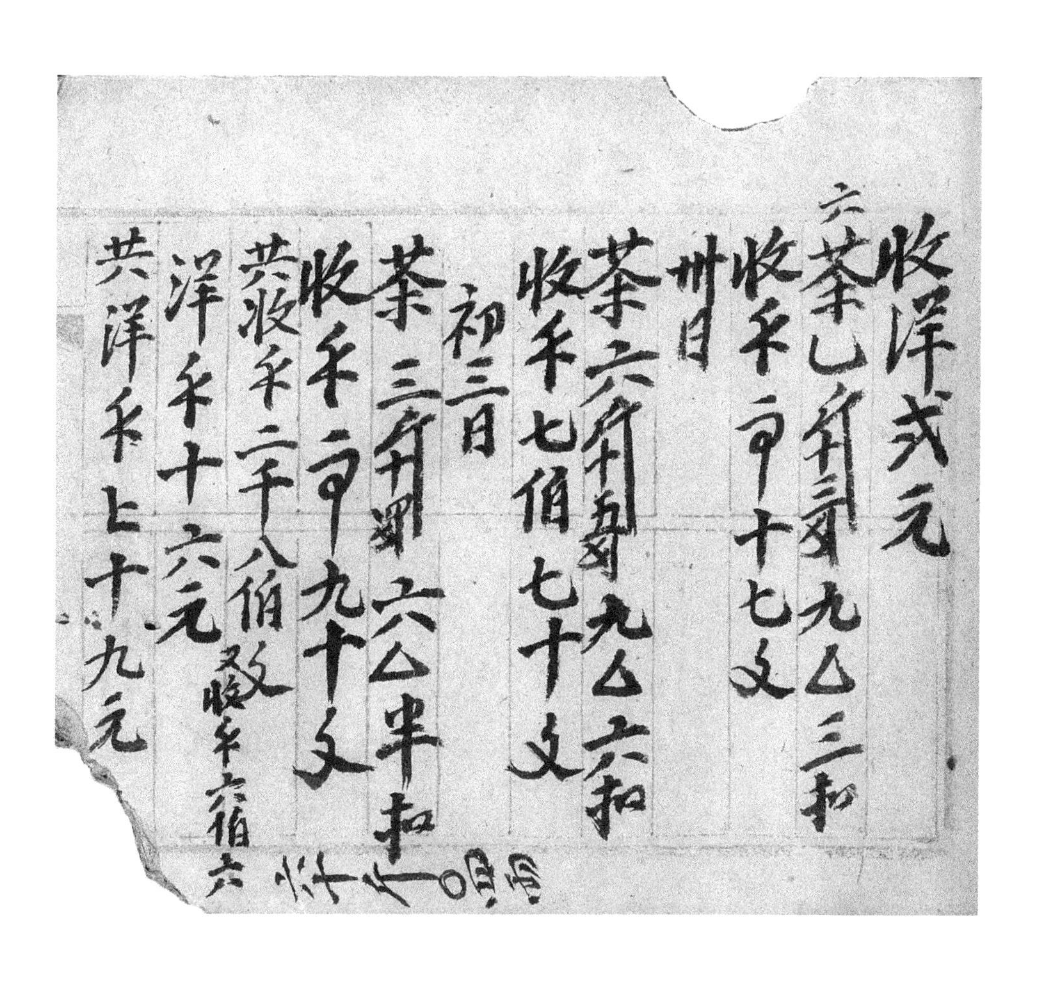

收洋弍元
六 茶乙斤[illegible]九△三扣
收钱[illegible]十七文
卅日
茶六斤[illegible]九△六扣
收钱七佰七十文
初三日
茶三斤[illegible]六△半扣
收钱[illegible]九十文
共收钱二千八佰文 又收钱六佰六
洋钱十六元
共洋钱上十九元

茶甲廿九斤[illegible]

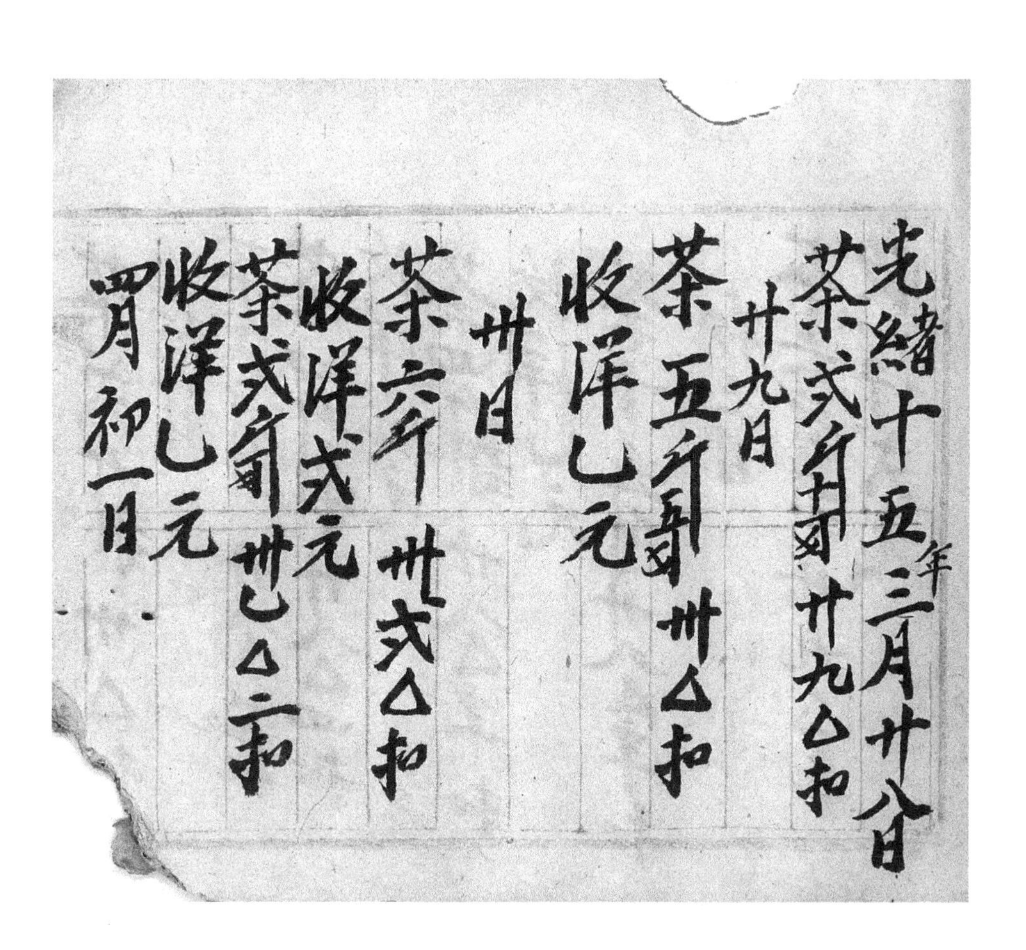
光緒十五年三月廿八日
茶弍斤十两 廿九△扣
廿九日
茶五斤两 卅△扣
收洋乙元
卅日
茶六斤 卅弍△扣
收洋弍元
茶弍斤两 卅乙△二扣
收洋乙元
四月初一日

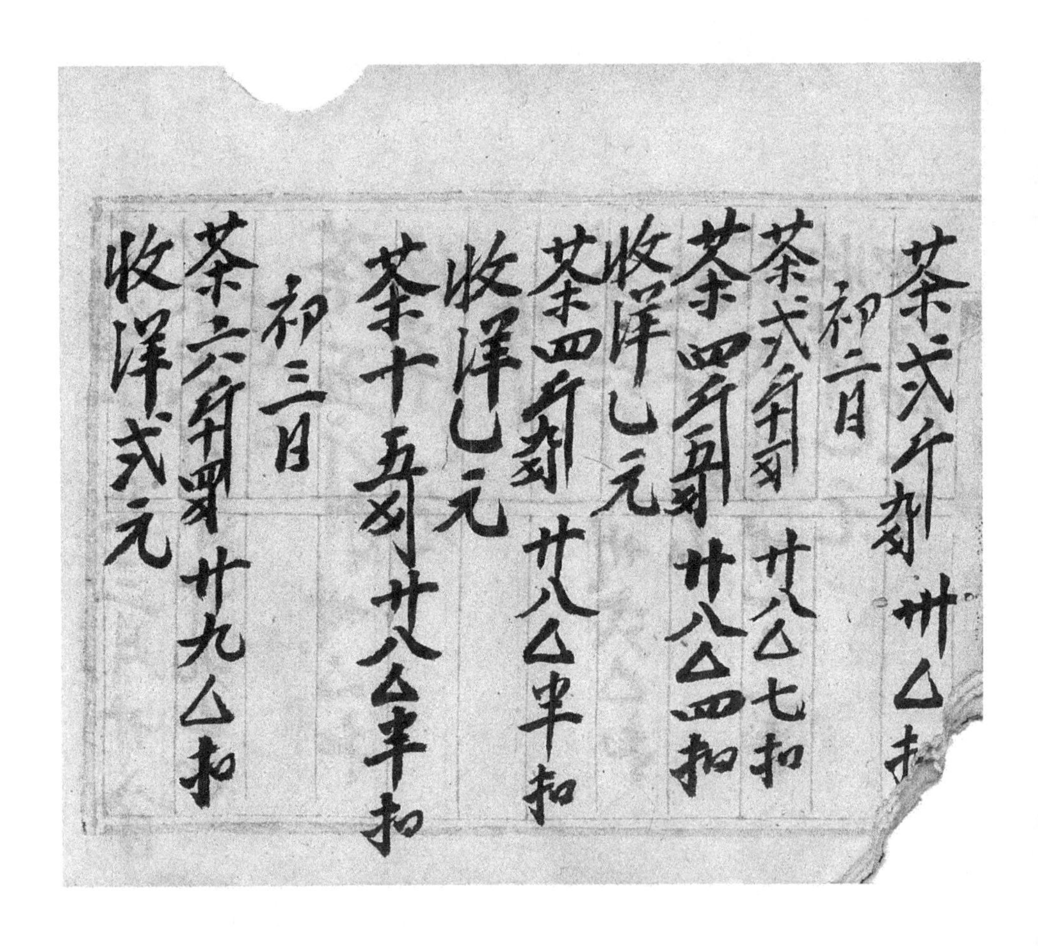
茶弍斤两　卅△扣
初二日
茶弍斤两　廿八△七扣
茶四斤两　廿八△四扣
收洋乙元
茶四斤两　廿八△半扣
收洋乙元
茶十五两　廿八△半扣
初三日
茶六斤四两　廿九△扣
收洋弍元

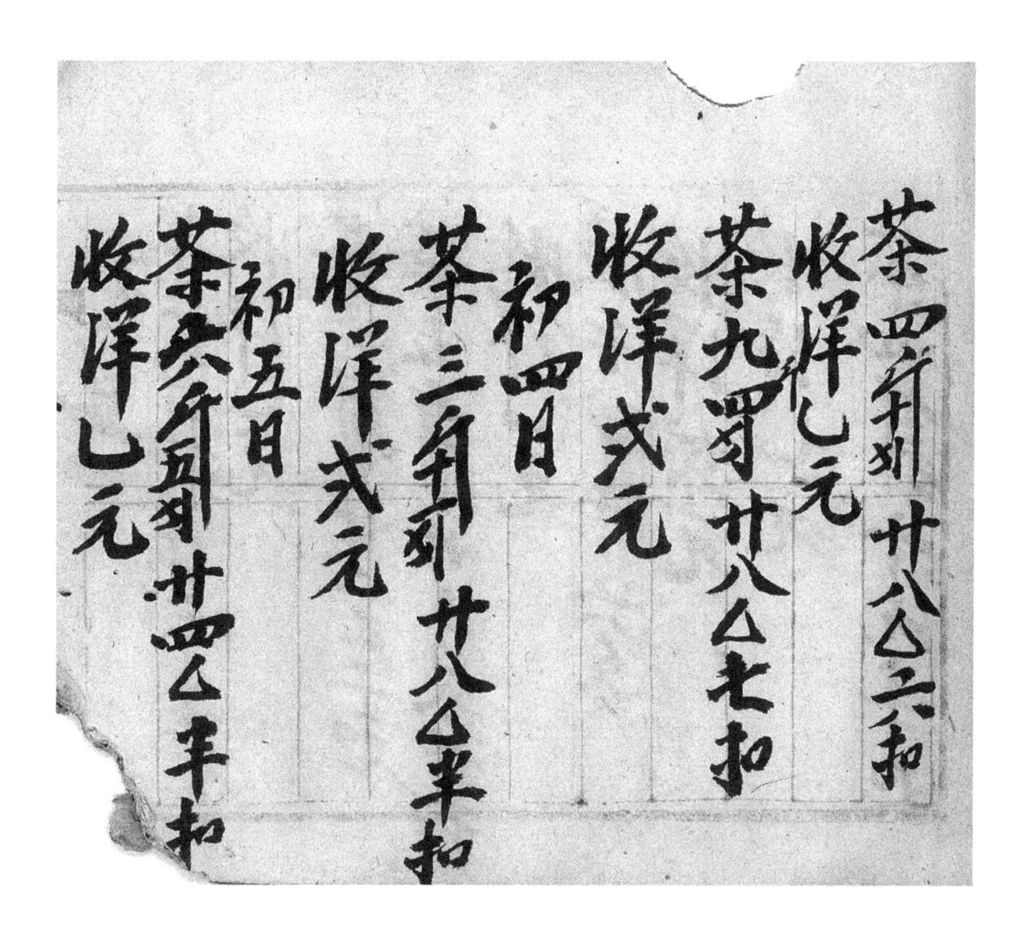
茶四斤刃廿八△二六和
收洋乙元
茶九罗刃廿八△七和
收洋弍元
初四日
茶三斤刃廿八△半和
收洋弍元
初五日
茶六斤五刃廿四△半和
收洋乙元

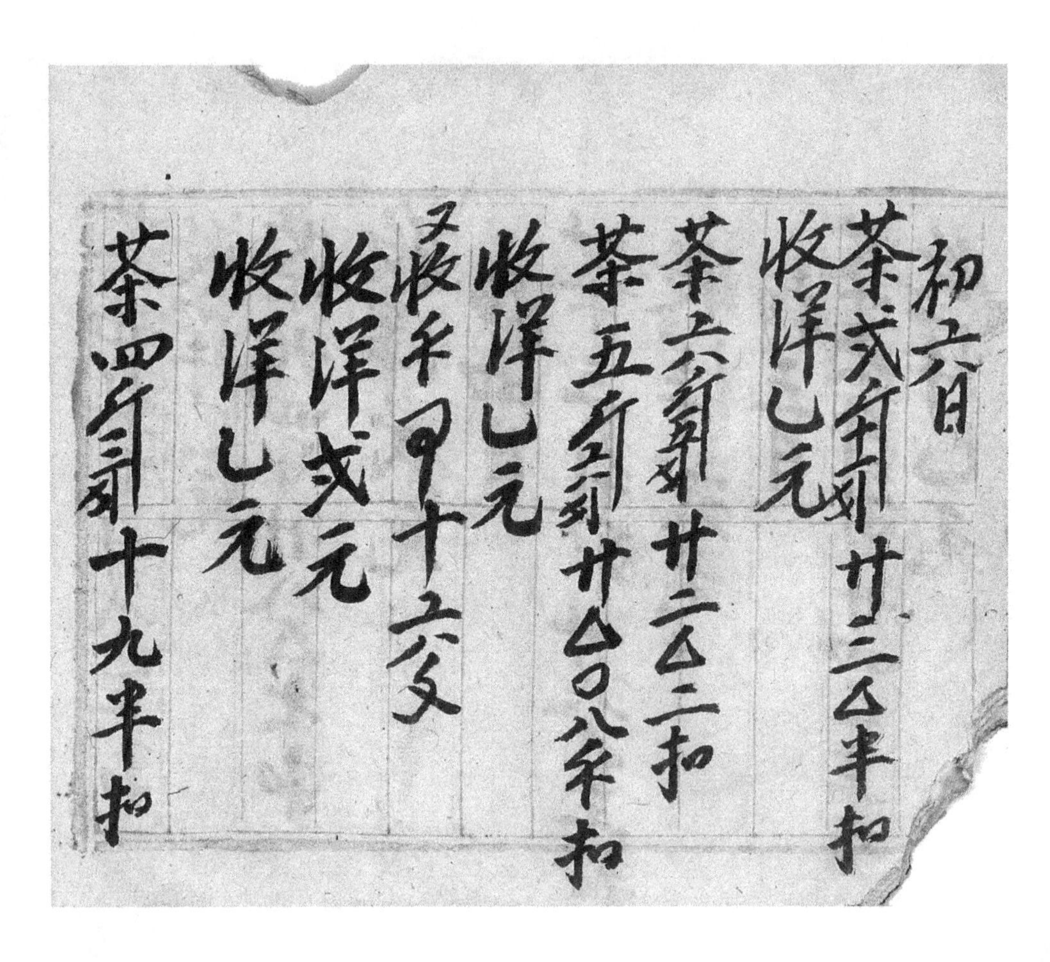
初六日
茶弍斤[illegible]廿二△半扣
收洋乚元
茶六斤[illegible]廿二△二扣
茶五斤[illegible]廿△〇八[illegible]扣
收洋乚元
又收[illegible]十六文
收洋弍元
收洋乚元
茶四斤[illegible]十九半扣

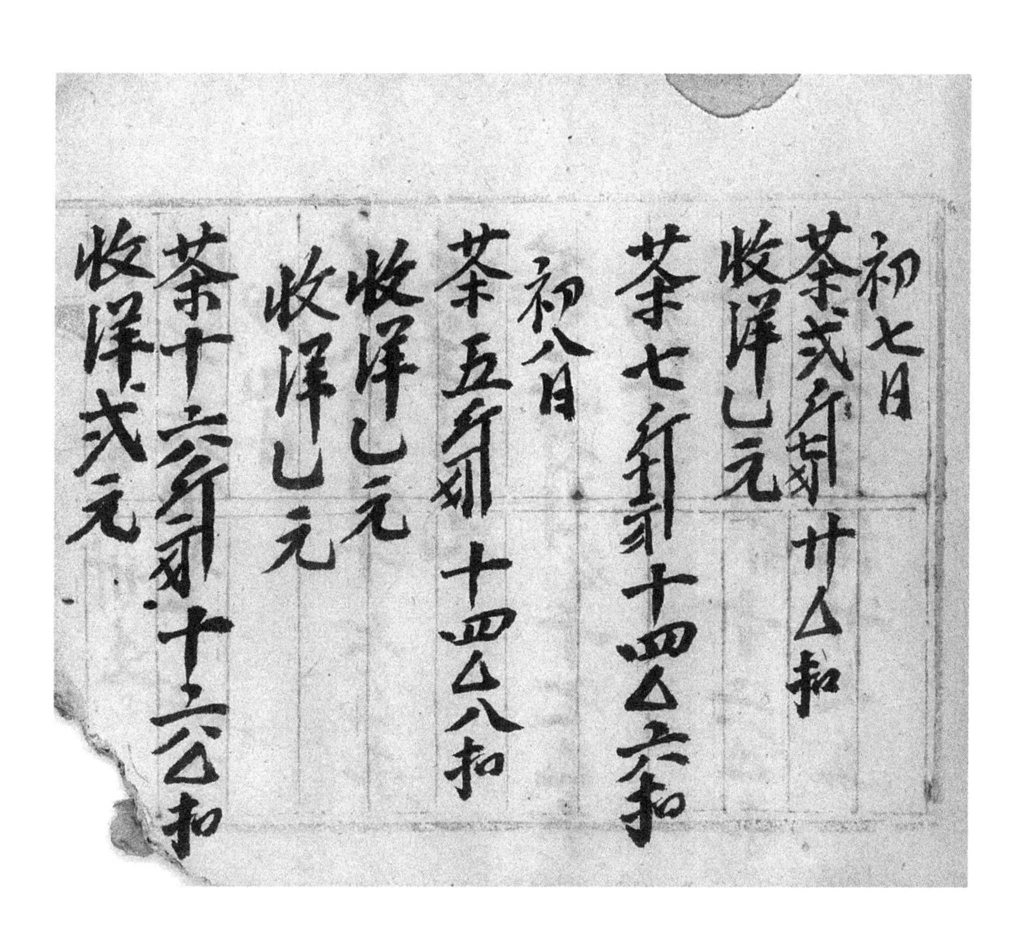
初七日
茶弍斤刃廿△扣
收洋乙元
茶七斤刃十四△六扣
初八日
茶五斤刃十四△八扣
收洋乙元
收洋乙元
茶十六斤刃十六△扣
收洋弍元

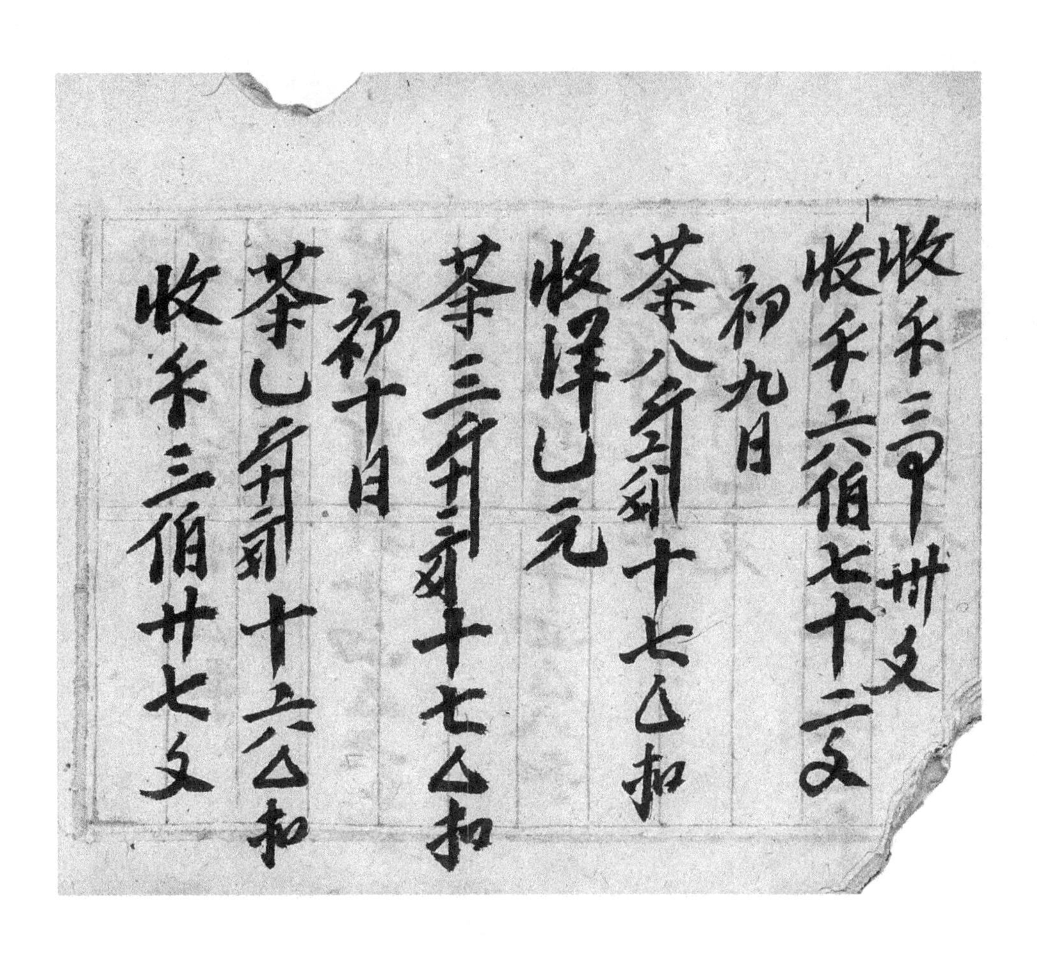

收钱三千卅文
收钱六佰七十二文
初九日
茶八斤五两十七△扣
收洋乙元
茶三斤二两十七△扣
初十日
茶乙斤二两十六△扣
收钱三佰廿七文

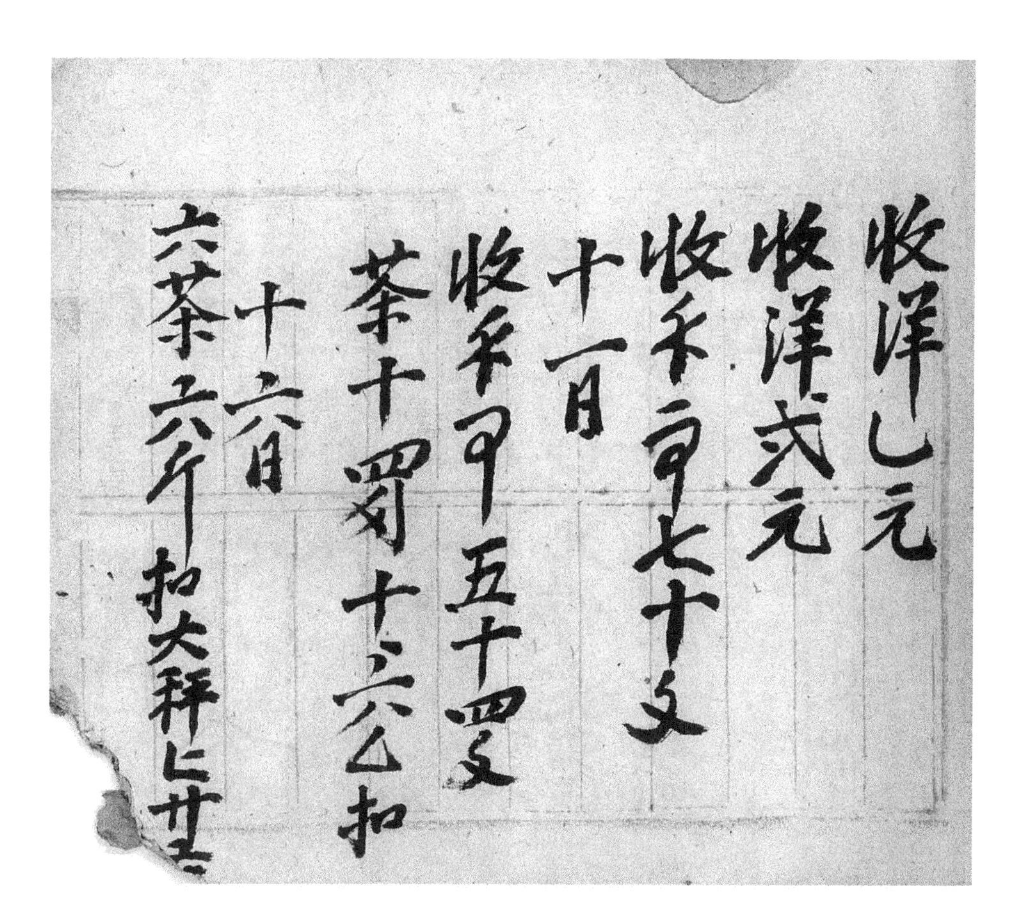

收洋乙元

收洋弍元

收钱百七十文

十一日

收钱甲五十四文

茶十罗十六公扣

十六日

六茶六斤 扣大秤七廿

光緒十五年四月
共茶乙佰廿斤净
扣洋廿九元
支洋乙元付圣前
支洋乙元布五丈
支洋乙元付容口
又收黄术坑洋六元
又收丙榮 洋乙元
支洋弍元 付則明
共遠支六斤 扣大秤乙廿六斤

又

收達支乚扣洋乚元

共紅六茶 卅元

支洋弍元与十秤

四月廿六日 支洋乚元手乚千〡六扣

支洋弍元付水心先

卅日 支洋乚元手乚千三扣

五月初四日 支洋乚元付天福侄字手会

支洋三元付亭盛收

五月初二日 支洋弍元買猪乚元六

角六扣十八斤十二兩

初三日又付李盛金手七佰四十四 六角扣
廿四日支洋乚元布六十七尺五
廿五日支洋乚元付龍日侄
廿九日支洋乚元来四斗七升
又收洋弍元 章林外孫等 遂支
六月初三日
支洋乚元布馬以
十四日
收兆元洋弍元
十五日支洋乚元付怡開收

又付大平六佰廿[illegible]

十六日

收兆元洋弍元

八月初七日

支洋乙元来外叁斤

收應能洋乙元 寿木乙筒

支洋乙元来外弍斤半

十六日

支洋弍元

卅日

支洋乙元米五斗四斤

三日

九月初八日

支洋乙元来外五斤

十八日

支洋乙元来外五斤半

廿二日

支洋四元来弍石廿四斤半

廿五日

支洋三元来乙石七斗

十月廿九日

支洋乙元占来四斗

十一月初二日

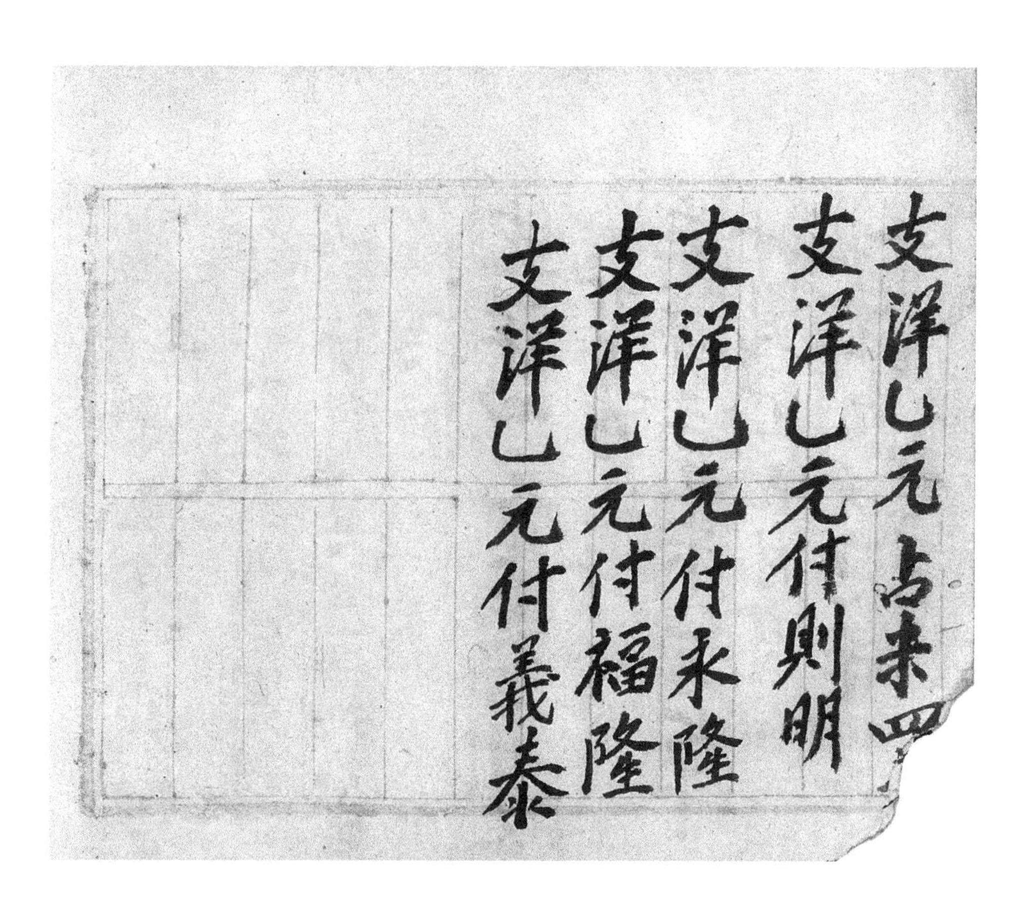
支洋乚元占来四
支洋乚元付则明
支洋乚元付永隆
支洋乚元付福隆
支洋乚元付義泰

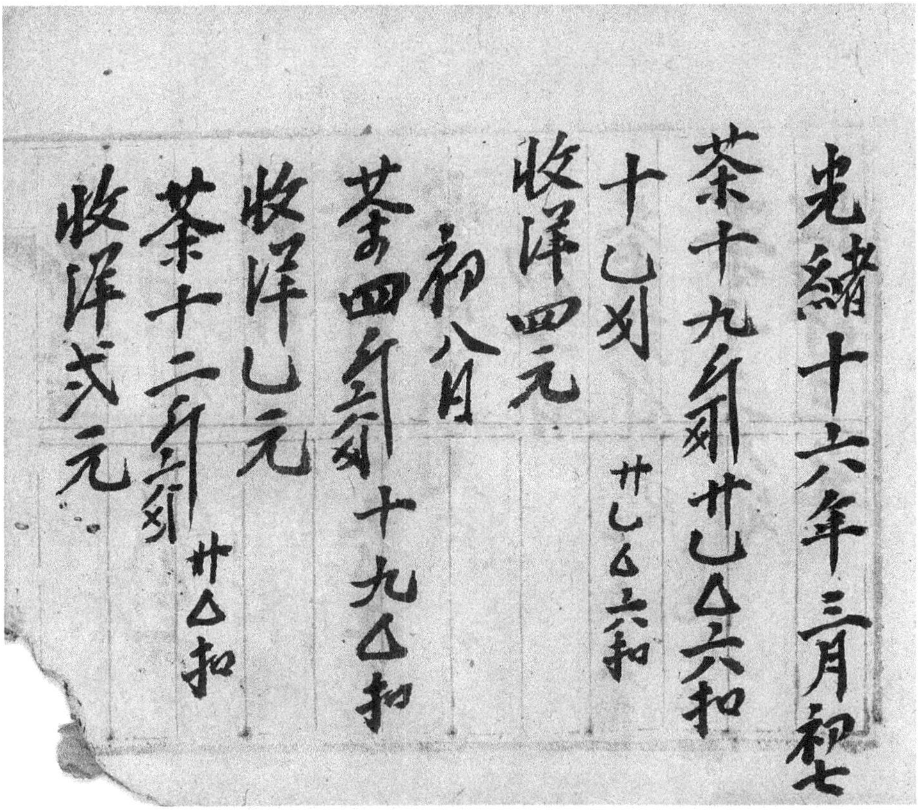

光緒十六年三月初七

茶十九斤刄廿乙△六扣

十乙刄　　廿乙△六扣

收洋四元

初八日

茶四斤三刄十九△扣

收洋乙元

茶十二斤三刄　廿△扣

收洋弍元

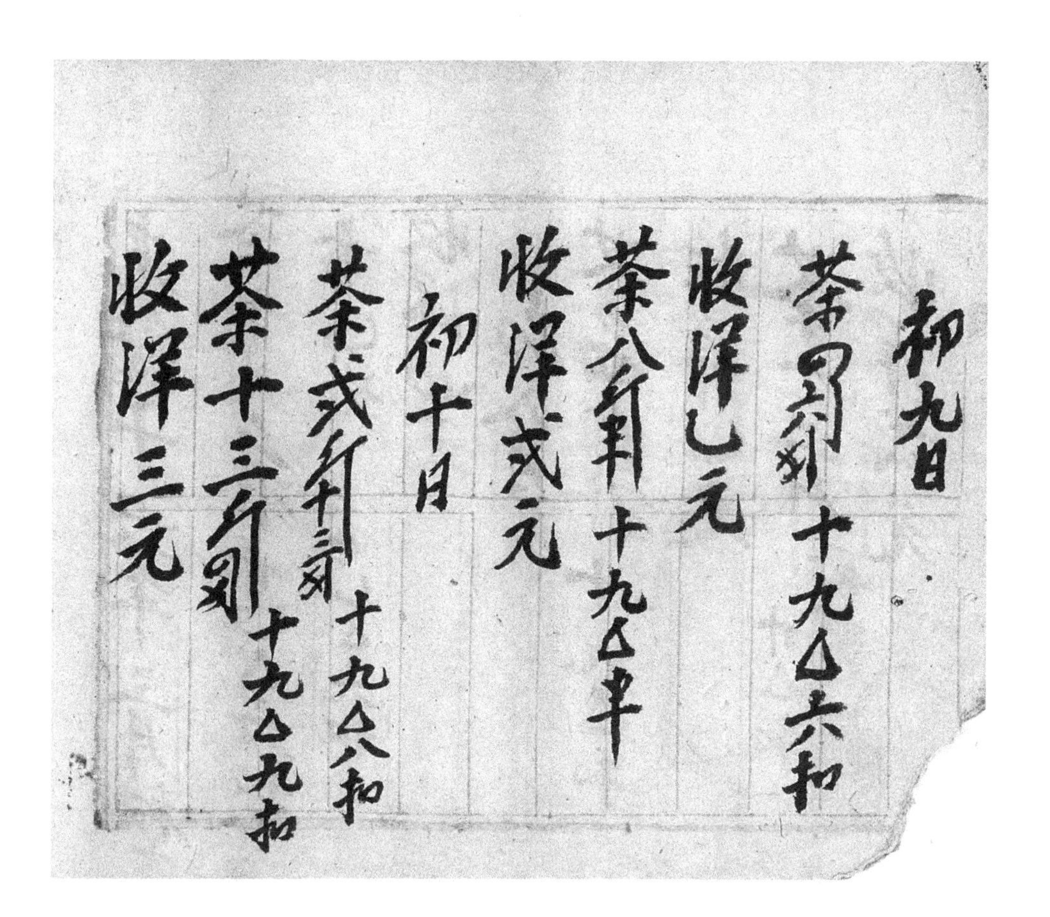

初九日

茶四斤刻 十九△六和

收洋乙元

茶八斤半 十九△半

收洋弍元

初十日

茶弍斤十三刻 十九△八和

茶十三斤刻 十九△九和

收洋三元

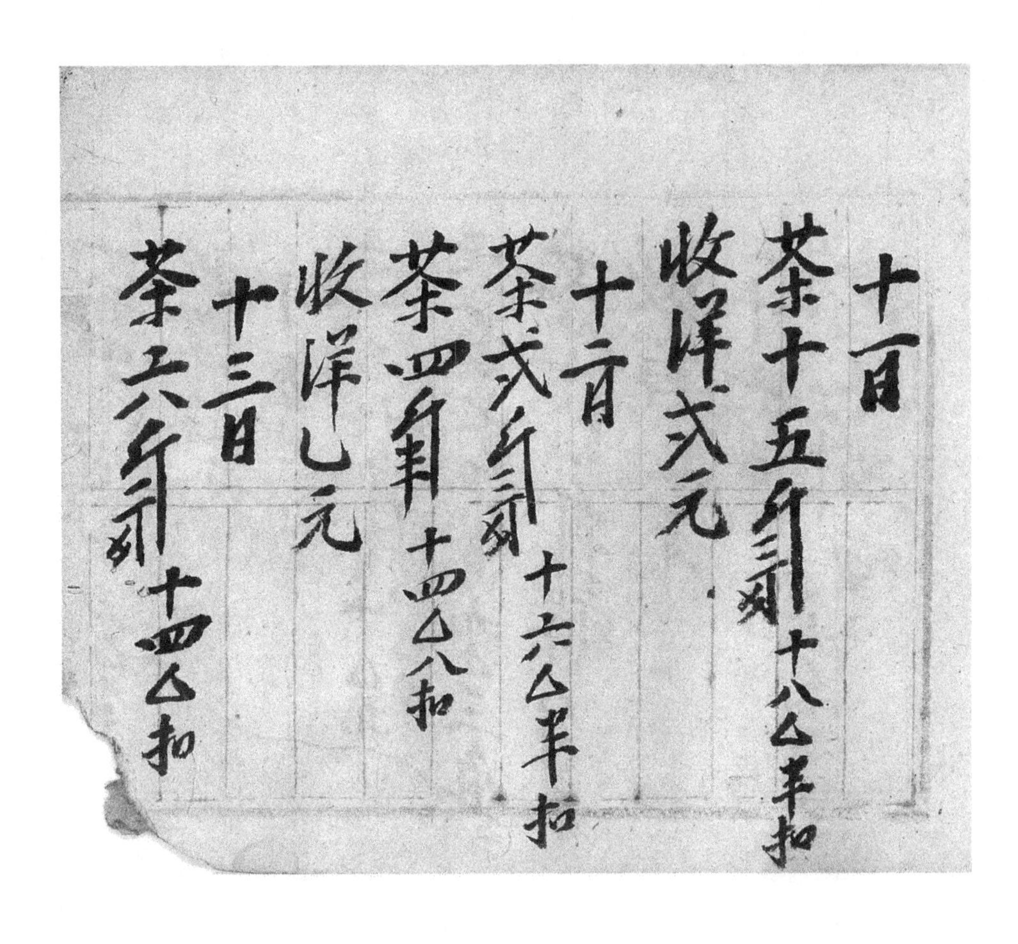
十一日
茶十五斤三两 十八△半扣
收洋弍元
十二日
茶弍斤三两 十六△半扣
茶四斤半 十四△八扣
收洋七元
十三日
茶六斤三两 十四△扣

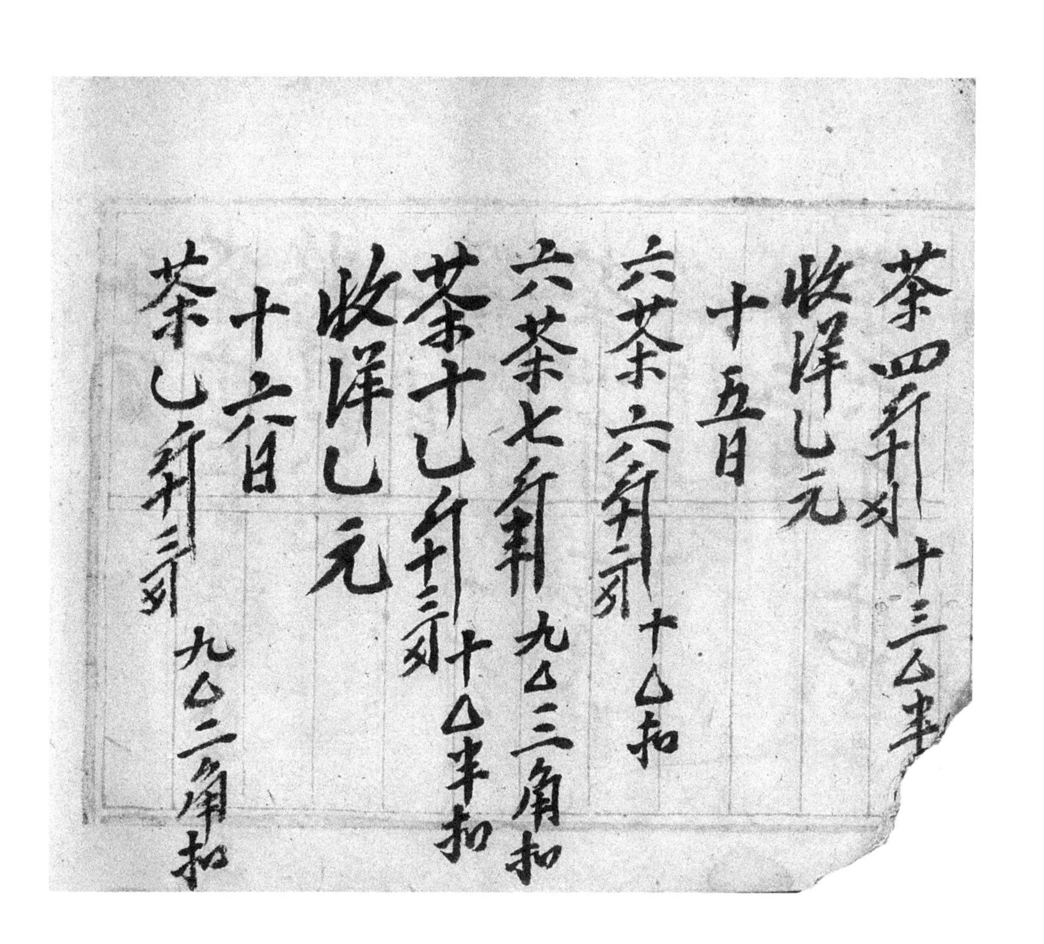
茶四斤十刃 十三△半
收洋乚元
十五日
六茶六斤二刃 十△扣
六茶七斤 九△三角扣
茶十乚斤十二刃 十△半扣
收洋乚元
十六日
茶乚斤十三刃 九△二角扣

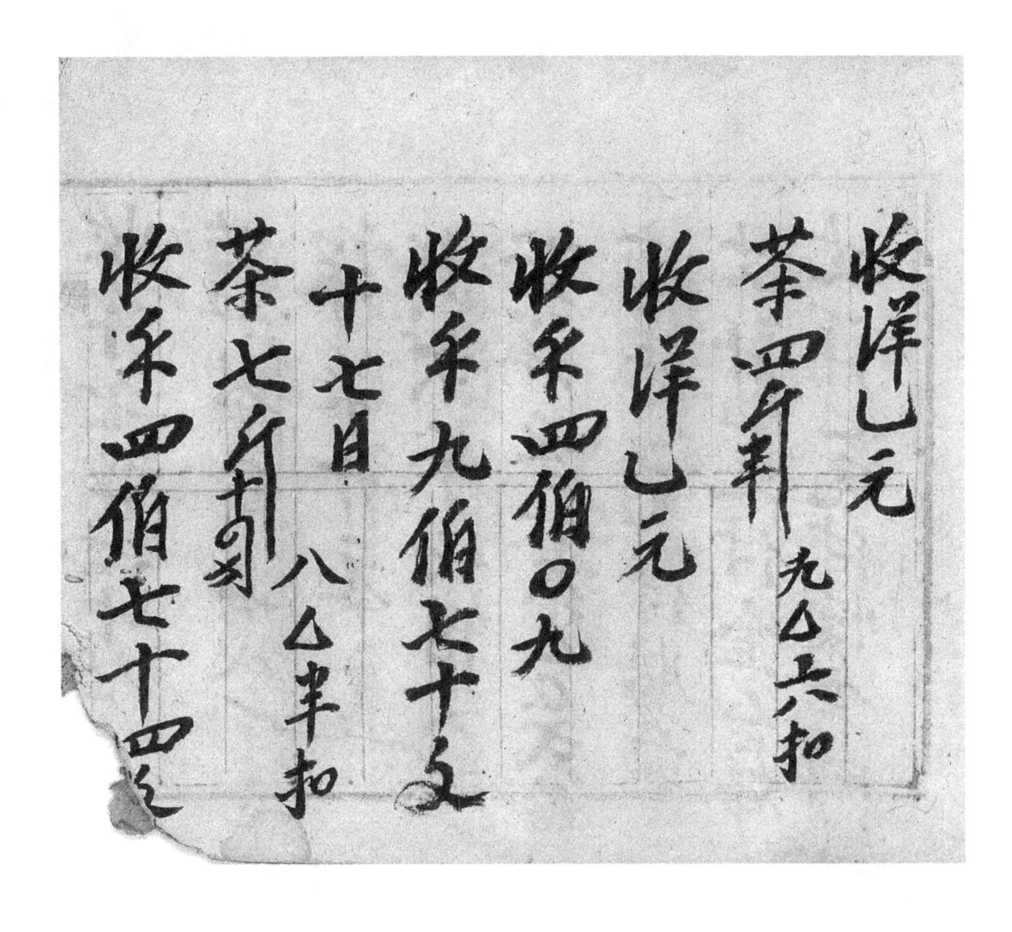
收洋乙元
茶四斤半　九△六扣
收洋乙元
收采四佰〇九
收采九佰七十文
十七日
茶七斤十两　八△半扣
收采四佰七十四文

收乎七佰四十八么

共紅茶[illegible]卅八斤淨

洋乎廿元

錢弍千六佰文

共洋乎廿弍△〇弍佰

支洋乙元 付滕前

支洋乙元付金台婦

支洋乙元付懷安婦

支洋乚元出

支洋乚元布

支洋乚元付義泰

支洋乚元米四斗六升

收壹只猪洋七元

支洋乚元米四斗六升

支洋乚元福安志会卓

支洋乚元付龍日有

支洋乚元七

八月十一日支洋乚元布二十尺

廿二日支洋乚元米五斗五

九月十二日支洋乚元付則明

十八日支洋乚元買猪十五斤 扣 新

旦收禾可廿六文

見重十四斤

廿三日

支洋弍元 占米八十六斤

廿六日

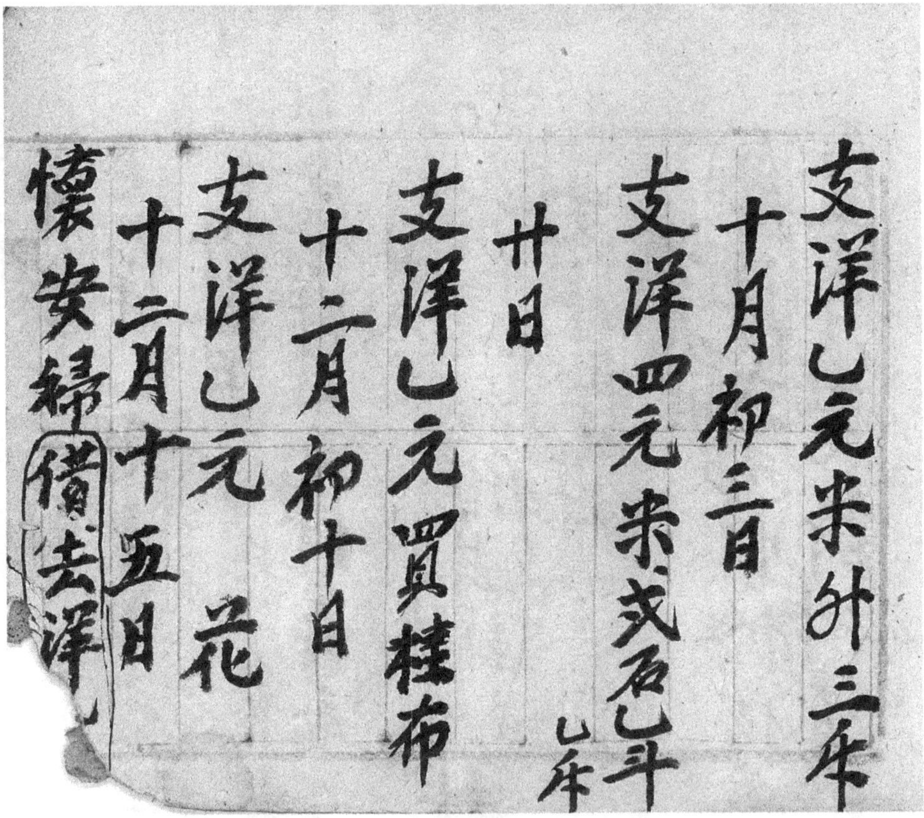

支洋乚元米升三斤

十月初三日

支洋四元米弍石乚斗

乚斤

廿日

支洋乚元買桂布

十二月初十日

支洋乚元 花

十二月十五日

懷安歸 借去洋乚

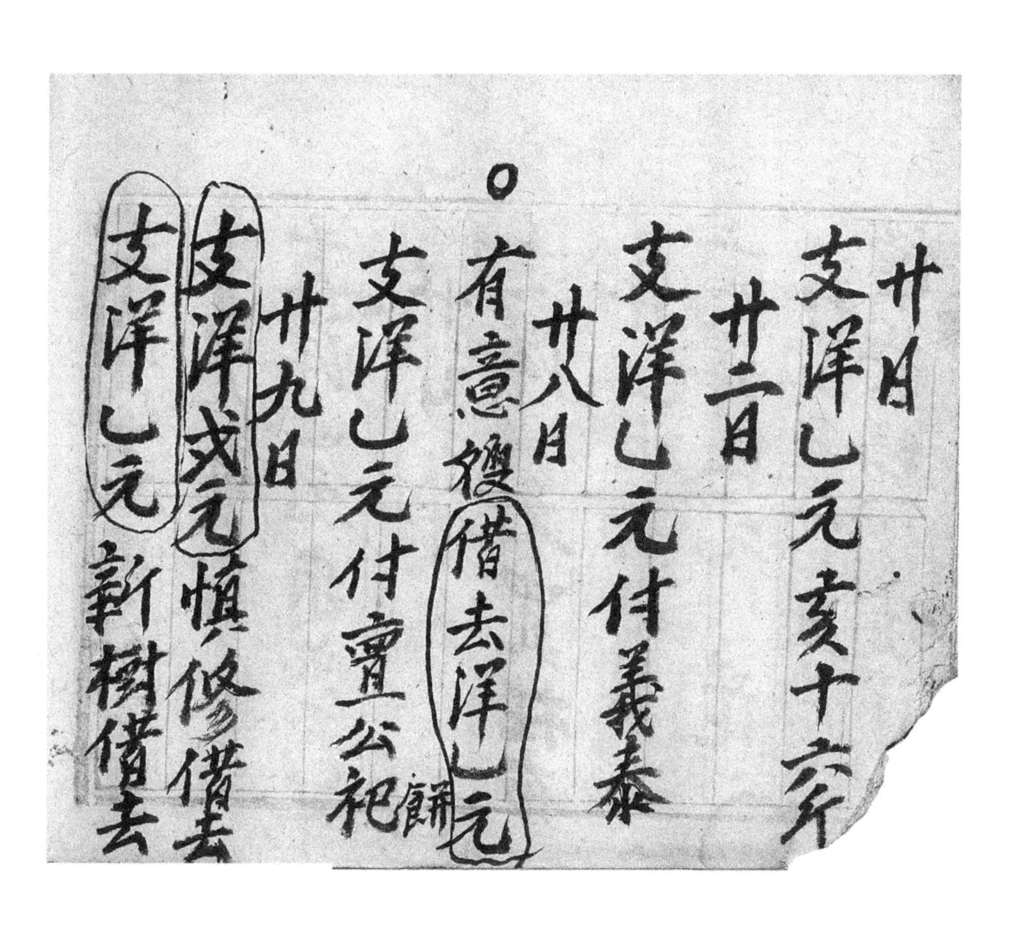

廿日
支洋乚元 麦十六斤
廿二日
支洋乚元付義泰
廿八日
○有意嫂借去洋乚元
支洋乚元付實公祀餅
廿九日
支洋戈元慎修借去
支洋乚元新樹借去

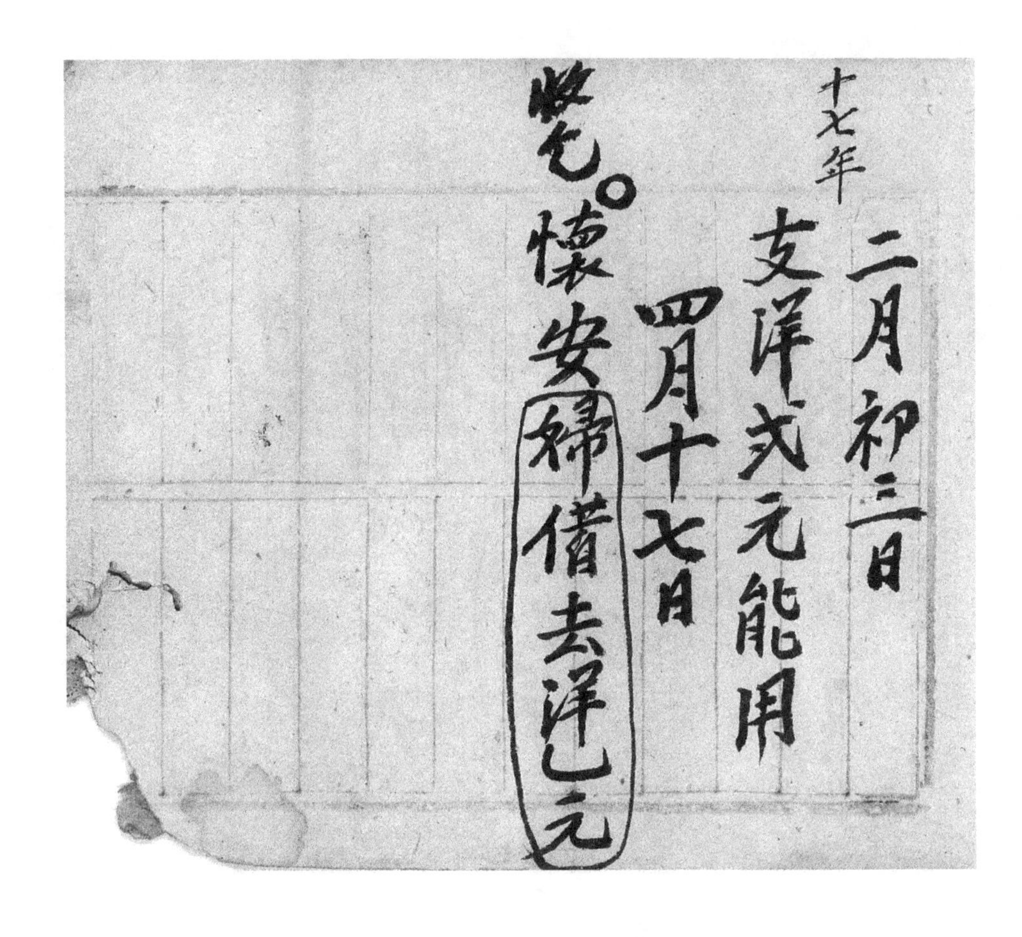

十七年
二月初三日
支洋弍元能用
四月十七日
收乞。懷安歸借去洋乙元

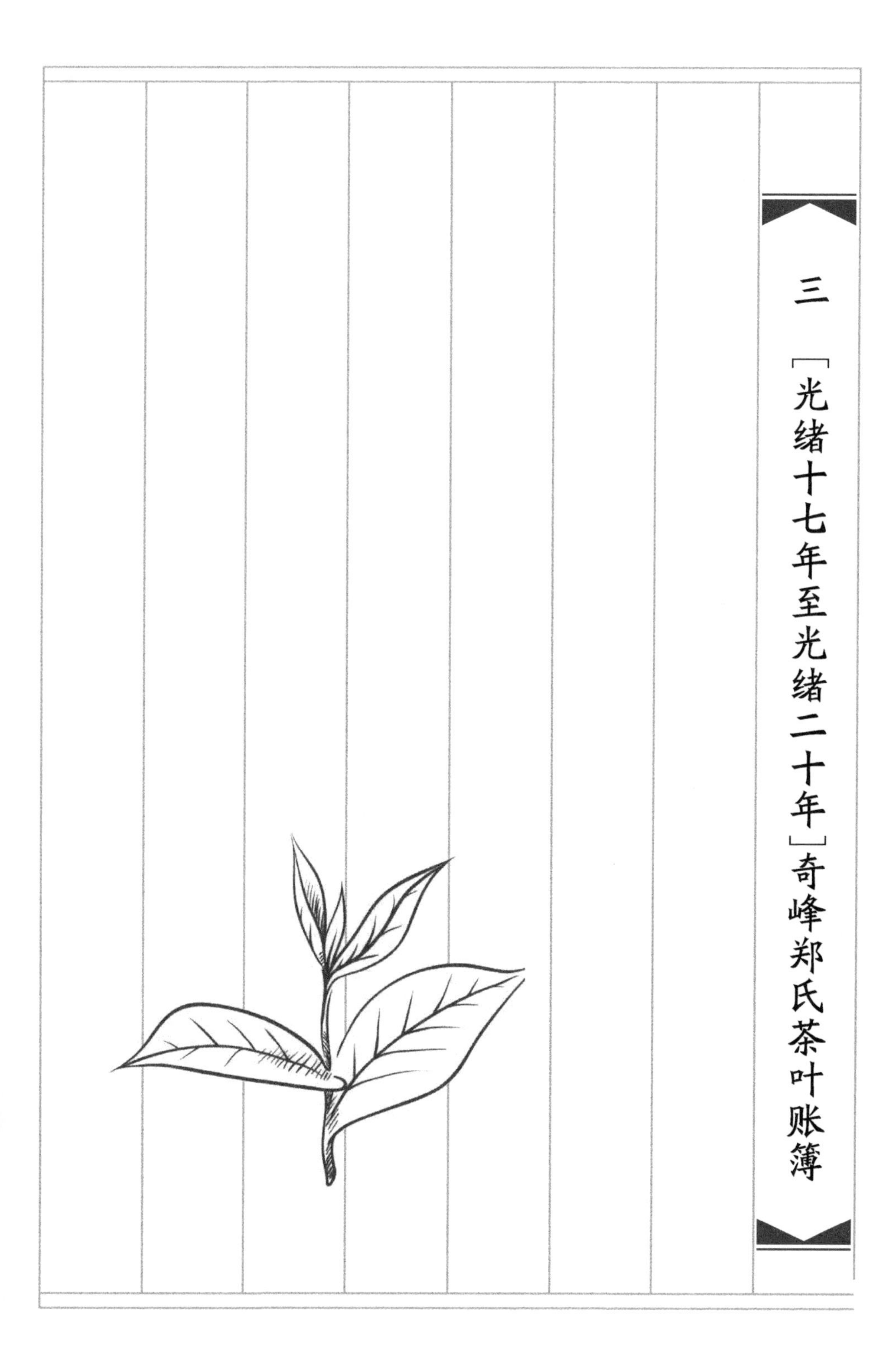

三 〔光绪十七年至光绪二十年〕奇峰郑氏茶叶账簿

光緒十七年三月

十七日

茶五斤两 卅△扣

收洋乚元

茶乚斤两 卅△扣

廿日

茶九斤十两 本洋廿三△扣

收洋戈元

茶二六斤九两　扣洋乙元廿　廿三[illegible]和　本

收洋乙元

廿一日

茶十乙两　扣本洋弍[illegible]六　角乙　廿三[illegible]乙角和

收洋弍元

茶九斤十两　廿二[illegible]和

收洋弍元

廿二日

茶十斤刃 廿三△四扣

收洋弍元

廿三日

茶三斤刃 廿四△扣

收洋弍元

廿四日

茶十五斤十刃 廿三△弍扣

收洋三元

廿五日
茶十七斤半 廿△〇三角扣
茶十五两
廿六日
茶三斤九两 十八△二扣
茶九斤十三两 十七△九扣
收洋弍元
收乐二六佰卅一文

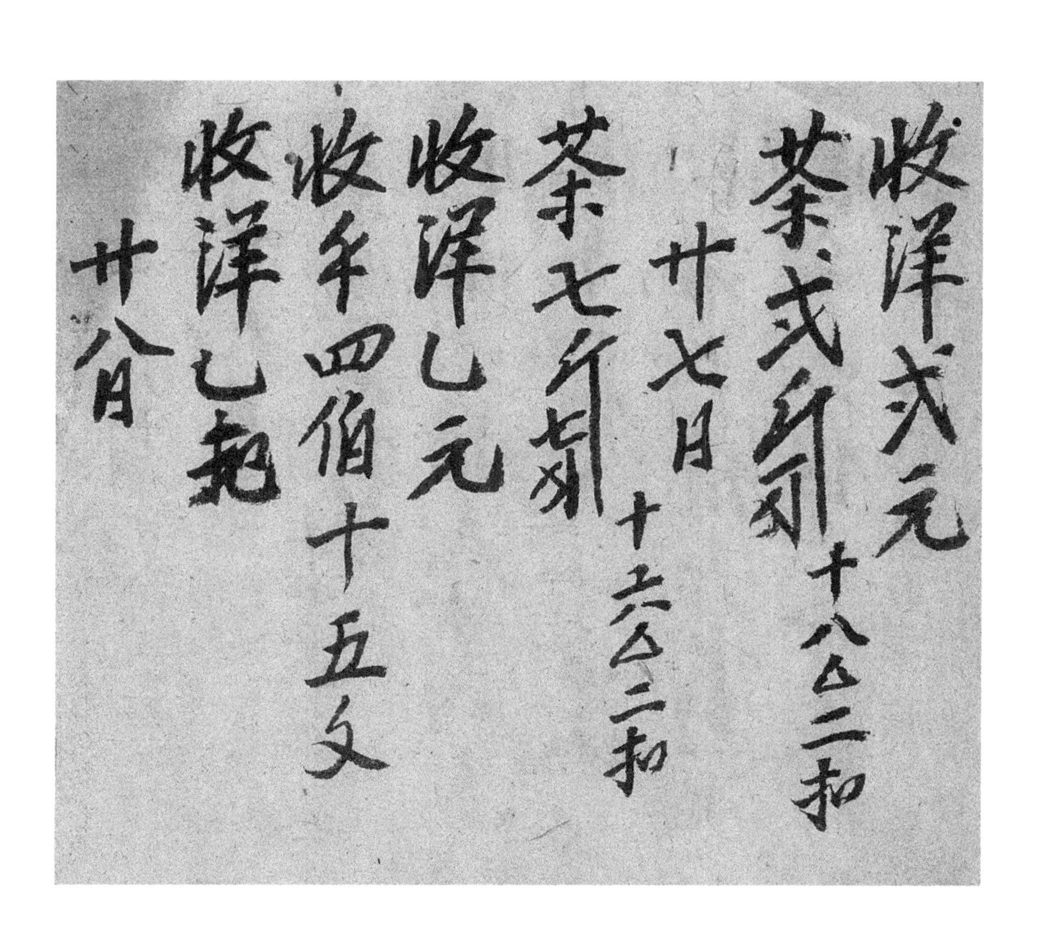

收洋弍元
茶弍斤一两　十八△二扣
廿七日
茶七斤七两　十六△二扣
收洋乙元
收钱四佰十五文
收洋乙毛
廿八日

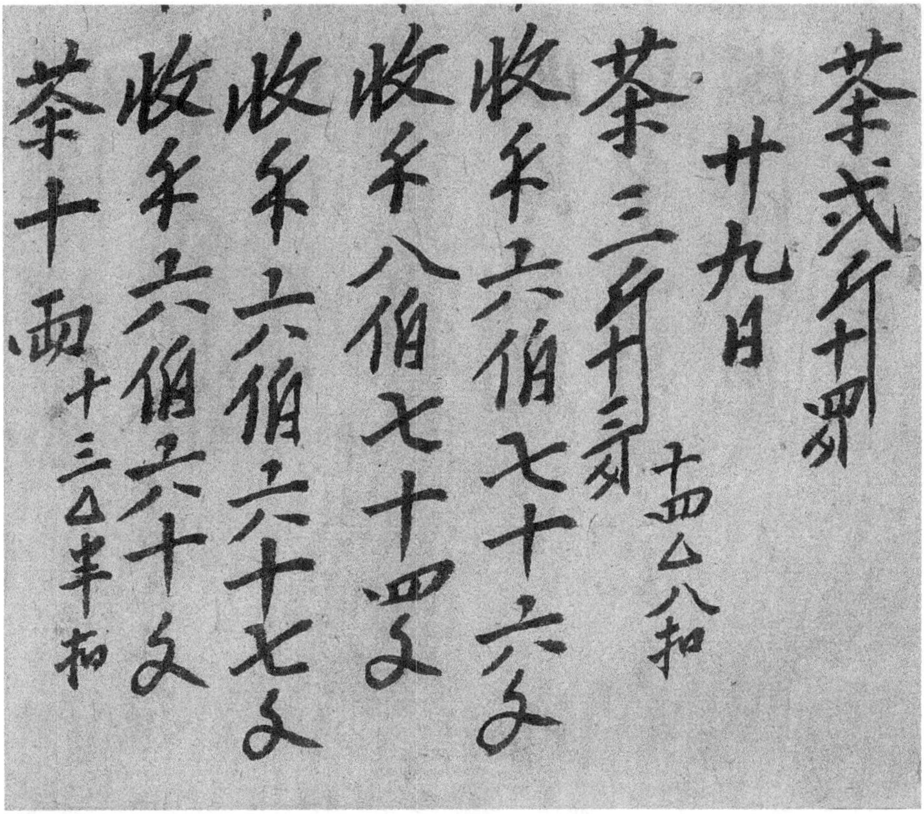

茶弍斤十两

廿九日

茶三斤十两　十四△八和

收钱六佰七十六文

收钱八佰七十四文

收钱六佰六十七文

收钱六佰六十文

茶十两　十三△半和

四月初二日

茶贰斤羽 十四△三角扣

收乐三佰八十五文

初三日

茶乙斤羽 十三△扣

收乐甲八十四文

初四日

茶三斤羽 十二△八角扣

收乎五佰廿八文

初五日

茶六斤 十三△四扣

茶乜斤九兩 十三△四扣

共紅茶乜佰卅斤

收錢五千弍佰文 乜千十二扣

收洋錢廿弍元

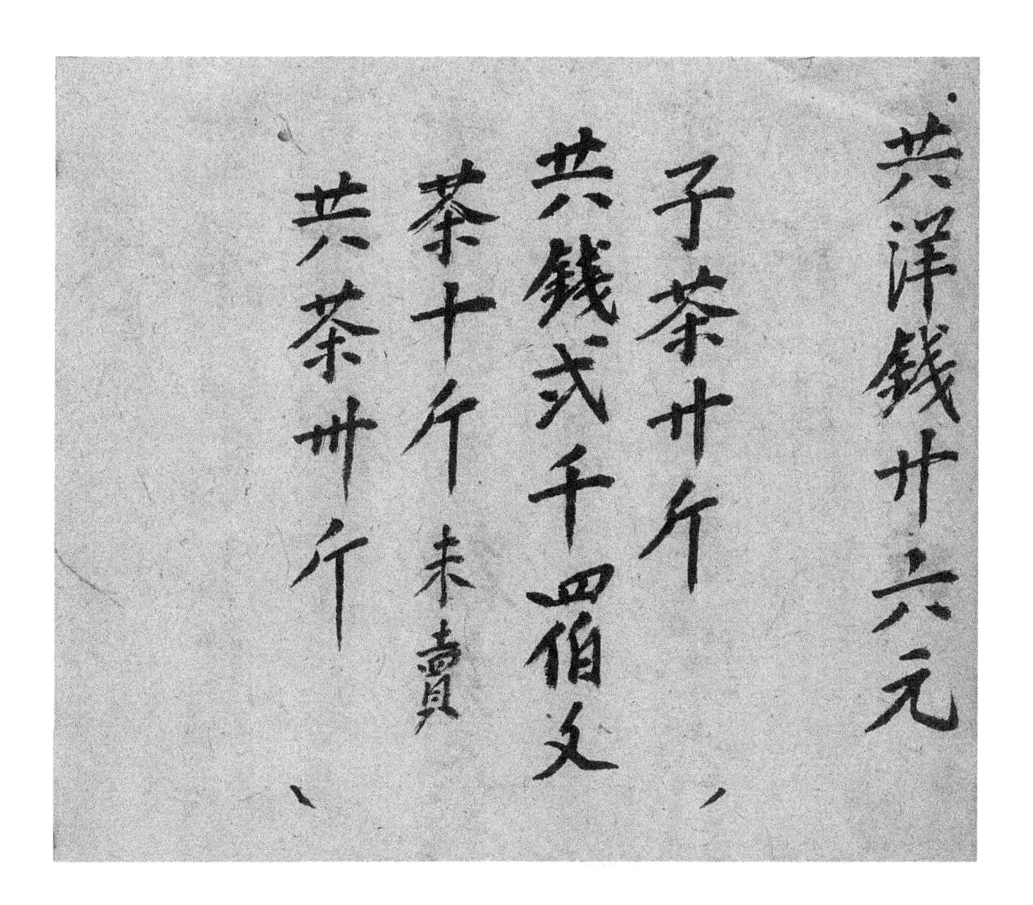

共洋錢廿六元

子茶廿斤

共錢弍千四佰文

茶十斤 未賣

共茶卅斤

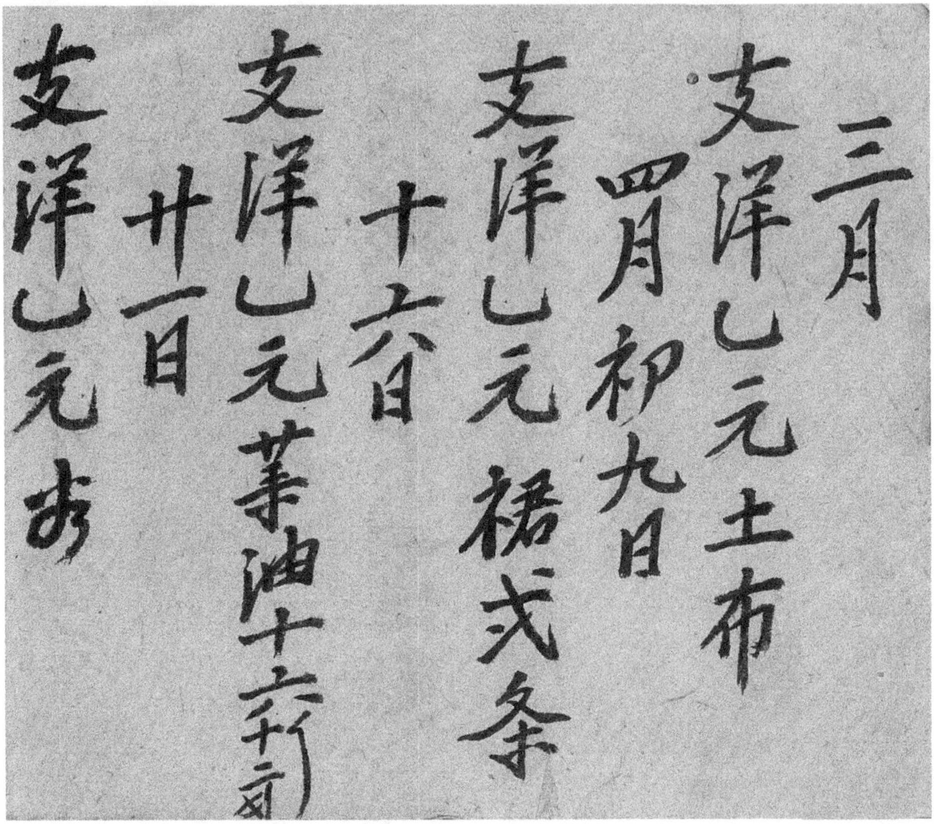

三月

支洋乚元土布

四月初九日

支洋乚元裙弍条

十六日

支洋乚元菜油十六斤十两

廿一日

支洋乚元去

五月十五日
支洋乚元福会
支洋乚元洋清
收賣猪洋四元
收子茶洋乚元
收貴溪洋乚元
支洋乚元付義泰
支洋乚元 付龍日

支洋乙元七

支洋乙元来

支洋三元付曾公会

八月十六日

支洋弍元

廿八日

支洋乙元付則明

九月十四日

支洋乙元来钱六千

廿八日

支洋乙元安六秤

十月初三日

支洋乙元買猪十三斤 扣

見重十二斤半

旦收禾甲文

初九日

支洋乙元占来四斗四斤

初十日

支洋乙元来外四斤半

十一日 外一五斤半扣

支洋三元来乙佰二十四斤

十三日 外四斤三同

支洋弍元来乙佰十八斤

十四日

支洋乙元 占来四十四斤

廿一日 收乙

支洋乙元 廷志借去

廿二日

支洋弍元 来乙佰十二斤来

十一月廿六日

支洋弍元 来乙佰十二

十二月初七日 斤

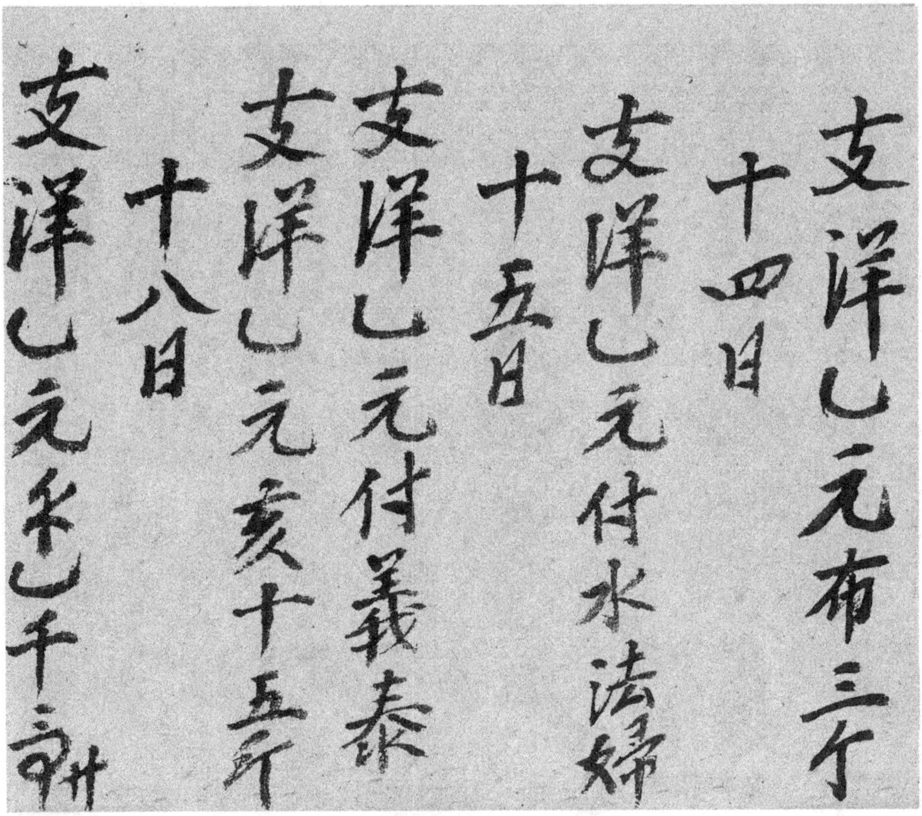

支洋乚元布三斤

十四日

支洋乚元付水法婦

十五日

支洋乚元付義泰

支洋乚元麦十五斤

十八日

支洋乚元糸乚千文廿

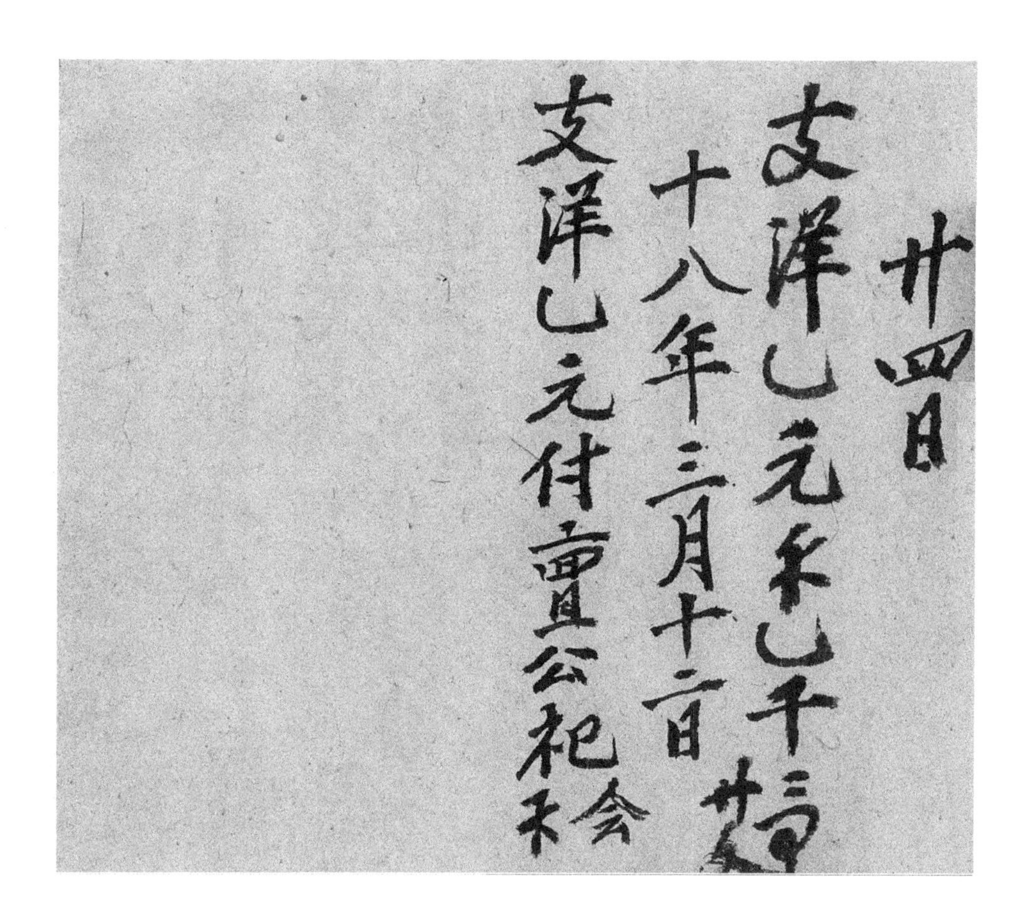

廿四日
支洋乚元米乚千三[illegible]
十八年三月十二日 廿[illegible]
支洋乚元付西宜公祀会禾

光緒十八年四月初六日

茶十斤三两　廿△扣

收洋弍元

茶廿弍斤十三两　廿△〇三角扣

收洋四元

茶弍斤十两　廿△扣

收洋乚元

初七日

茶十五斤 十三两 廿△足分

初八日

茶十四斤半 十九△半扣

收洋二元

初九日

茶四斤两 十八△扣

茶五斤半 十四△九扣

收洋三元

初十日

茶八斤[illegible]　十四△扣

收洋乙元

茶十斤[illegible]　十三△扣

收洋乙元

茶十弍斤[illegible]　九△扣

收洋乙元

收洋弍元

十五日

上茶弍斤廿三两 三斤扣

十六日

上茶乙斤 二斤十四两扣

十八日

上茶十两 二两扣

共茶乙佰乙十斤

共收洋錢十八元

支洋乙元付容順

支洋乙元付勝前

支洋乙元布

支洋乙元米

支洋乙元出

五月廿五日 支洋乙元米

支洋三元福全 付光子兄

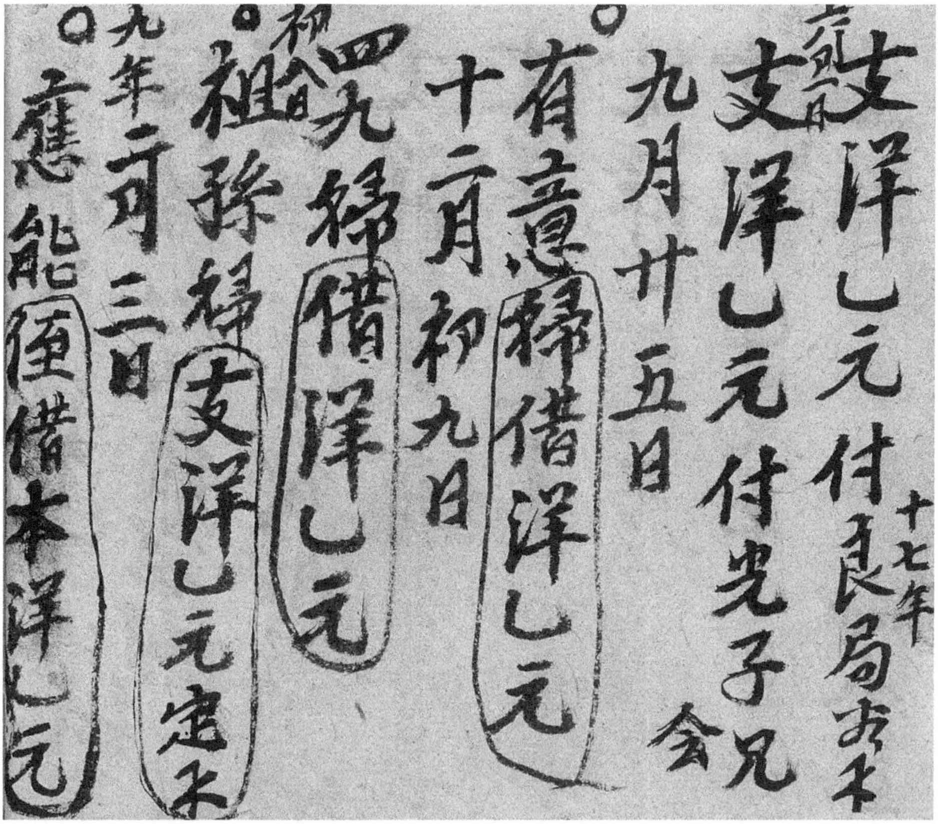

六月日 支洋乚元付良局去本 十七年

支洋乚元付光子兄 会

九月廿五日

○有意归借洋乚元

十二月初九日

四九归借洋乚元 初八日

○祖孙归支洋乚元定禾

九年二月三日

○意能领借本洋乚元

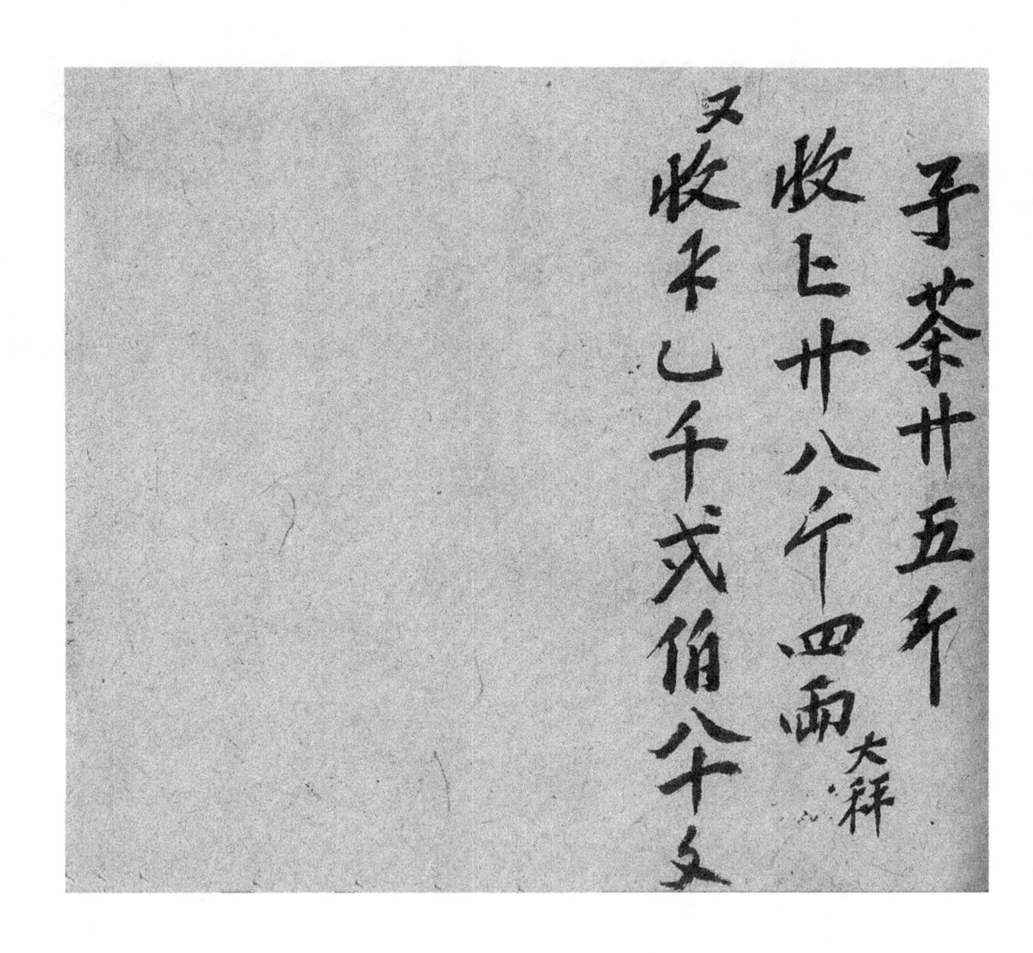

子茶廿五斤

收上廿八斤四两大秤

又收平乙千弍佰八十文

光緒十九年十二月十一日起

十二日十三日

十四

茶廿九斤半　廿六△二扣

收洋七元

十五日

茶廿一斤九兩　廿一△扣

茶廿八斤半　廿五△扣

收洋弍元

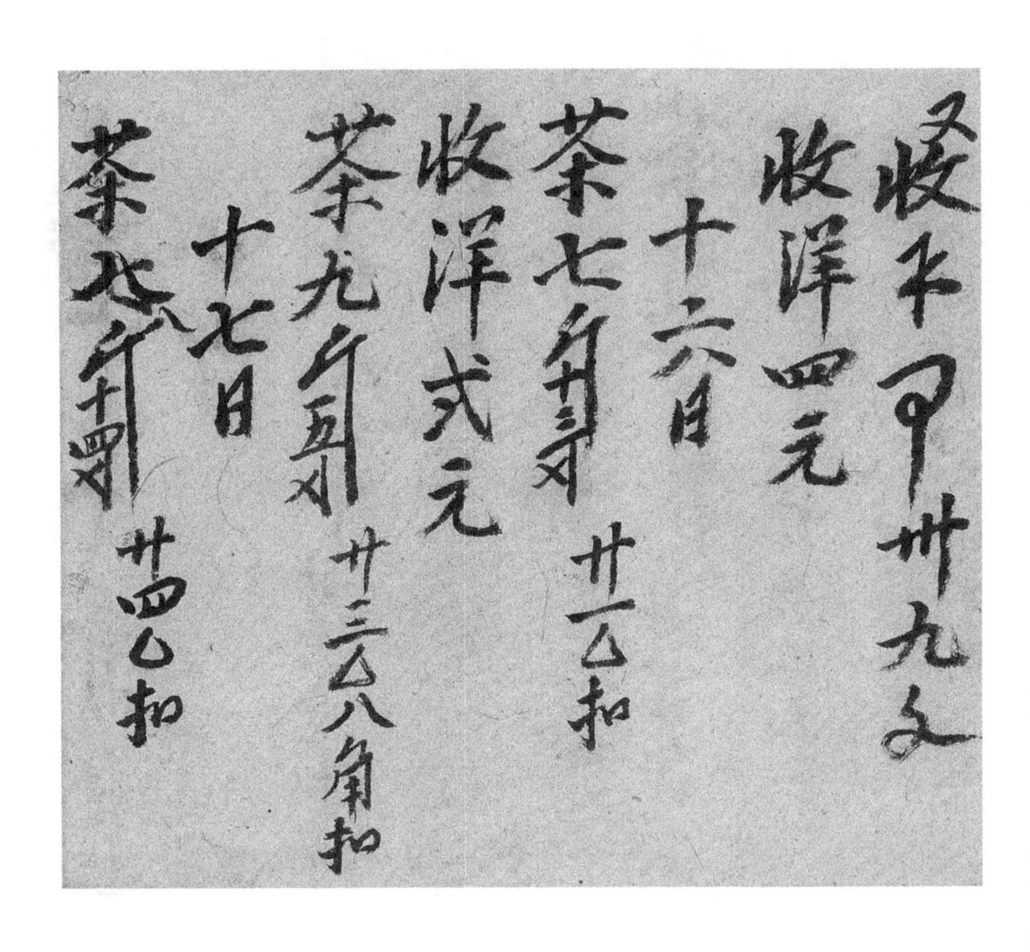
又收本甲卅九文
收洋四元
十六日
茶七斤廿三两　廿一△扣
收洋弍元
茶九斤五两　廿三△八角扣
十七日
茶八斤十四两　廿四△扣

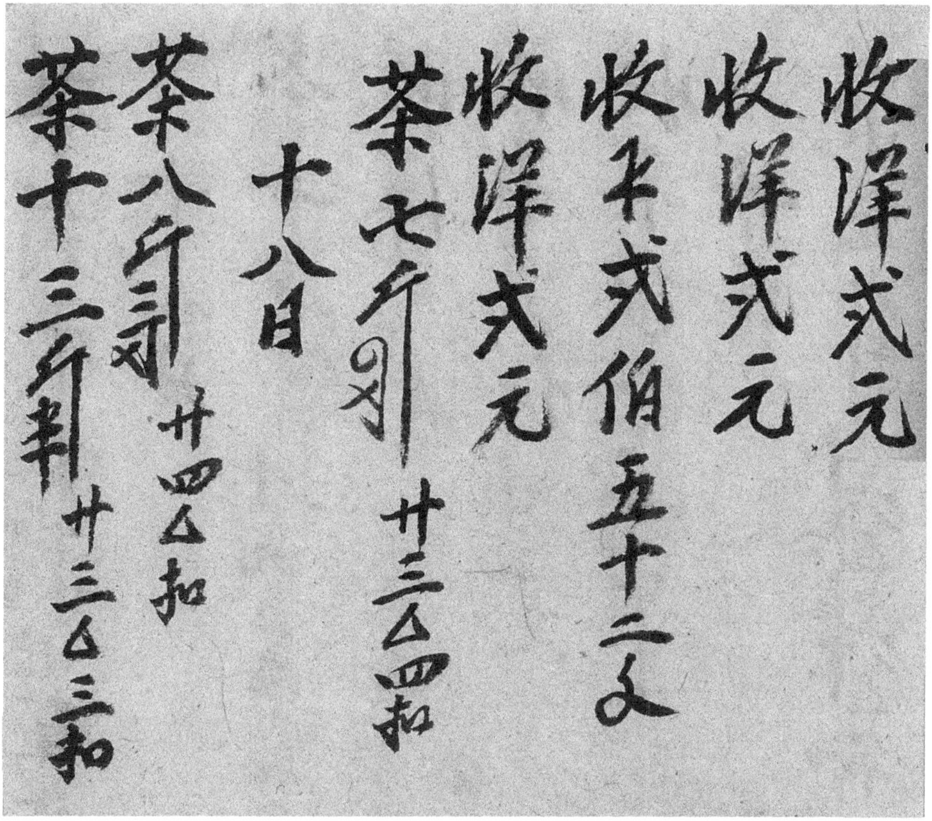

收洋弍元

收洋弍元

收平弍伯五十二文

收洋弍元

茶七斤司 廿三△四和

十八日

茶八斤司 廿四△和

茶十三斤剌 廿三△三和

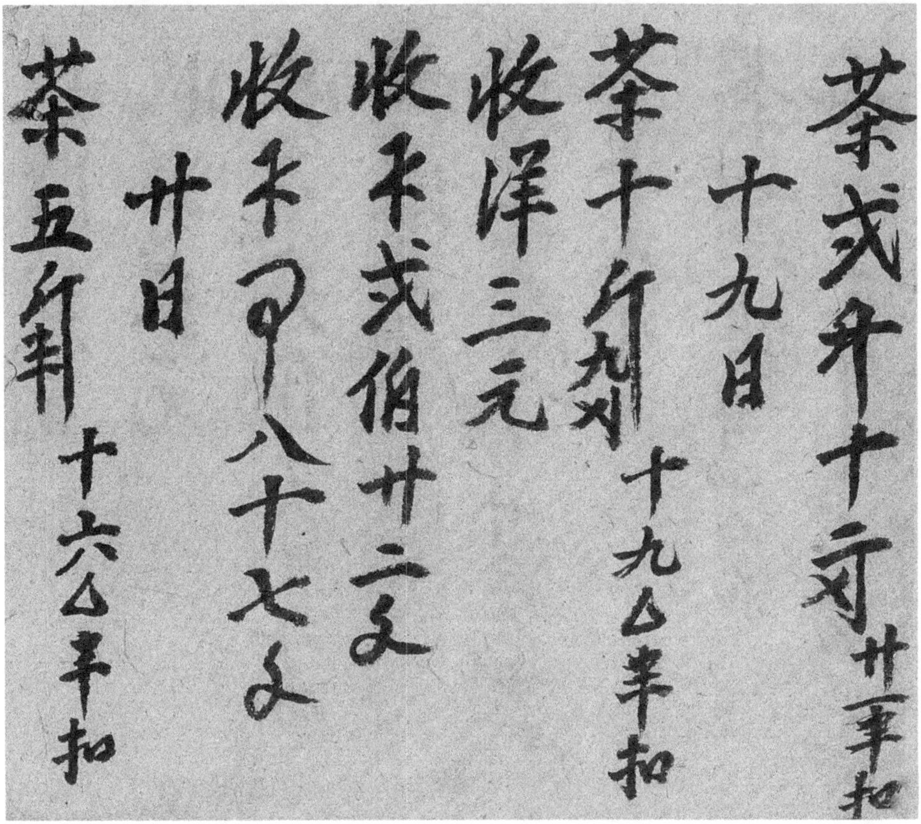

茶弍斤十两　廿一半扣

十九日

茶十斤九两　十九△半扣

收洋三元

收本弍佰廿二文

收本四八十七文

廿日

茶五斤半　十六△半扣

廿一日
茶三斤十两　十五厶扣
收洋乙元
收钱五伯四十六文
收洋五元
收钱千卅二文
廿五日
茶乙斤半　十三厶二八扣

收本二百廿二文
廿六日
茶弍斤两十三厶半扣
收本三百廿五文
共茶百十六斤有　百四十〇半
陳廿四斤
收洋卅元
又
收本弍千〇廿七文

共收洋卅一△半

三月廿五日

支洋乚元布

支洋乚元镜

廿九日

支洋乚元布

卅日

收来富洋弍元

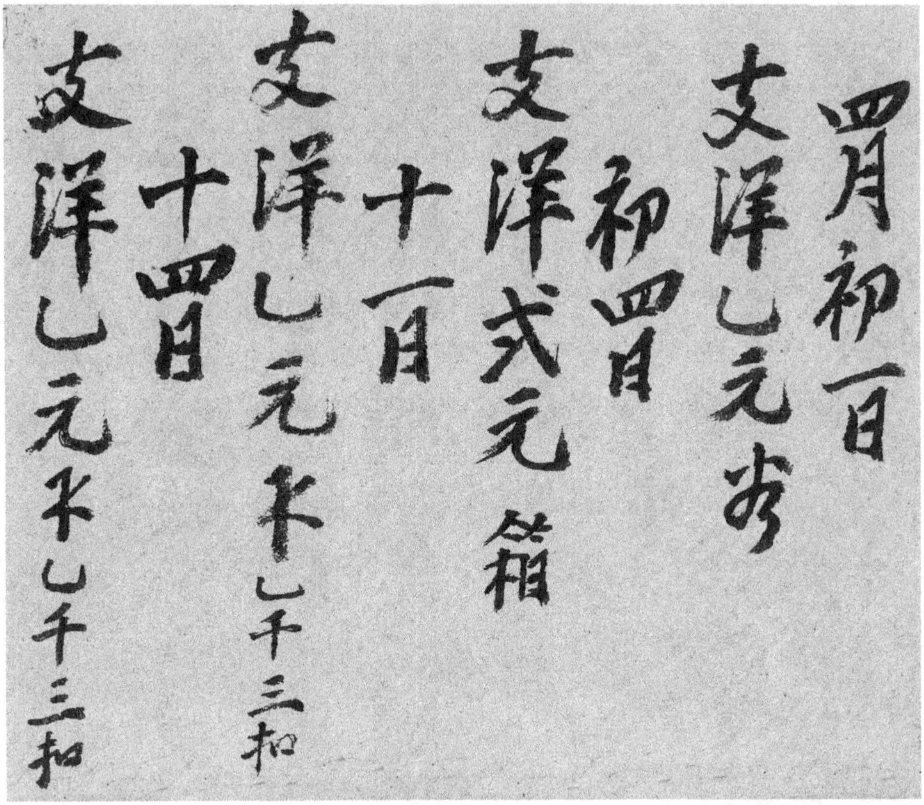

四月初一日
支洋乙元步
初四日
支洋弍元 箱
十一日
支洋乙元水乙千三扣
十四日
支洋乙元水乙千三扣

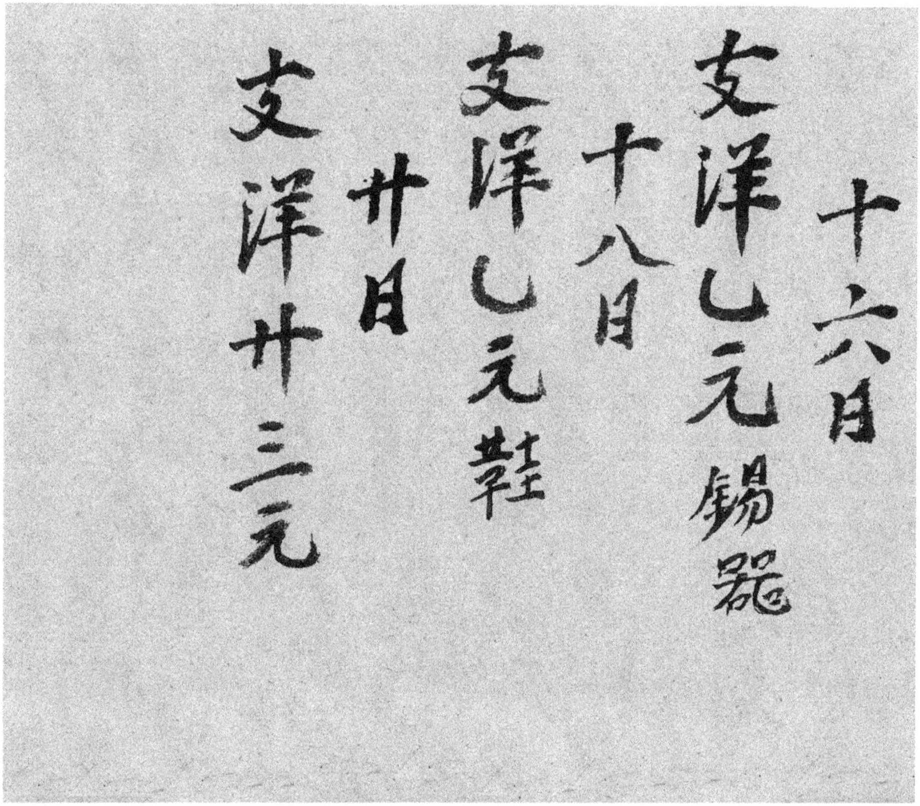

十六日
支洋乙元锡器
十八日
支洋乙元鞋
廿日
支洋廿三元

子茶廿四斤

收七弍包四十八斤大秤

又收米四佰九十文

光緒廿年三月

廿二日

茶十六斤　十八厶扣

收洋弍元

又收錢乙千〇廿文

廿三日

茶十七斤二兩　十六厶扣

收洋弍元

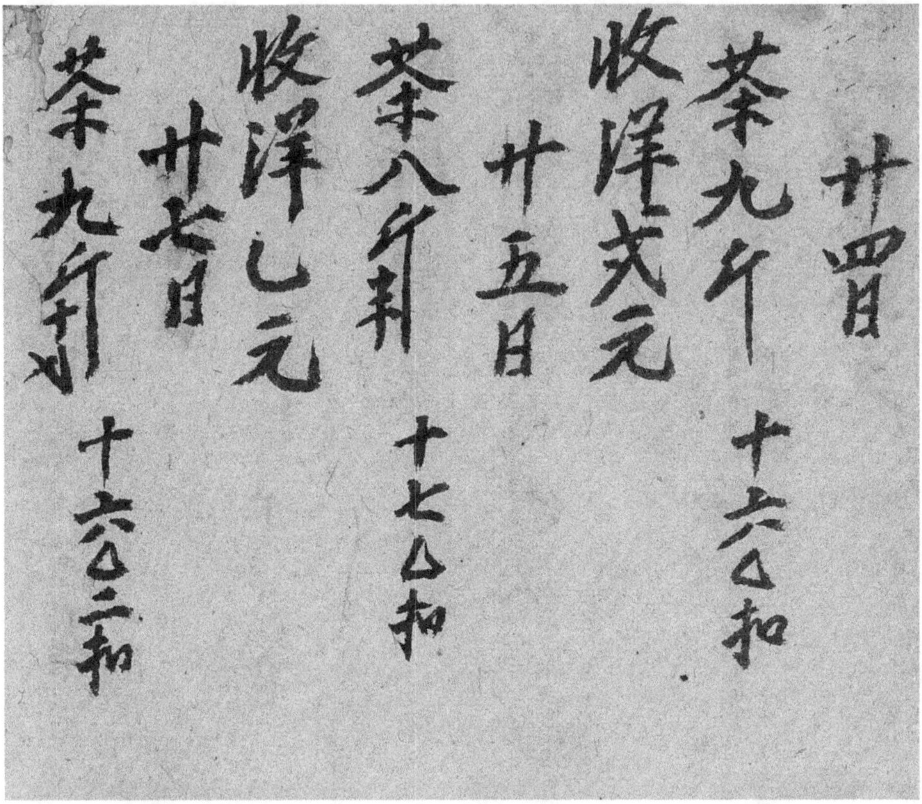

廿四日
茶九斤 十六△和
收洋弍元
廿五日
茶八斤半 十七△和
收洋乙元
廿七日
茶九斤半 十六△二和

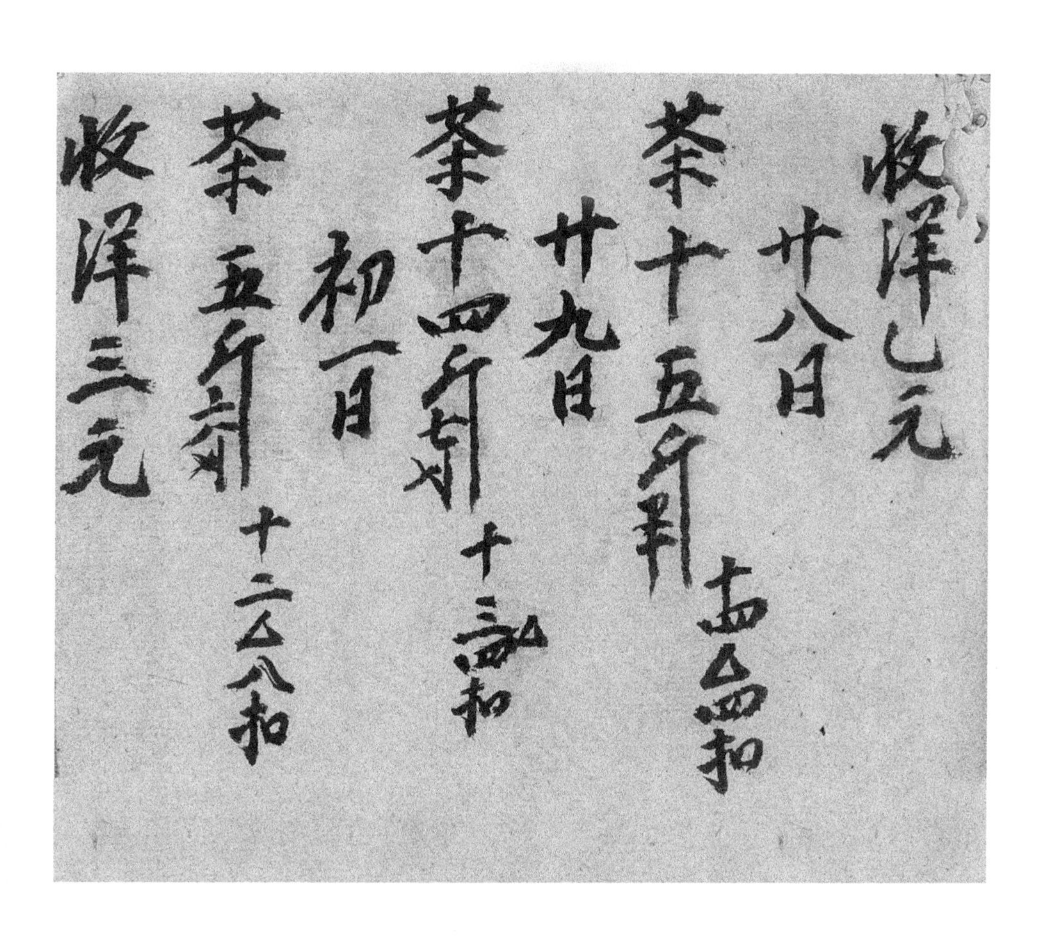
收洋乙元
廿八日
茶十五斤半 十四△四扣
廿九日
茶十四斤半 十三△四扣
初一日
茶五斤半 十二△八扣
收洋三元

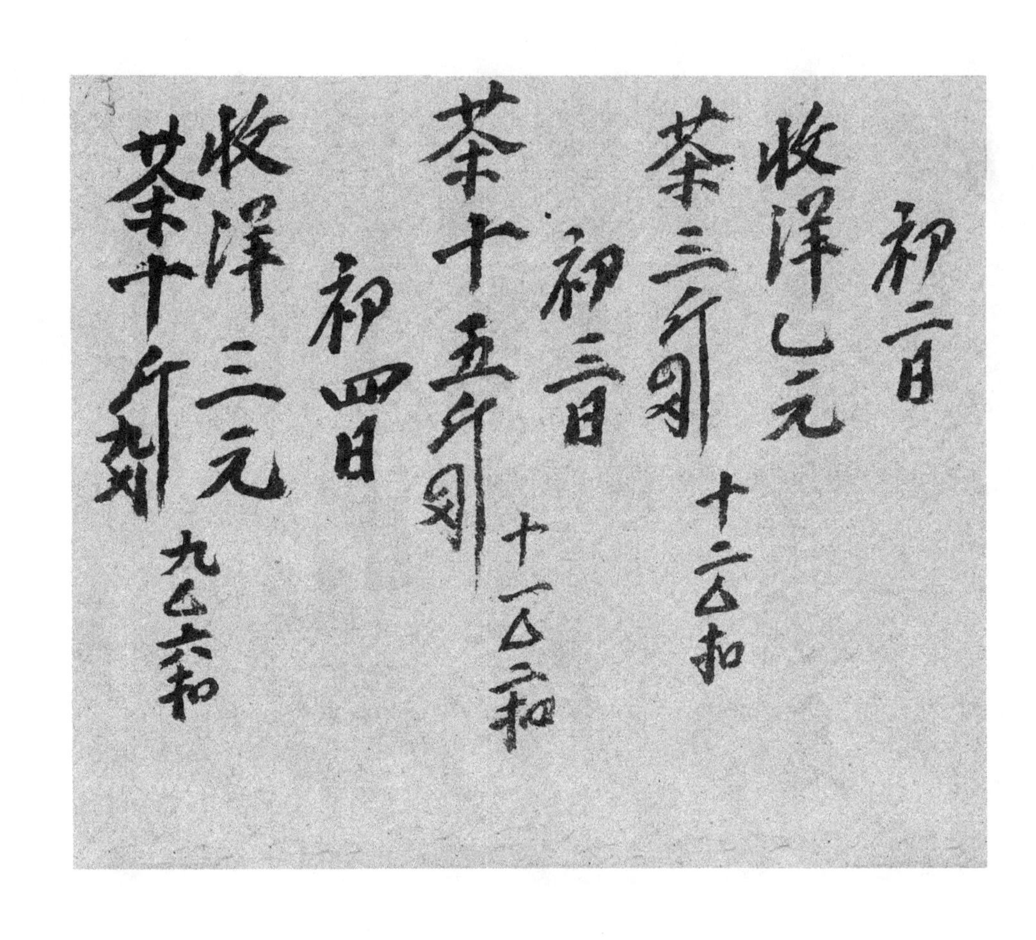
初二日
收洋乙元
茶三斤刃　十二△扣
初三日
茶十五斤刃　十一△二和
初四日
收洋三元
茶十斤九刃　九△六和

初五日
收洋弍元
又收禾千十三文
初七日
茶四斤刃
远麦甲攵和
收禾四佰〇五六文
初十日
茶四斤九刃
十乚△半和

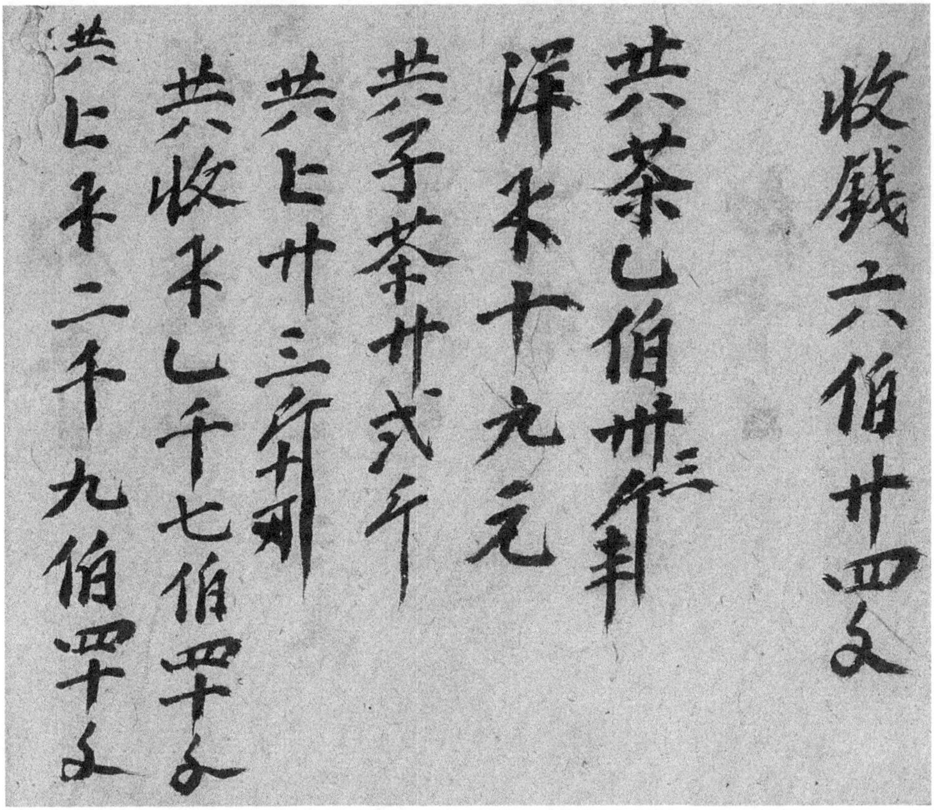

收錢六佰廿四文
共茶七佰卅三斤半
洋本十九元
共子茶廿弍斤
共七廿三斤半
共收本七千七佰四十文
共七本二千九佰四十文

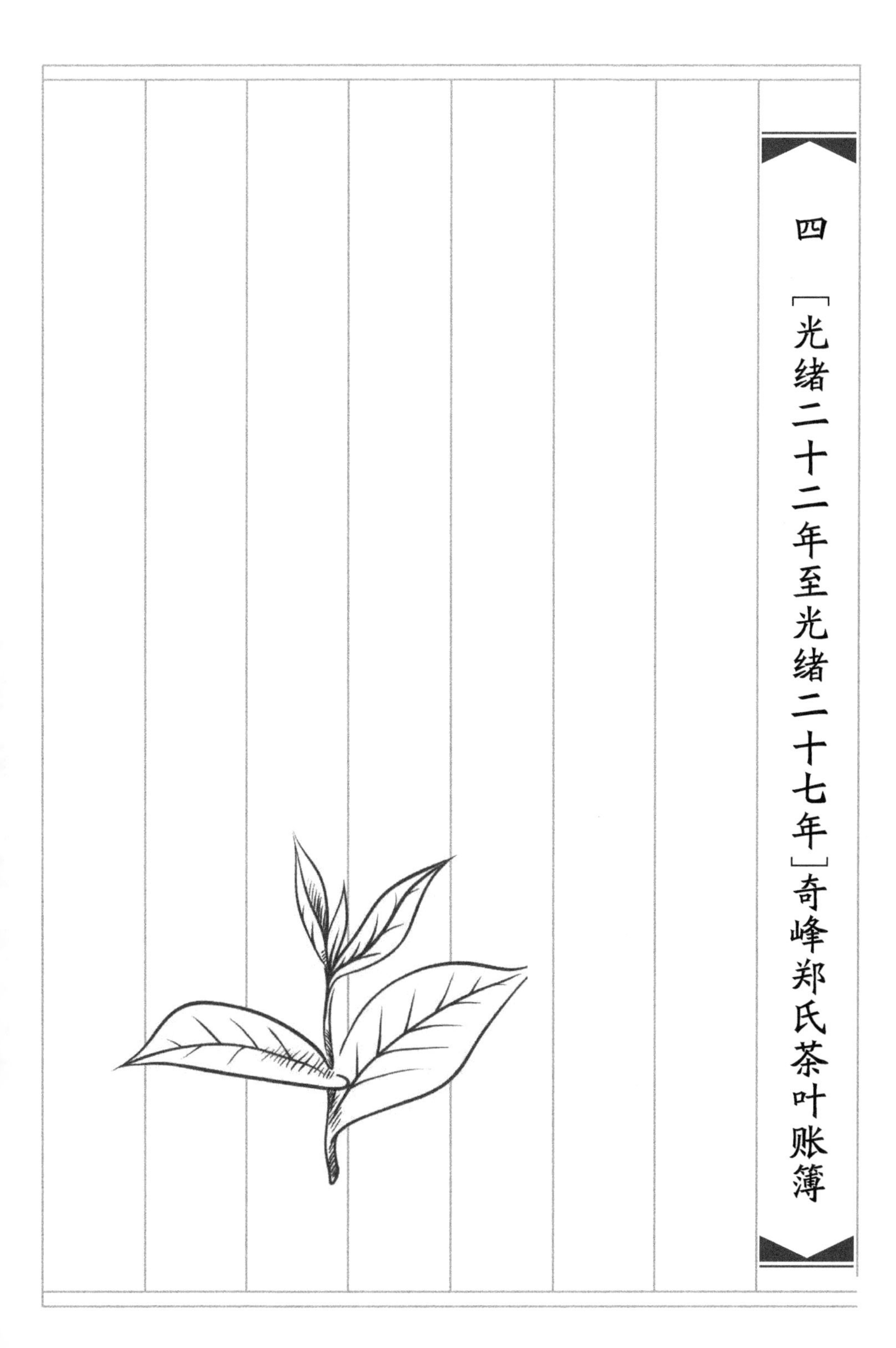

四 ［光绪二十二年至光绪二十七年］奇峰郑氏茶叶账簿

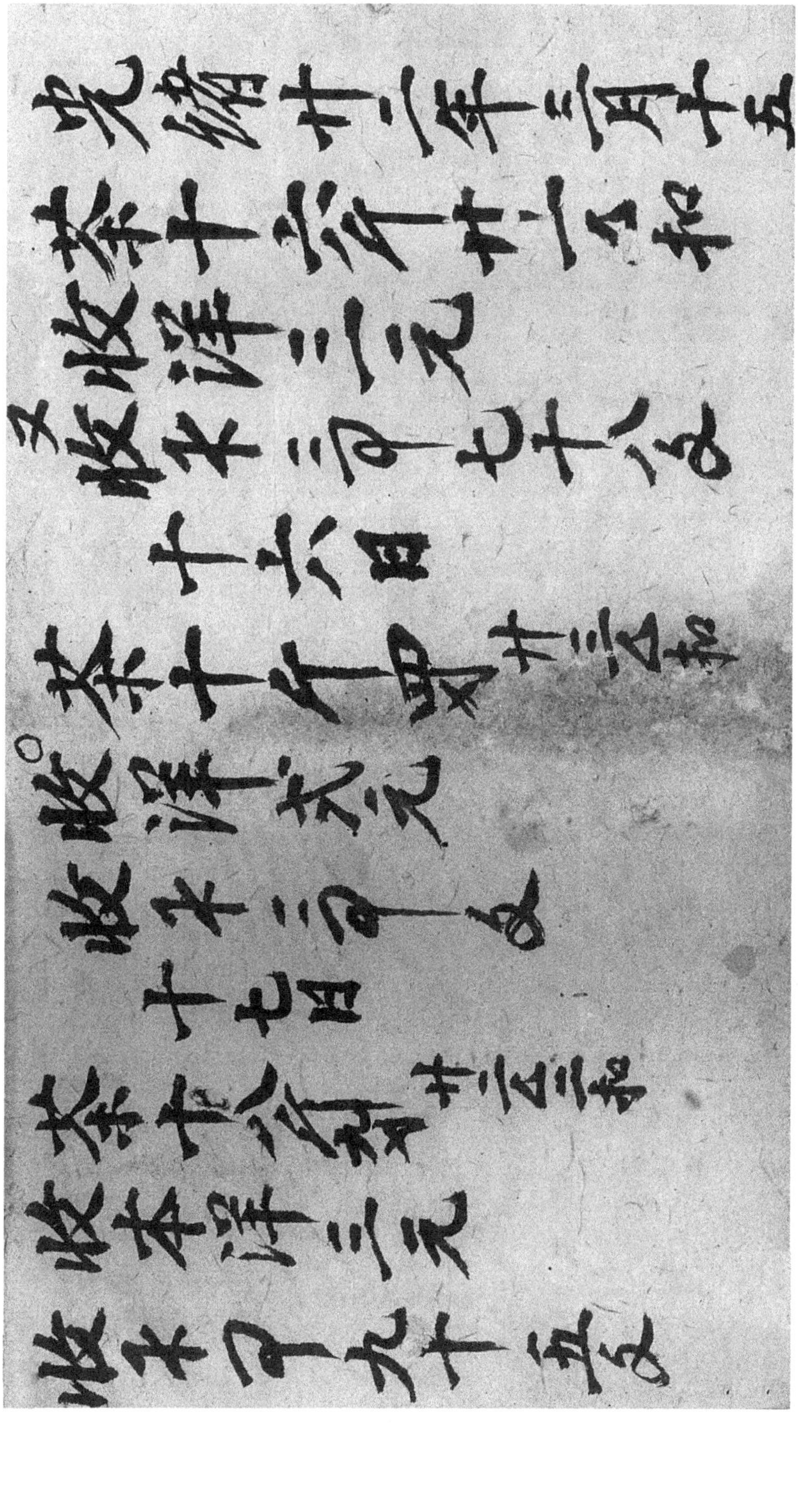

光绪廿二年三月十五
收茶十六斤廿二两
收洋三元
又收米三斗七十八文
十六日
茶十斤四两廿三两
收洋贰元
收米三斗一文
十七日
茶十八斤廿五两
收本洋三元
收米一斗九十五文

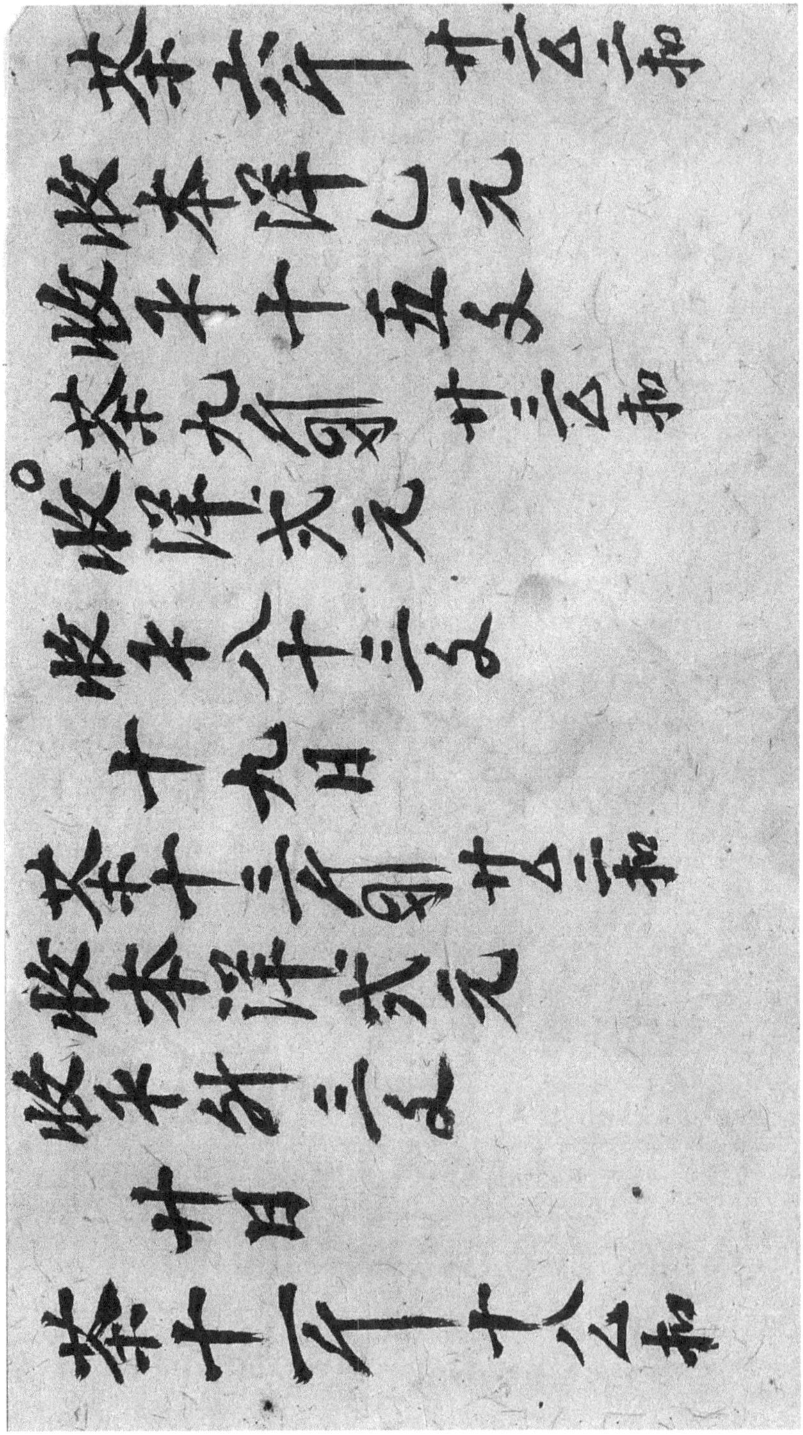

茶六斤　廿二厶二和
收本洋乙元
收平十五文
茶九斤刷　廿三厶和
○收洋弍元
收平八十三文
十九日
茶十三斤刷　廿厶二和
收本洋弍元
收平外三文
廿日
茶十一斤　十八厶和

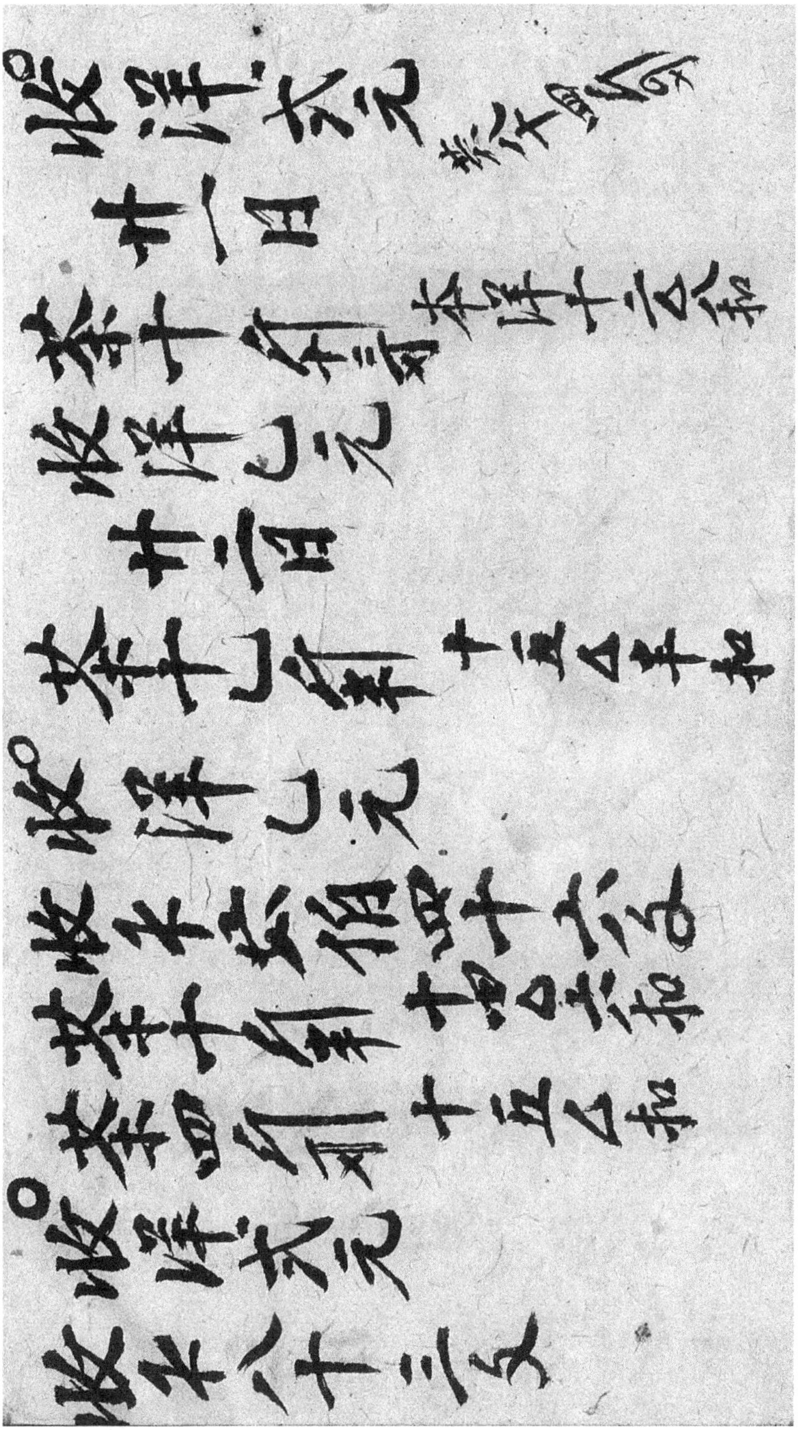

○收洋六元　叁付四号

廿一日

茶十斤三两　本洋十二〇八和

收洋七元

廿二日

茶十七斤東　十三五〇五和

○收洋七元

收本七伯四十六文

茶十斤東　十四〇三和

茶四斤利　十五〇和

○收洋贰元

收本八十三文

廿三日
茶十弍斤十两　十四△六和
茶弍斤半　十四△六和
。收洋弍元
收米乎七十文

廿四日
茶六斤十两　十△三和
共廿茶卅八斤

廿七日
。收洋乙元
收米乎廿三文
共茶乎四十二斤
共洋钱廿乙元

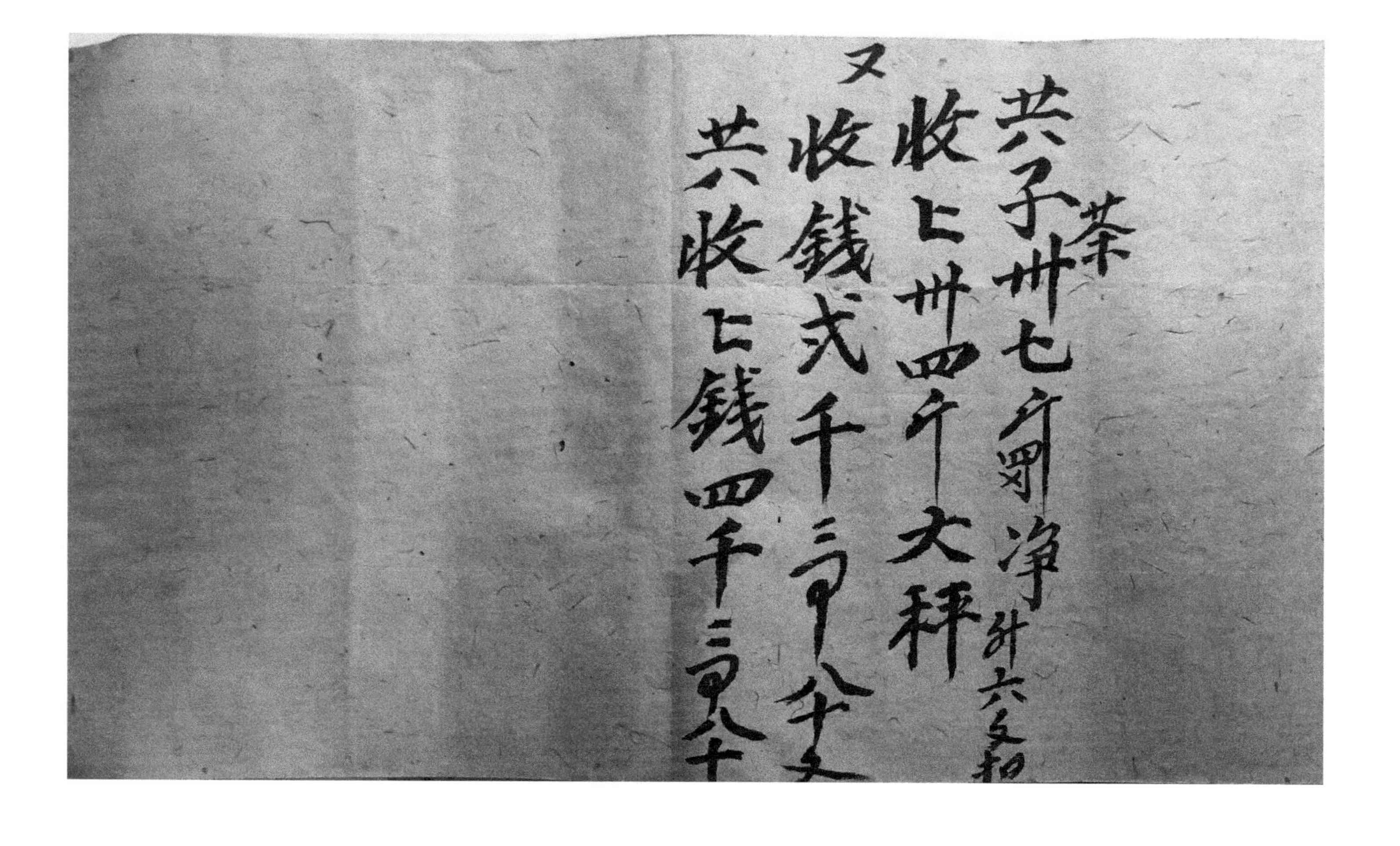

共子茶卅七斤四淨 計六文和
收乚卅四斤大秤
又收錢弍千三百八十文
共收乚錢四千三百八十

光緒廿三年三月廿六日
茶廿弍斤半　廿△扣
收洋六元
又收本四佰廿七文
茶七斤十三両　廿八△半扣
收本洋弍元
茶七斤半　廿八△半扣
收洋弍元
收本七十九文
廿九日

茶廿五斤三對廿八分和

收洋七元

收來乙佰廿四文

茶四斤對廿八分和

收洋乙元

四月初一日

茶十斤對 廿三分和

茶十斤一廿二分三和

收洋弍元

收來乙六千七文

初三日
茶六斤 廿二△扣
收。洋乚元
收×米二甲卅八文
收米甲四三文
初四日
茶十斤 十八△扣半
收。洋乚元
茶七斤 十八△半扣
收。洋弍元

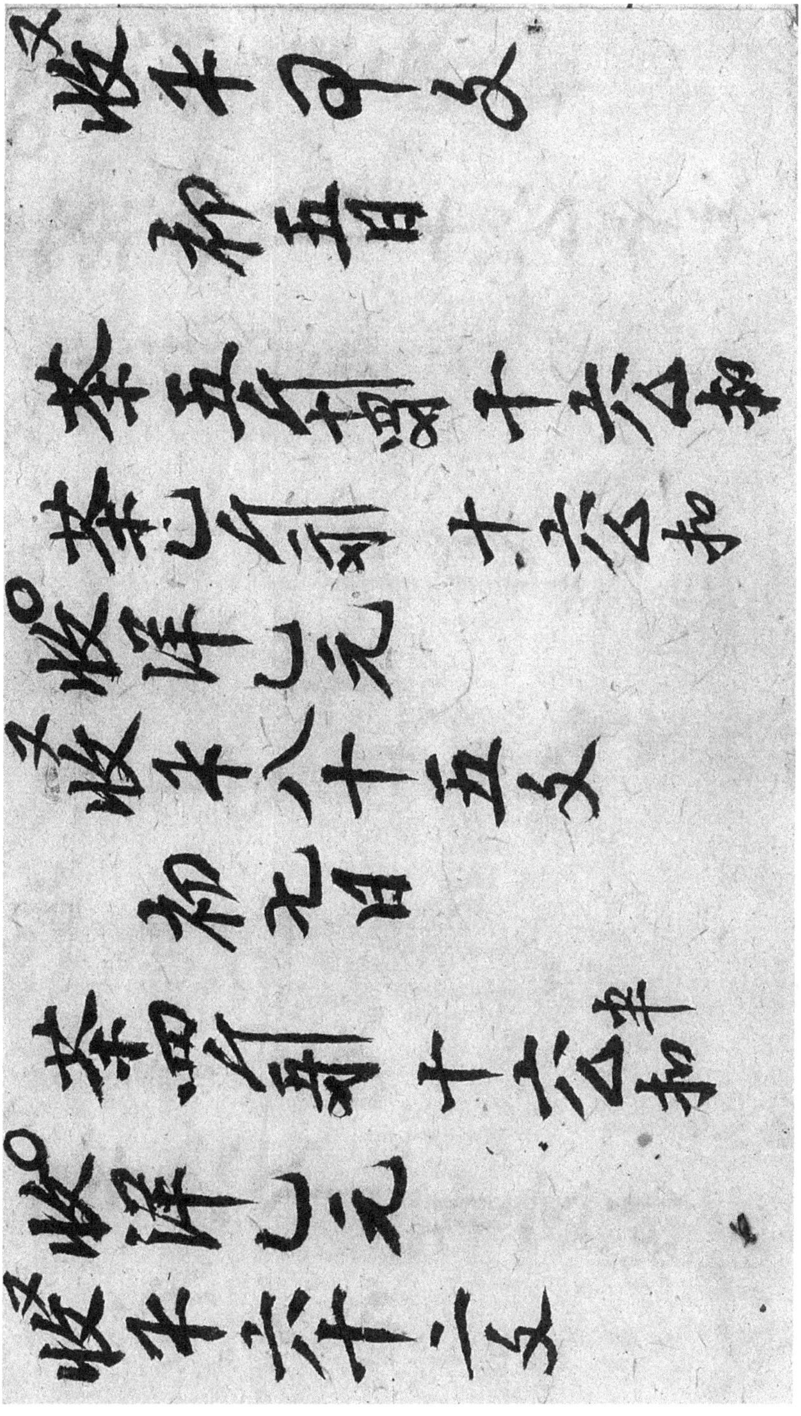

又收平甲文

初五日

茶五斤十〤两 十六△扣

茶乙斤刃 十六△扣

收洋乙元

又收平八十五文

初九日

茶四斤刃 十六△扣 辛

收洋乙元

又收平六十二文

初九日
茶四觔　十六△弍扣
收来五伯十二文
初十日
茶三觔　十五△二扣
收来四伯廿一文
十一日
茶弍觔　十三△扣
收来百十五文
收洋乙元
收来百卅四文

光绪廿三年四月廿四日
茶乙佰廿三斤十两
英洋廿八元
钱弍千七佰文
英洋钱本卅乙元

共子茶十四斤三两
共洋上三十五个大钱
又收本洋一个十五文

光绪廿四年三月初九
茶十五斤刄　廿三厶肆扣
收洋五元
收钱[illegible]〇四文
十一日
茶十四斤刄　廿四厶三扣
收洋四元
十二日
茶十弍斤九刄　廿五厶乙扣
收洋五元
收錢[illegible]四十文
十三日

茶三斤四两 廿七乙二扣

茶式斤七两 廿八Δ扣

收洋式元

收钱廿七文

十七日

茶式斤八两 廿五Δ半扣

茶三斤两 廿四Δ七扣

收洋乙元

十八日

茶式斤四两 廿三Δ二扣

茶式斤四两 廿四Δ半扣

十九日

茶乙斤弱 廿四△和

收洋弍元

茶乙斤半 廿〇八△和 共洋十六元

廿日

茶五斤一 廿△和

收洋乙元

茶乙斤半 十九△三和

廿一日

茶乙斤弱 十七△乙和

茶弍斤弱 十七△乙和

收钱三百四十四文

廿三日

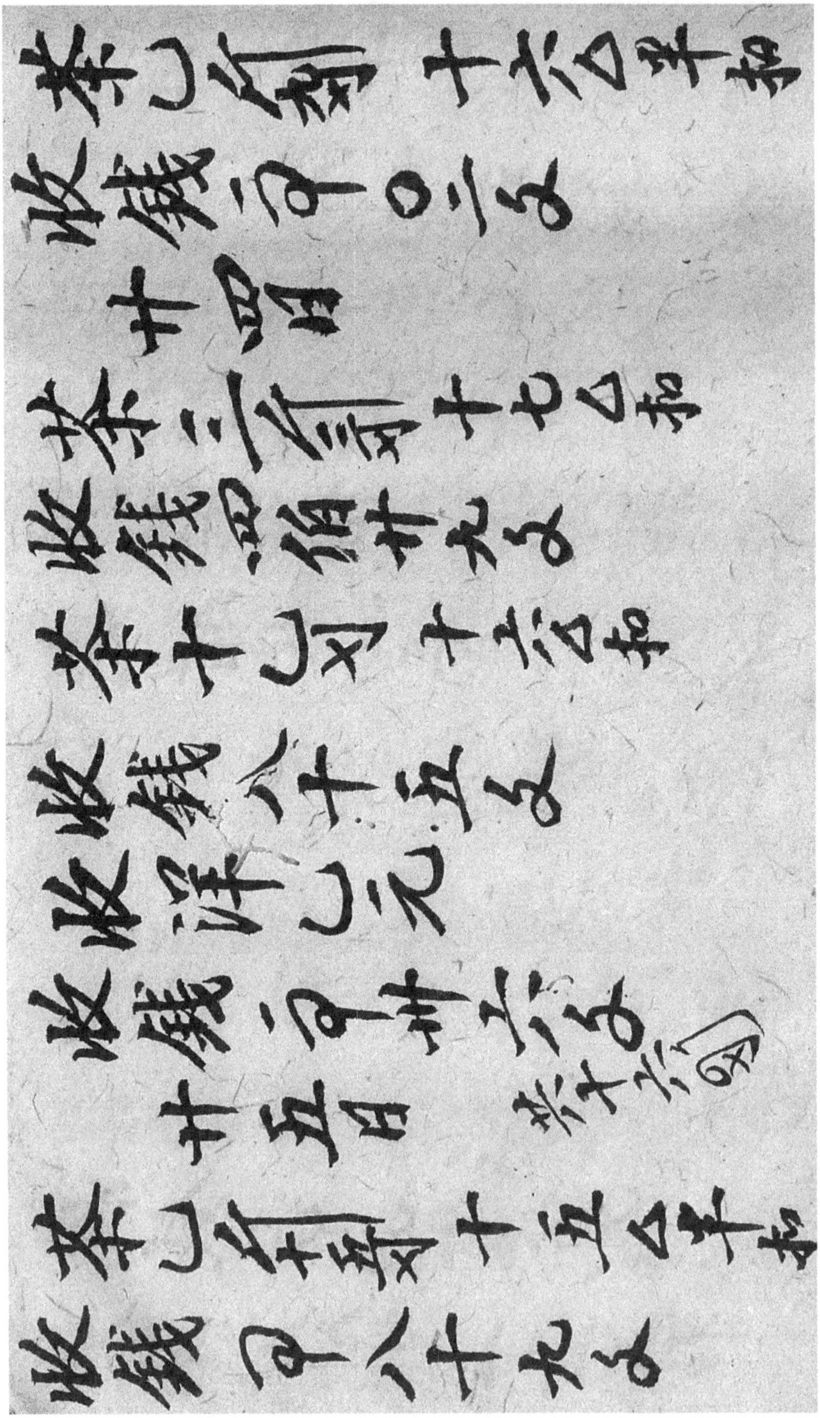

茶乚斤刹 十六△半扣
收钱〒〇二文
廿四日
茶三斤三刹 十七△扣
收钱四佰廿九文
茶十乚刹 十六△扣
收钱八十五文
收洋乚元
收钱〒卅六文 共十六刹
廿五日
茶乚斤十五刹 十五△半扣
收钱甲八十九文

茶弍斤九刋十二厶扣
收钱千四十八文

光緒廿四年
共茶乙佰十六斤[illegible]
英洋廿九元
钱和洋三元
共洋钱卅弍元
共子茶十七斤

光緒廿五年三月十八

茶十五斤司 四十[illegible]半△扣

收洋六元

收銭弍佰六十文

十九日

茶八斤司 廿七△八扣

收洋三△

收銭廿二文

茶五斤 卅九△扣

收洋弍元

茶弍斤司 廿九△扣

廿日

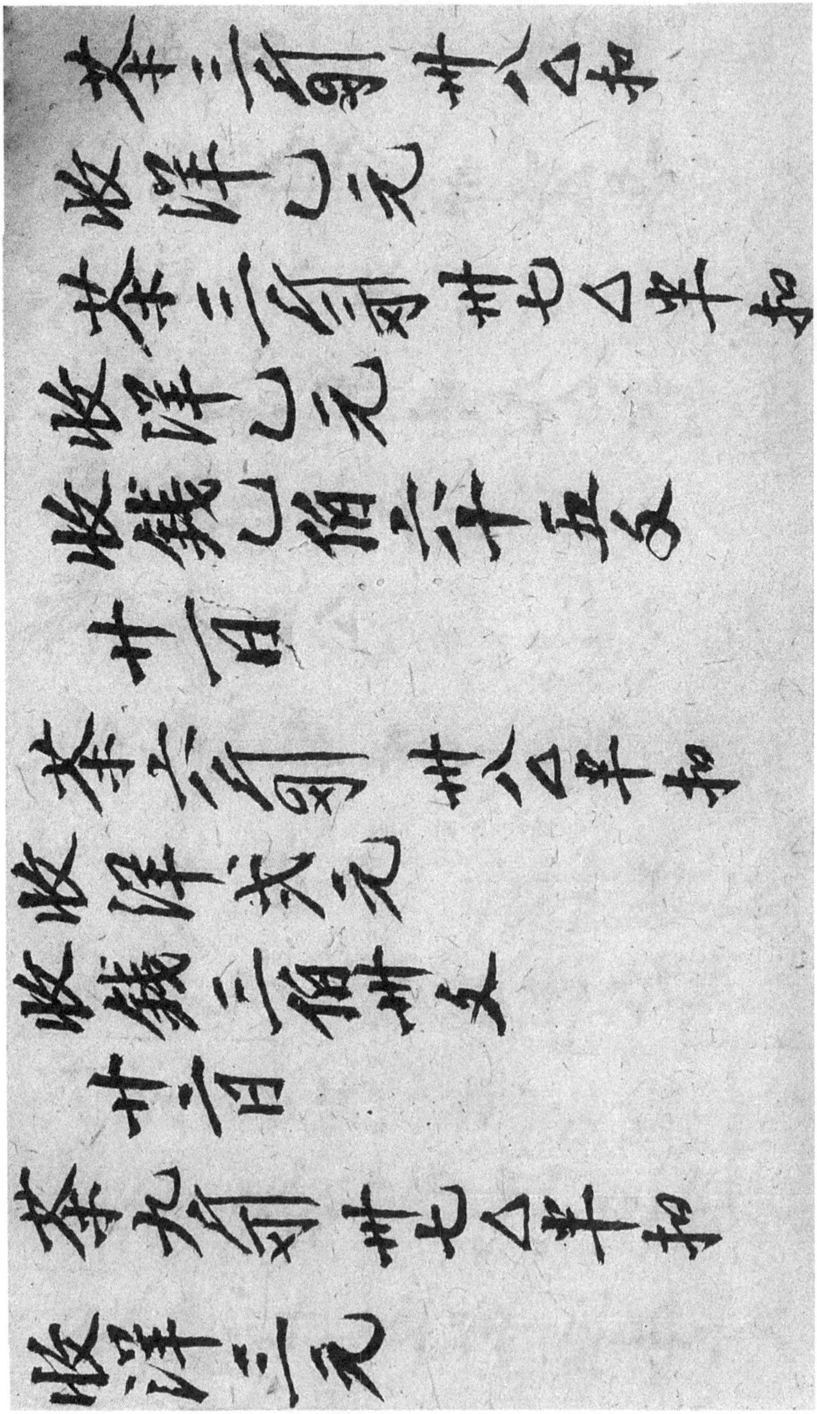

茶三斤两　卅八△扣

收洋乙元

茶三斤两　卅七△半扣

收洋乙元

收錢乙佰六十五文

廿一日

茶六斤两　卅八△半扣

收洋弍元

收錢三佰卅文

廿二日

茶九斤两　卅七△半扣

收洋三元

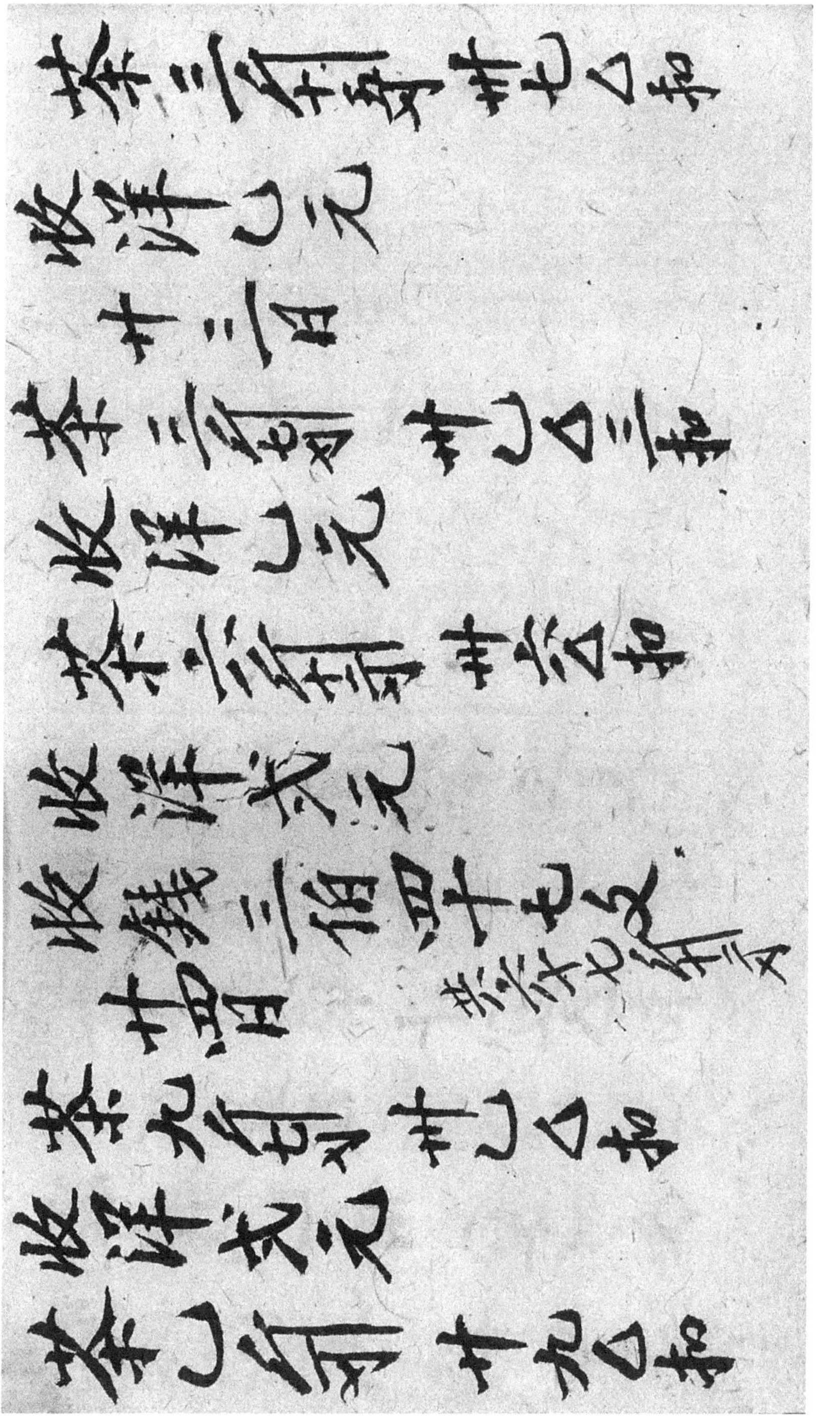

茶三斤十两 廿七△扣

收洋乙元

十三日

茶三斤七两 廿乙△三扣

收洋乙元

茶六斤十两 廿六△扣

收洋弍元

收錢三佰四十七文 共六十七斤十二两

廿四日

茶九斤七两 廿乙△扣

收洋弍元

茶乙斤两 廿九△扣

收洋乙元
收钱乙佰七十文
廿五日
茶八斤刈 廿五△扣
收洋弍元
收钱乙佰四十三文
收洋乙元
廿五日
茶七斤
收洋乙元
廿八日
茶九斤半 廿六扣

收洋弍元

收洋乙元

廿九日

茶三斤十五两　廿乙厶半扣

收洋乙元

收钱五十六文

卅日

茶五斤十两　乙十八厶七扣

收洋乙元

收钱卅文

四月初二日

茶弍斤三两　十五厶扣

收錢五佰六十文

錢扣收洋乙元

茶弍斤刁十六△和

收錢三佰〇三文

初四日

茶乙斤刁十三△三和

收錢乙佰八十九文

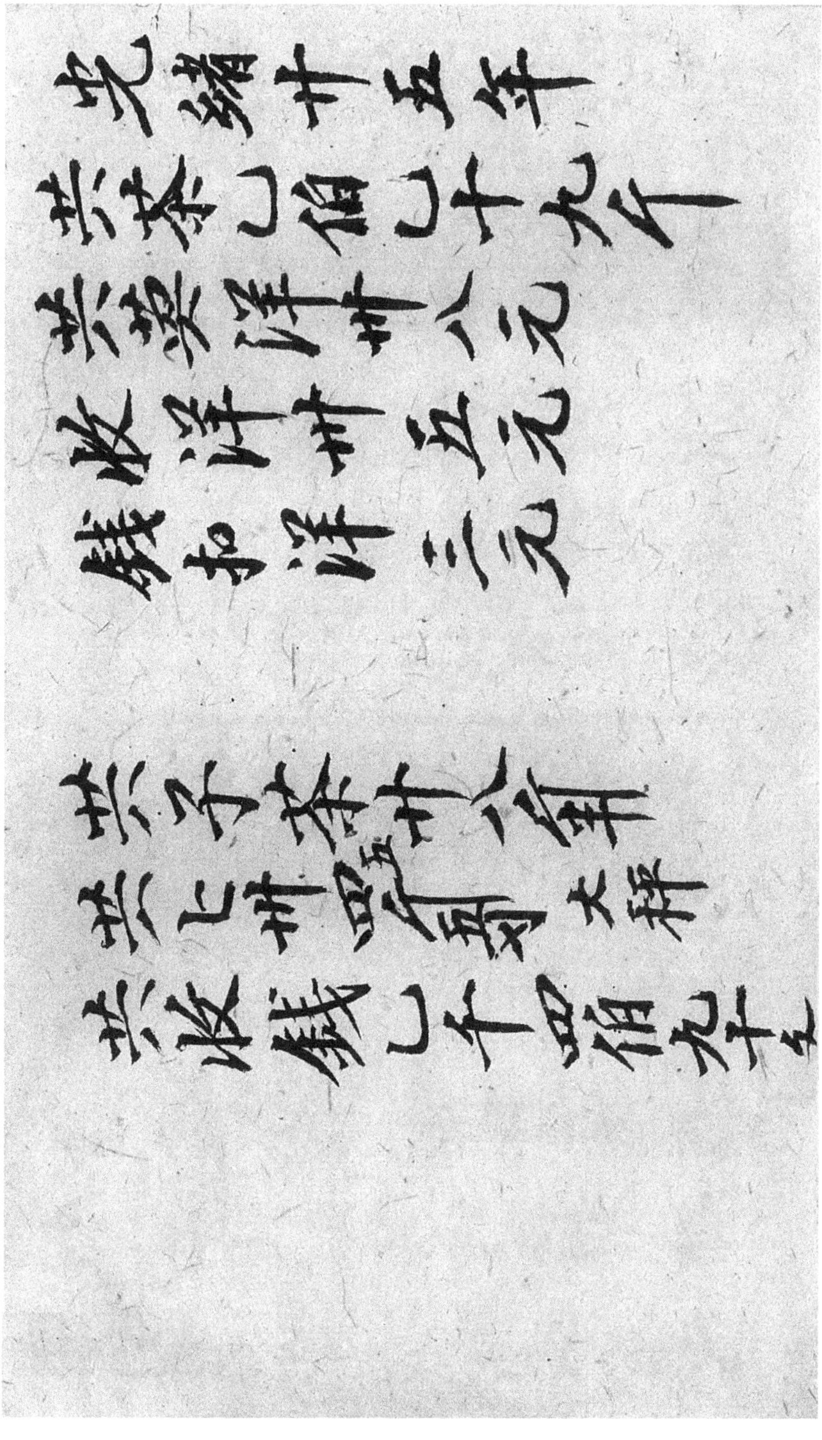

光绪廿五年
共茶乚伯乚十九斤
共英洋卅八元
收洋卅五元
钱扣洋三元

共子茶廿八斤
共七卅四斤五两 大秤
共收钱乚千四伯九十文

光绪廿六年三月廿八日

茶十九斤 廿△扣

茶七斤二两 廿△扣

收洋弍元

收洋十六元

茶五斤两 廿九△六扣

茶三斤两 廿九△扣

收洋乚元

廿九日

茶五斤四两 廿八△弍扣

收洋乚元

茶三斤十三两 廿八△三扣

初一日
茶六斤两　廿八△扣
收洋弍元
茶四斤十两　廿廿△弍扣
收洋乚元
初二日
茶四两　廿七△扣
收洋乚元
茶乚斤两　廿五△扣
茶六斤十两　廿六△扣
收洋乚元
收洋乚元

收钱五十八文

初三日

茶五斤十两 廿四△扣

收洋弍元

收钱乙伯卅六文

共茶七十五斤

初四日

茶十六斤十两 廿六△扣

收洋四元

收钱乙廿文

收钱乙六十九文

初五日

茶十乙斤十两 廿乙△扣

收洋式元
收錢百八十乙文
初六日
茶七斤一 廿〇半△扣
茶式斤一 廿△扣
茶乙斤剃 十九△二扣
收洋式元
初七日
茶四斤剃 十八△四扣
初八日
收錢五伯廿五文
收钱七伯卅三文

收錢九十二文
茶乚斤 十五△和
初九日
收洋乚元
茶弍斤三两 十三△八和
十一日
茶三斤半 十三△六和
十三日
收洋弍元
共茶廿口半斤
總共結乾茶壹佰廿斤

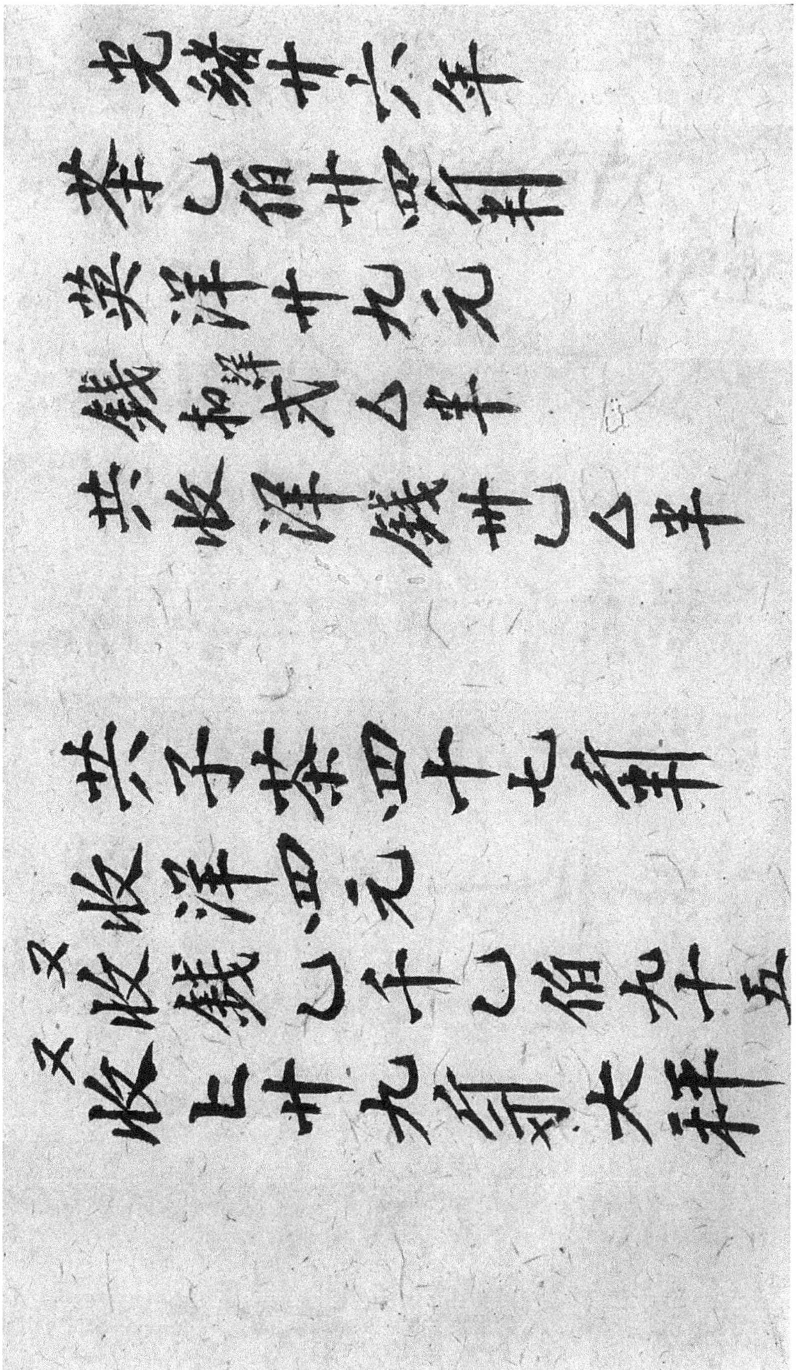

光緒廿六年

茶乙佰廿四斤

共洋廿九元

錢扣洋弍仝丰

共收洋錢廿乙仝丰

共子茶四十七斤

又收洋四元

又收錢乙千乙佰九十五

又收上廿九斤大秤

光緒廿七年二月初五日
初九日開秤
茶廿三斤刮 廿△和
收洋十元
又收錢六十三文
茶十式斤刮 廿九△和
收洋三元
茶乙斤刮 廿九△和
初十日
茶九斤刮 廿八△和
收洋式元
茶式斤刮 廿八△和

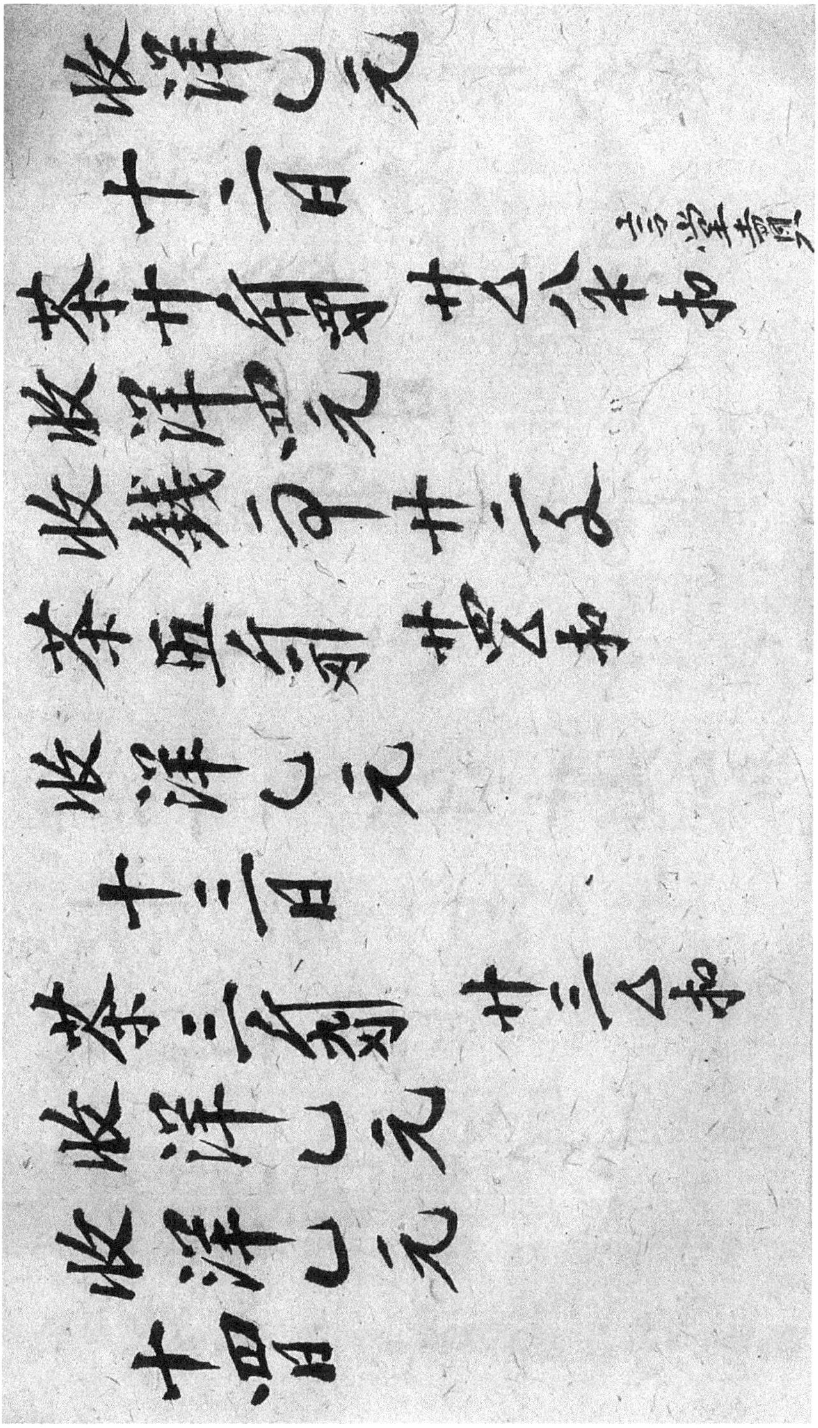

收洋乙元
十二日
茶廿斤两　廿△八本扣　言堂壽貝
收洋四元
收錢百廿二文
茶五斤两　廿四△扣
收洋乙元
十三日
茶三斤刻　廿三△扣
收洋乙元
收洋乙元
十四日

茶九斤三两　廿△〇三角扣
收洋弍元
十五日
茶八斤十三两　十九△半扣
收洋乚元
茶十乚斤四两　十七△扣
收洋弍元
十六日
茶五斤三两　十五△扣
收洋乚元
茶六斤三两　十五△半扣
十七日

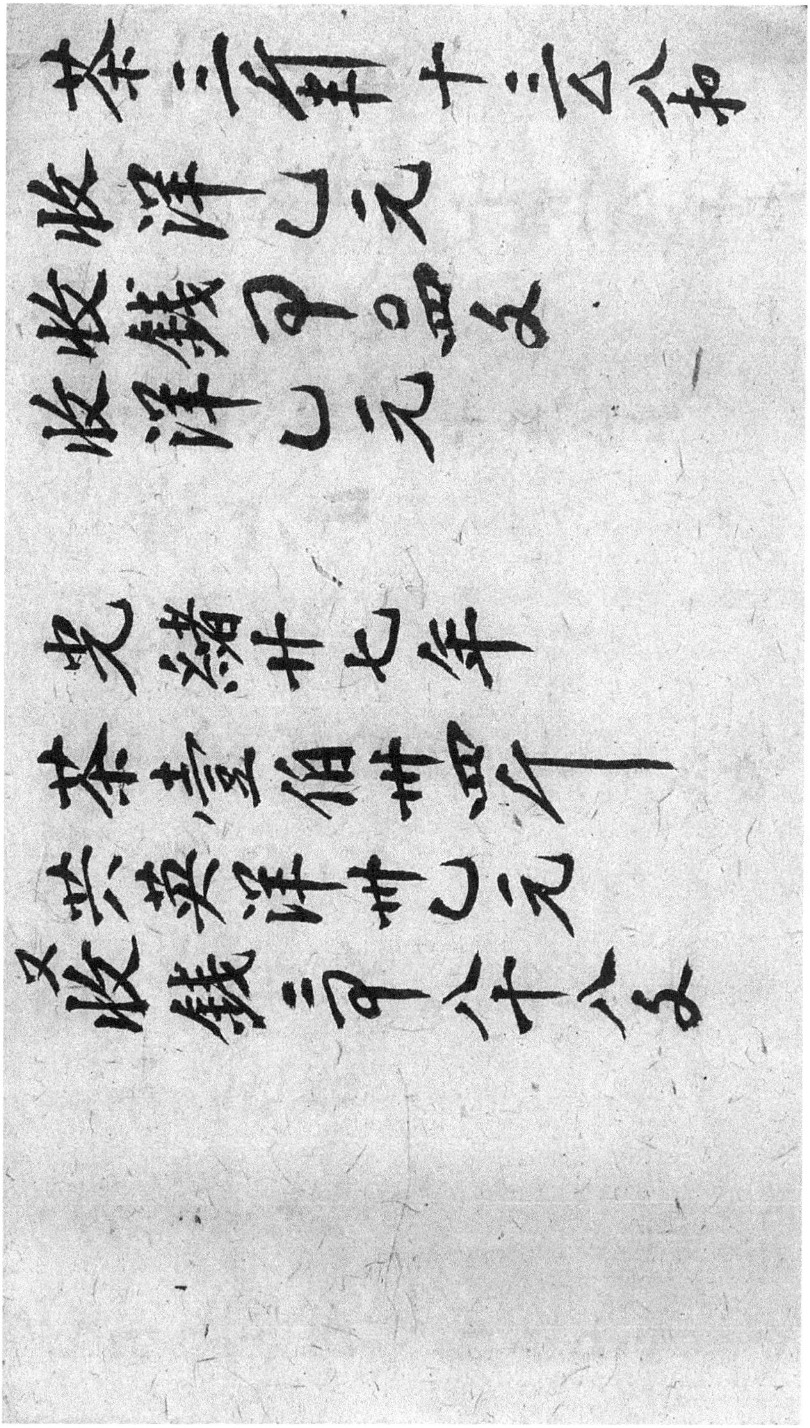

茶三斤半十三△八和

收洋乚元

收錢〒品文

收洋乚元

光緒廿七年

茶壹佰卅四斤

共英洋卅乚元

又收錢三〒八十八文

共子茶廿乙斤秤

又收七廿乙斤刻 大秤

又收錢九佰八十八文

五　〔光绪二十八年至光绪三十年〕奇峰郑氏茶叶账簿

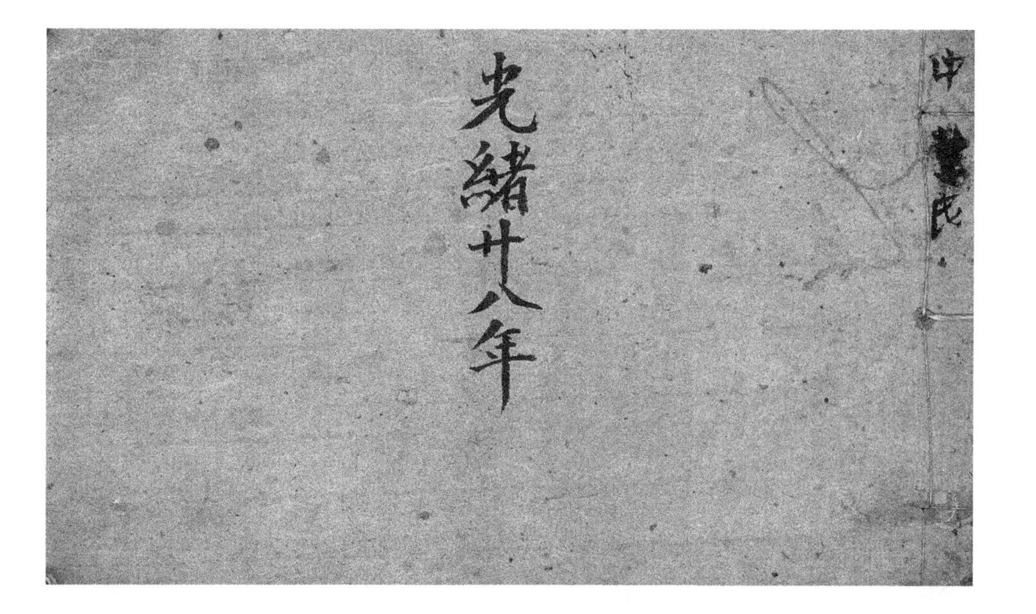
光緒廿八年

光绪廿八年三月十六日
茶五斤 卅四△五和
收洋廿七元
又收钱五佰卅四文
十七日
茶十斤刮 卅四△和
收洋三元
茶五斤刮 卅三△六和

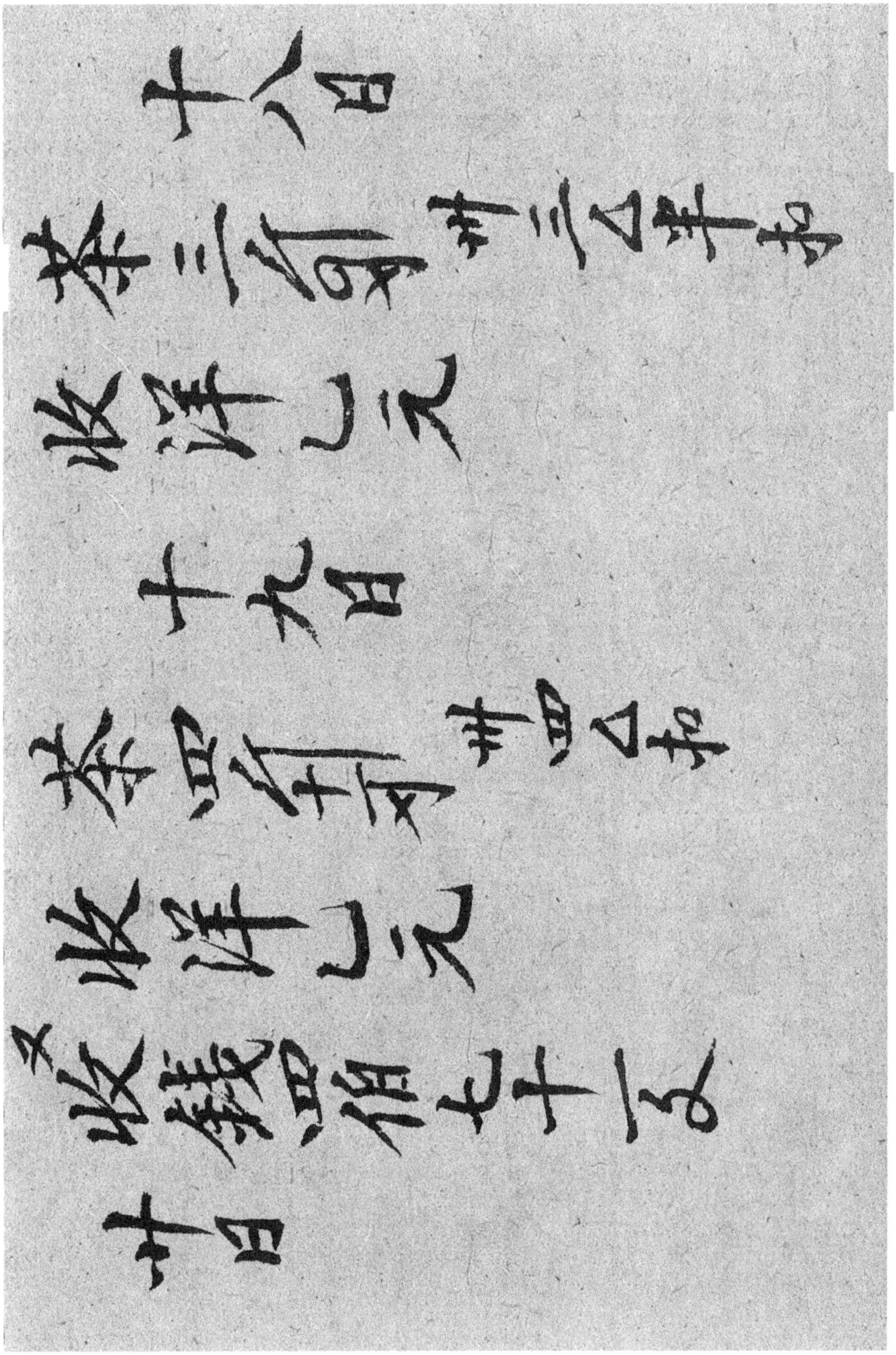

十八日

茶三斤九两　卅三△半扣

收洋乚元

十九日

茶四斤十两　卅四△扣

收洋乚元

又

收钱四伯七十一文

廿日

茶十弍斤每 廿乙△和

十一日

茶四斤每 廿△和

收洋乙元

收洋三元

十二日

茶十斤每 廿七△半和

收洋三元

茶三斤九刈　廿七△半和

廿三日

茶乙斤十刈　廿七△半和

收洋乙元

茶五斤七刈　廿四△四和

廿四日

茶四斤六刈　廿五△和

收洋三元

收钱乙佰八十九文

廿五日

茶十乙斤刮　廿六△和

收洋弍元

廿六日

茶三斤刮　廿四△和

收洋乙元

茶五斤刮　廿五△和

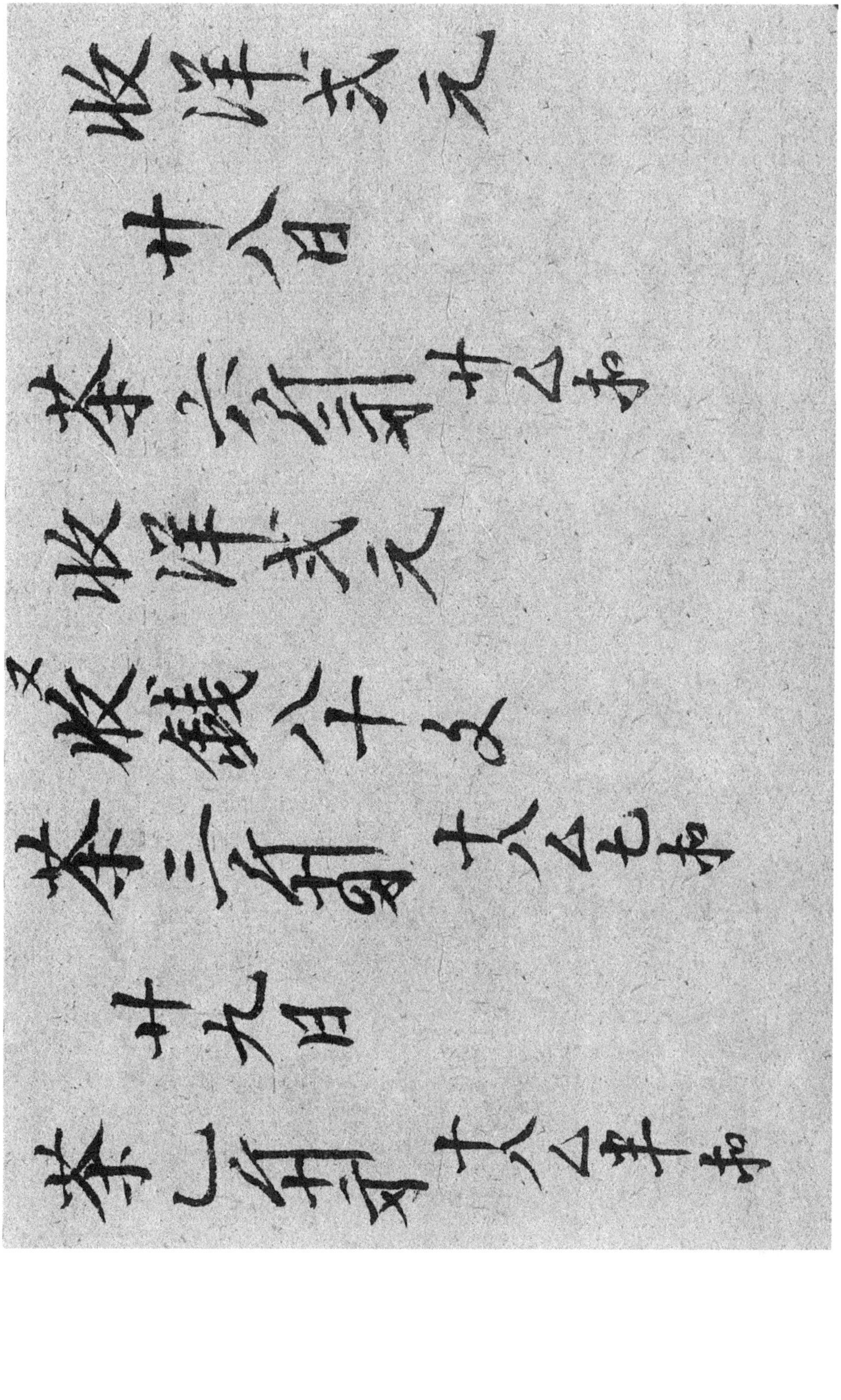

收洋弍元

廿八日

茶六斤司廿△毛

收洋弍元

又收钱八十文

茶三斤司十八△七毛

廿九日

茶乚斤司十八△丰毛

收洋弍元

收錢乙伯六十文

收洋乙元

廿日

茶六斤十兩 十八△半扣

收洋弍元

四月初一日

茶弍斤三兩 十八△半扣

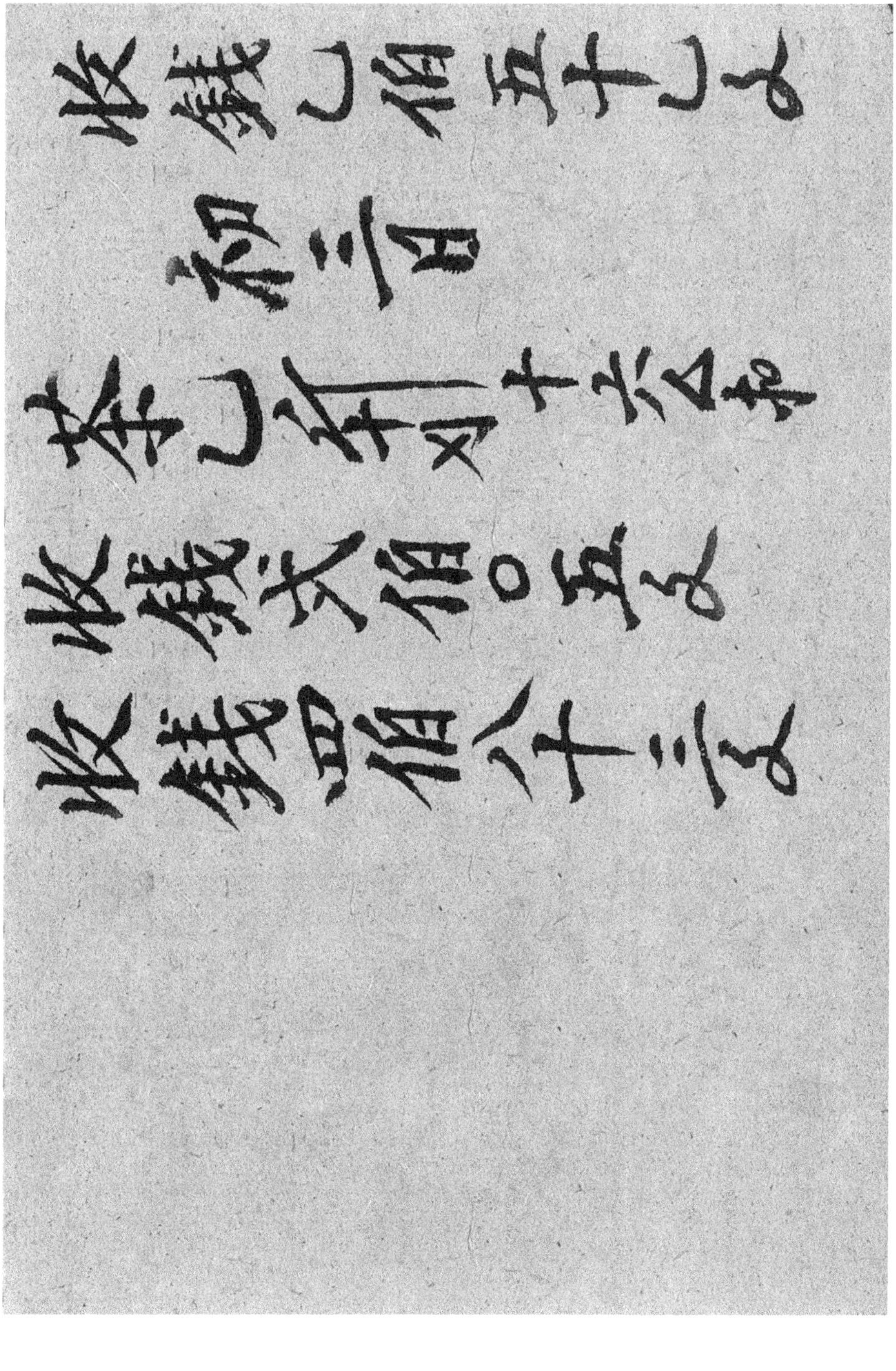

收钱乚佰五十乚文

初三日

李乚行刘十六△和

收钱弍佰○五文

收钱四佰八十三文

共茶乙佰乙十五斤

收洋钱廿九厶

又收钱弍千弍佰七

共子茶卅八斤

共上四十七斤到大秤

又收钱乙千三佰九十文

光緒廿九年三月廿九

茶七斤　四十△扣

收洋弍元

茶八斤　四十△扣

收洋三元

茶乙斤升两　四十△扣

四月初一日

茶五斤　卅九△弍扣

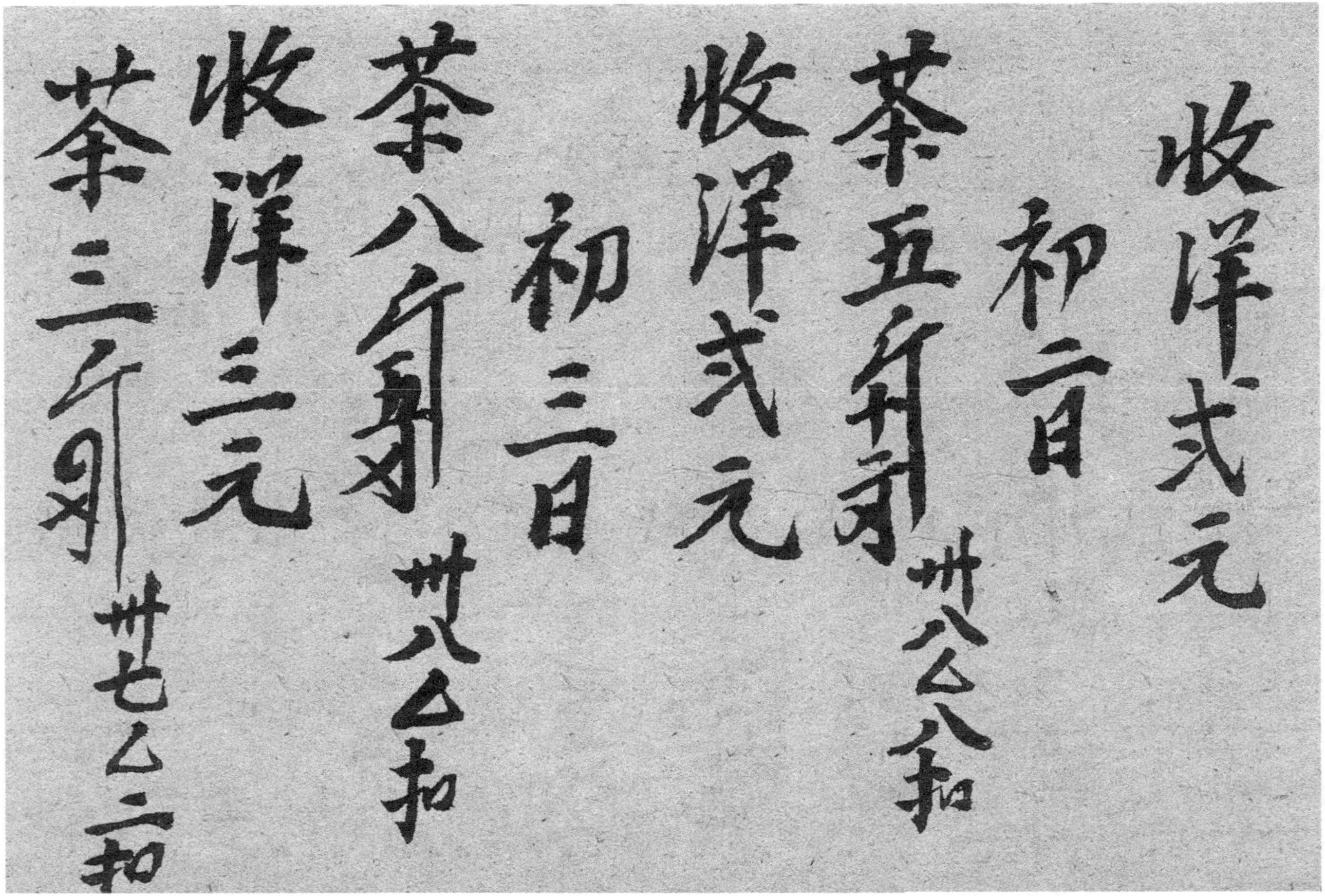

收洋弍元

初二日

茶五斤两 卅八厶八扣

收洋弍元

初三日

茶八斤两 卅八厶扣

收洋三元

茶三斤两 卅七厶二扣

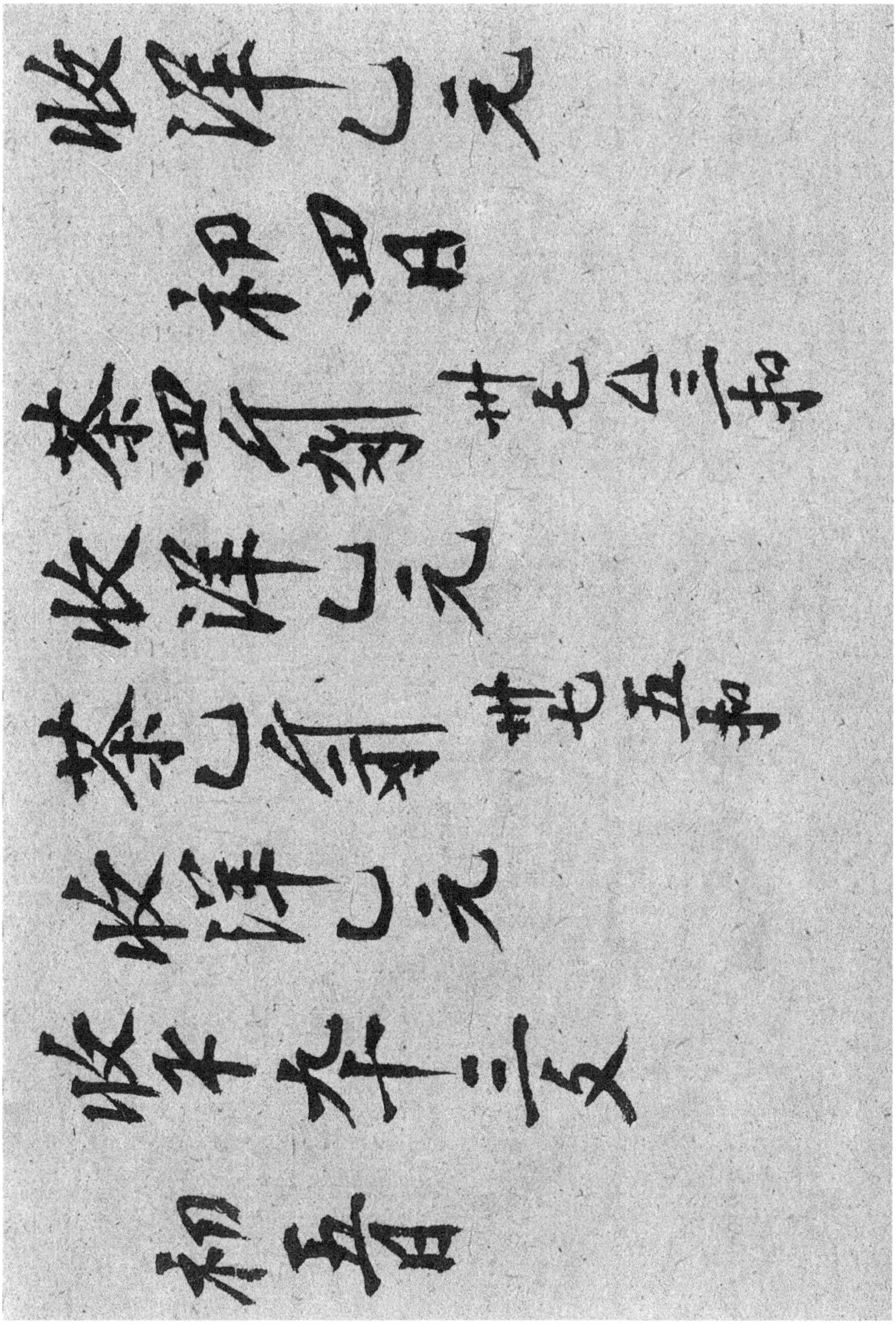

收洋乙元

初四日

茶四斤刹　卅七厶三扣

收洋乙元

茶乙斤刹　卅七五扣

收洋乙元

收平九十三文

初五日

付茶七斤六两　廿六△扣

茶三斤六两　廿五△六扣

初六日

茶弍斤　廿四△扣

茶四斤九两　廿五△扣

茶乙斤八两　廿四△六扣

初七日

茶四斤十两　廿三扣

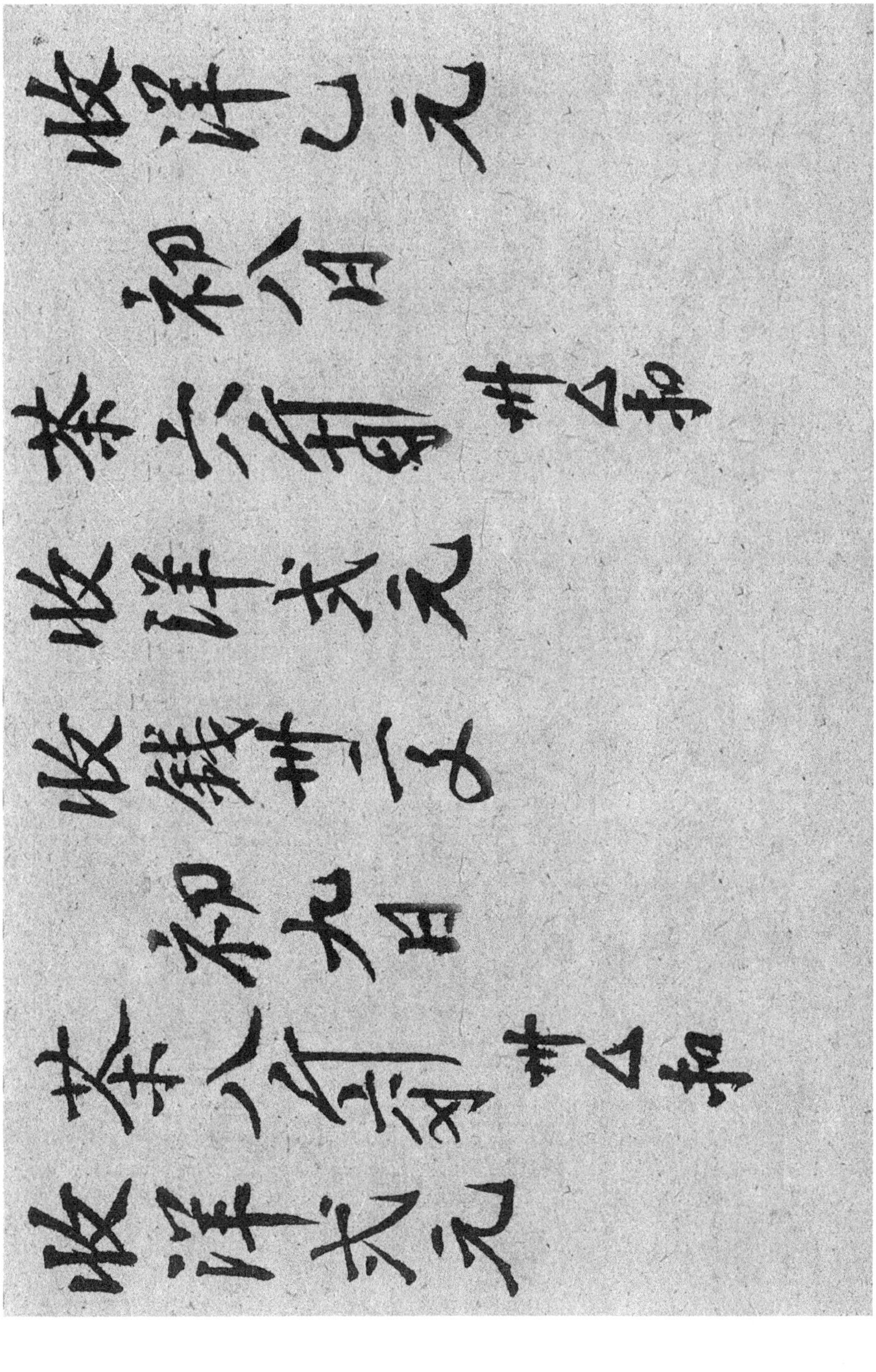

收洋乙元
初八日
茶六斤[illegible] 卅厶扣
收洋弍元
收錢卅二文
初九日
茶八斤[illegible] 卅厶扣
收洋弍元

收洋五元

收洋弍元

收錢四佰六十乚文

初十日

茶四斤引 卅△和

收洋乚元

又收錢弍佰〇八文

收洋乚元

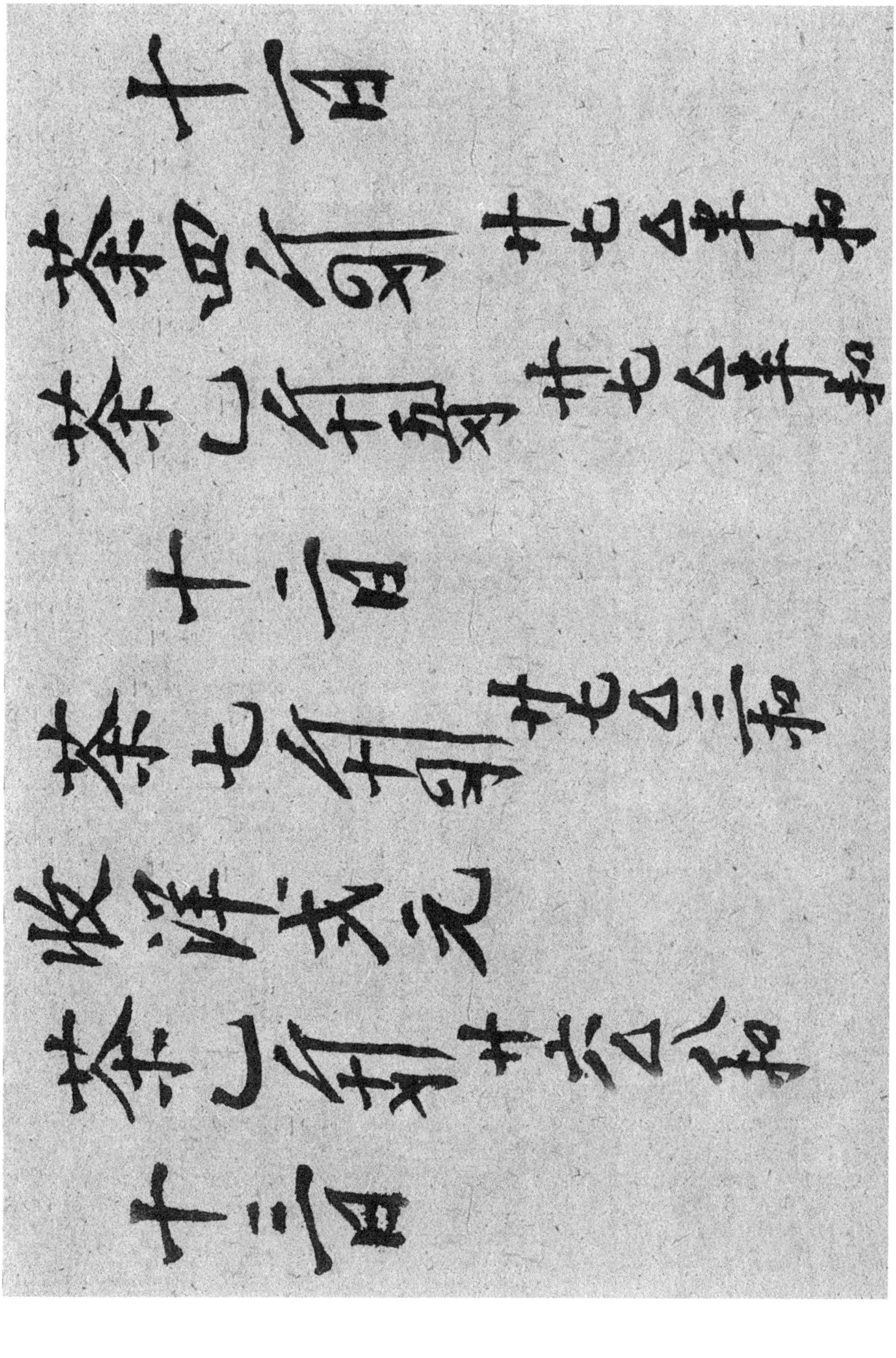

十一日
茶四斤弱 廿七△半扣
茶乙斤弱 廿七△半扣
十二日
茶七斤弱 廿七△三扣
收洋弍元
茶乙斤弱 廿六△八扣
十三日

茶三斤 廿五△扣

茶乚斤十两 廿四△五扣

收洋乚元

收洋乚元

收洋乚元

十五日

收洋弍元

又收钱乚伯六十文

共茶乚伯〇八斤零

又收洋三十六元

收钱九伯针四文

六茶四斤零廿九△半扣

收洋乚元弍釆五分

子茶廿八斤引

又收銭九伯四十六文

又收洋弍元

又收七四十八斤半大秤

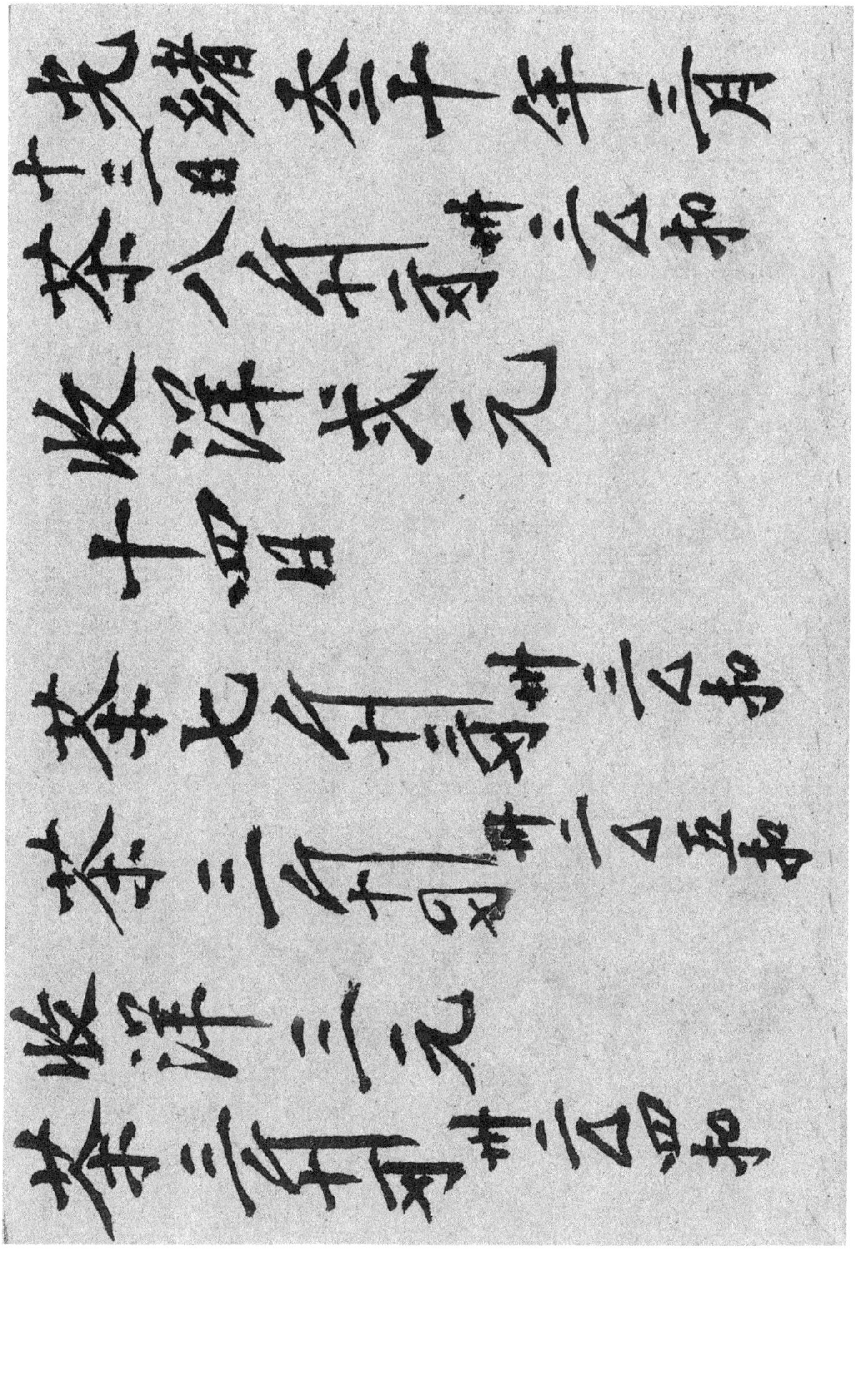

光绪叁十年三月

十三日

茶八斤十两　卅三△扣

收洋弍元

十四日

茶七斤十两　卅三△扣

茶三斤十四两　卅二△五扣

收洋三元

茶三斤十两　卅二△四扣

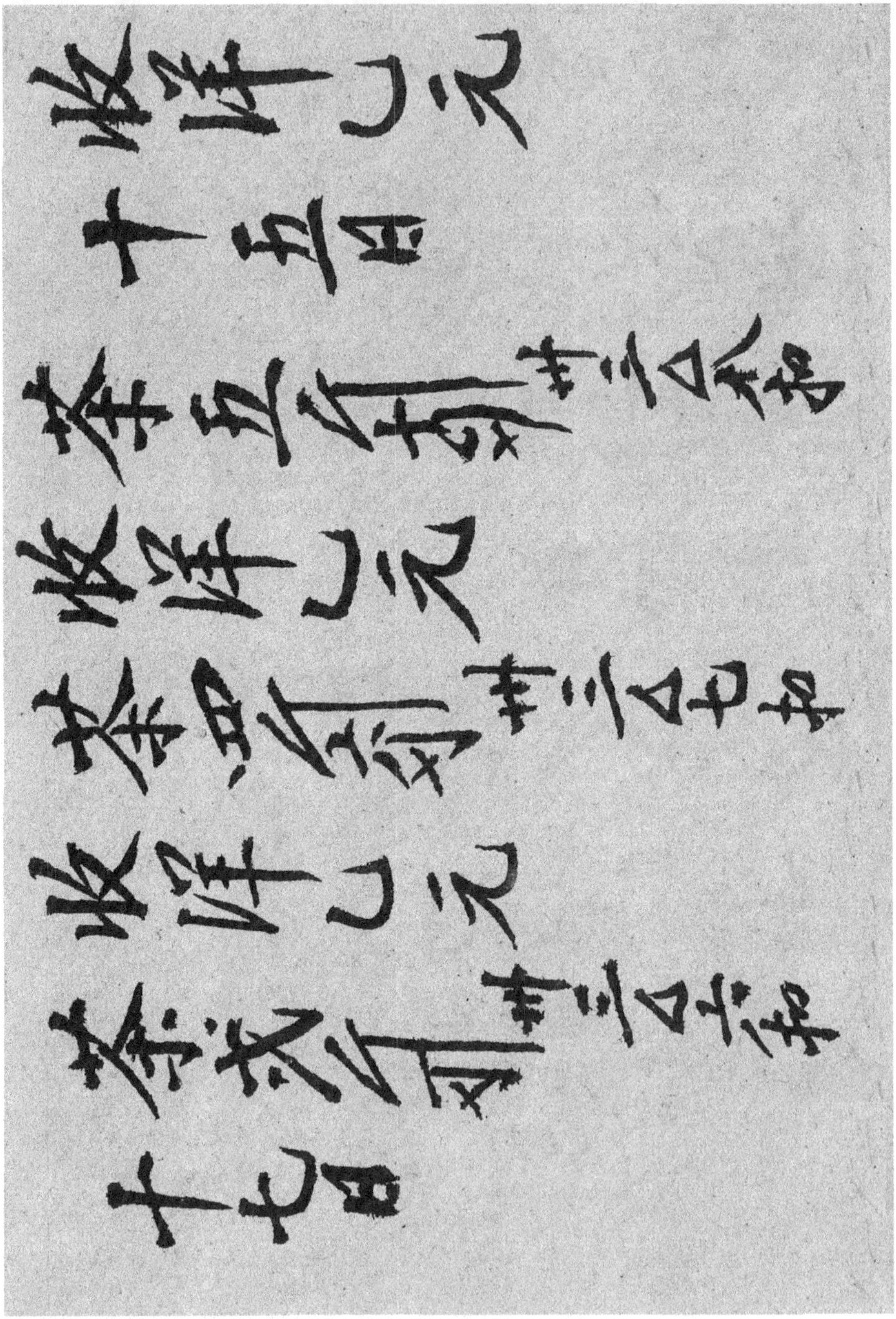

收洋心元
十五日
茶五斤刊　计三百念文
收洋心元
茶四斤刊　计三百七文
收洋心元
茶六斤刊　计三百六文
十七日

茶十八斤钱 [illegible]

收洋三元

茶八斤七钱 [illegible]

收洋七元

十八日

茶六斤钱 [illegible]

茶三斤钱 [illegible]

收洋三元

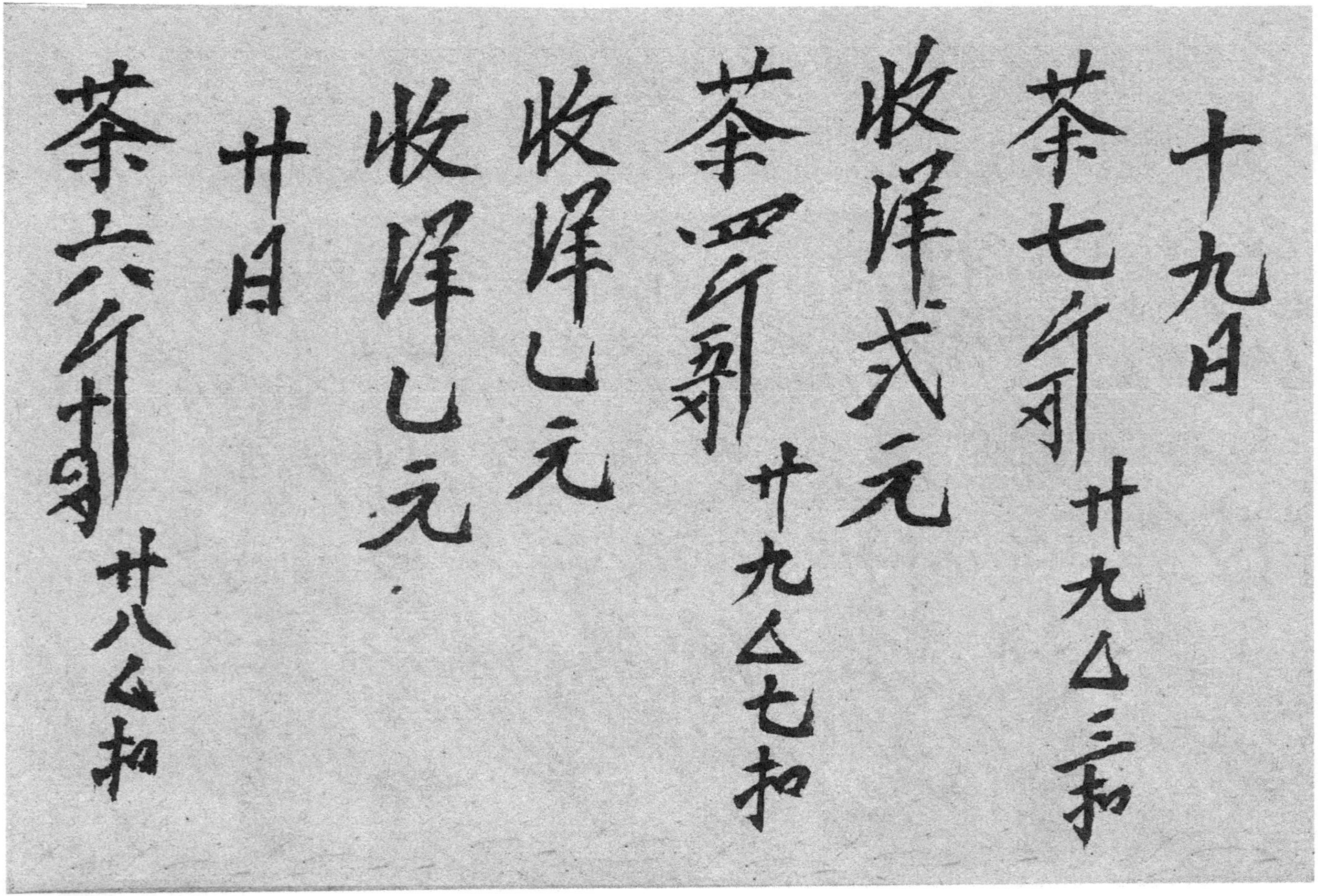

十九日

茶七分引 廿九△三和

收洋弍元

茶四分引 廿九△七和

收洋乙元

收洋乙元

廿日

茶六分引 廿八△和

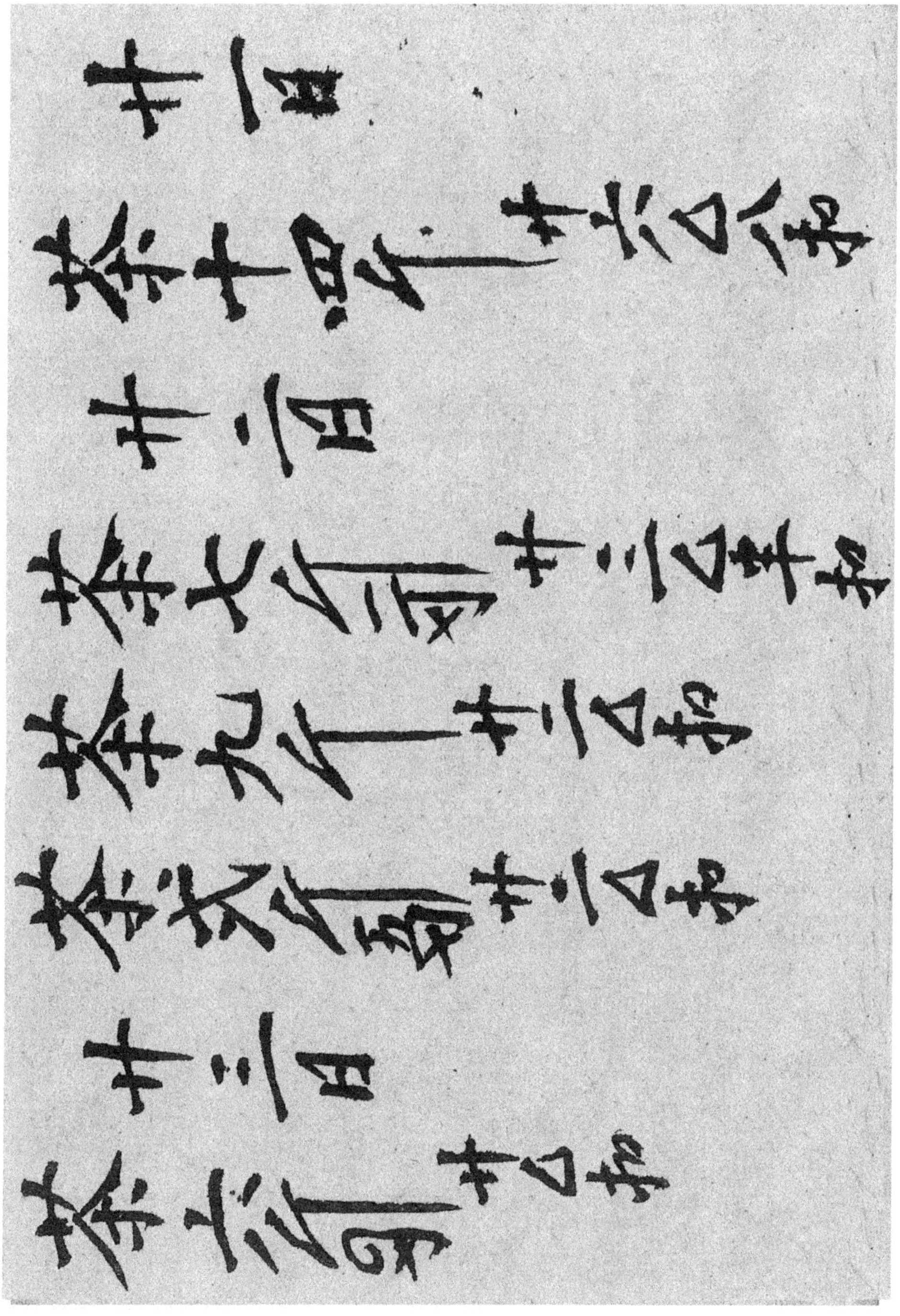

廿一日

茶十四斤 廿六△八扣

廿二日

茶七斤司 廿三△半扣

茶九斤 廿二△扣

茶弍斤司 廿二△扣

廿三日

茶六斤司 廿△扣

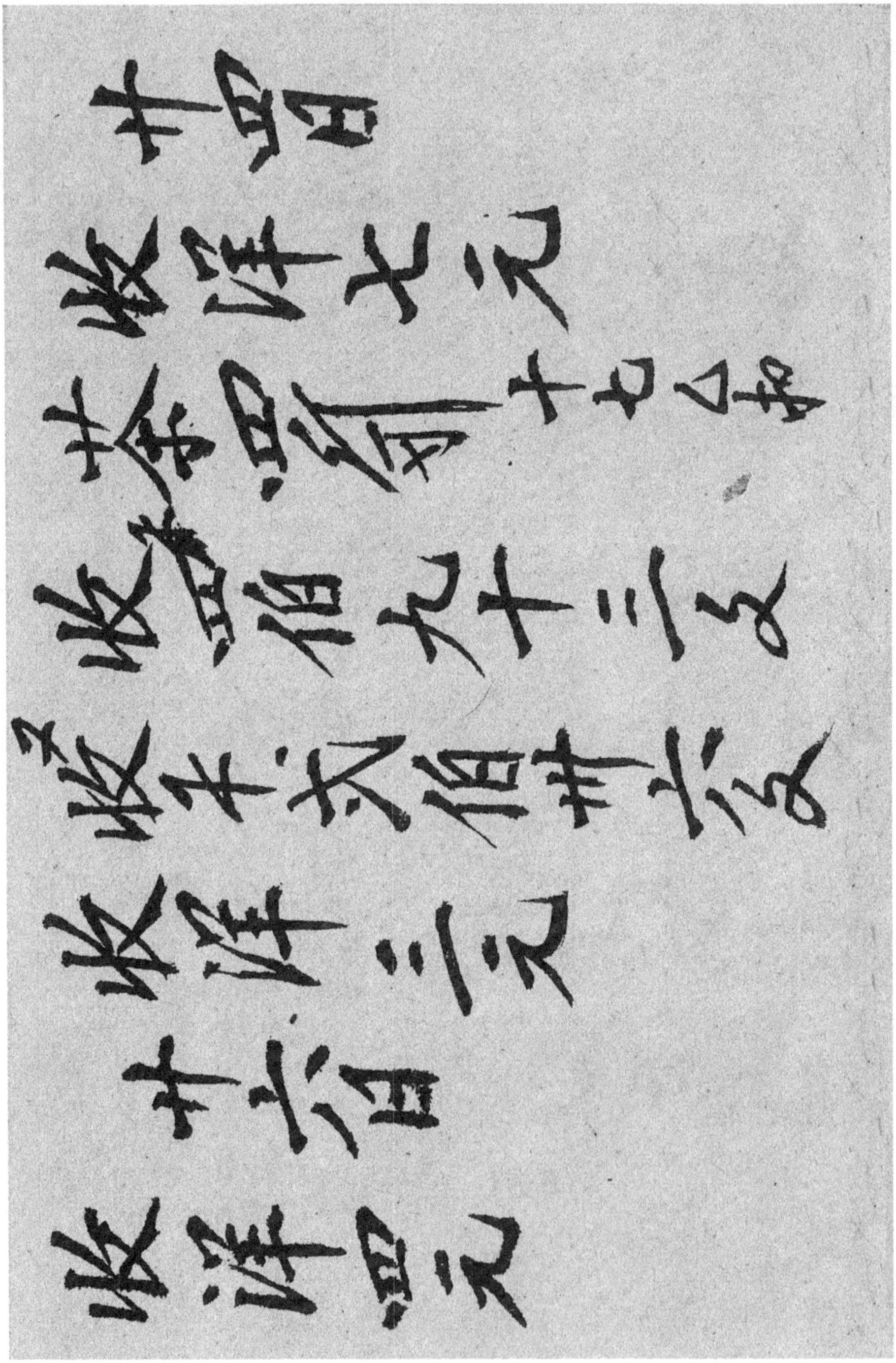

廿四日

收洋七元

茶四觔 十七〇扣

收本四伯九十三文

又收米弍伯卅六文

收洋三元

廿六日

收洋四元

收本乙佰十五文
收本弍佰卅文
收本卅四文
共茶乙佰廿五斤半
共洋卅五元
共錢乙千乙佰文
共洋钱卅六厶半

六 （民国六年）奇峰郑氏茶叶征收流水账簿

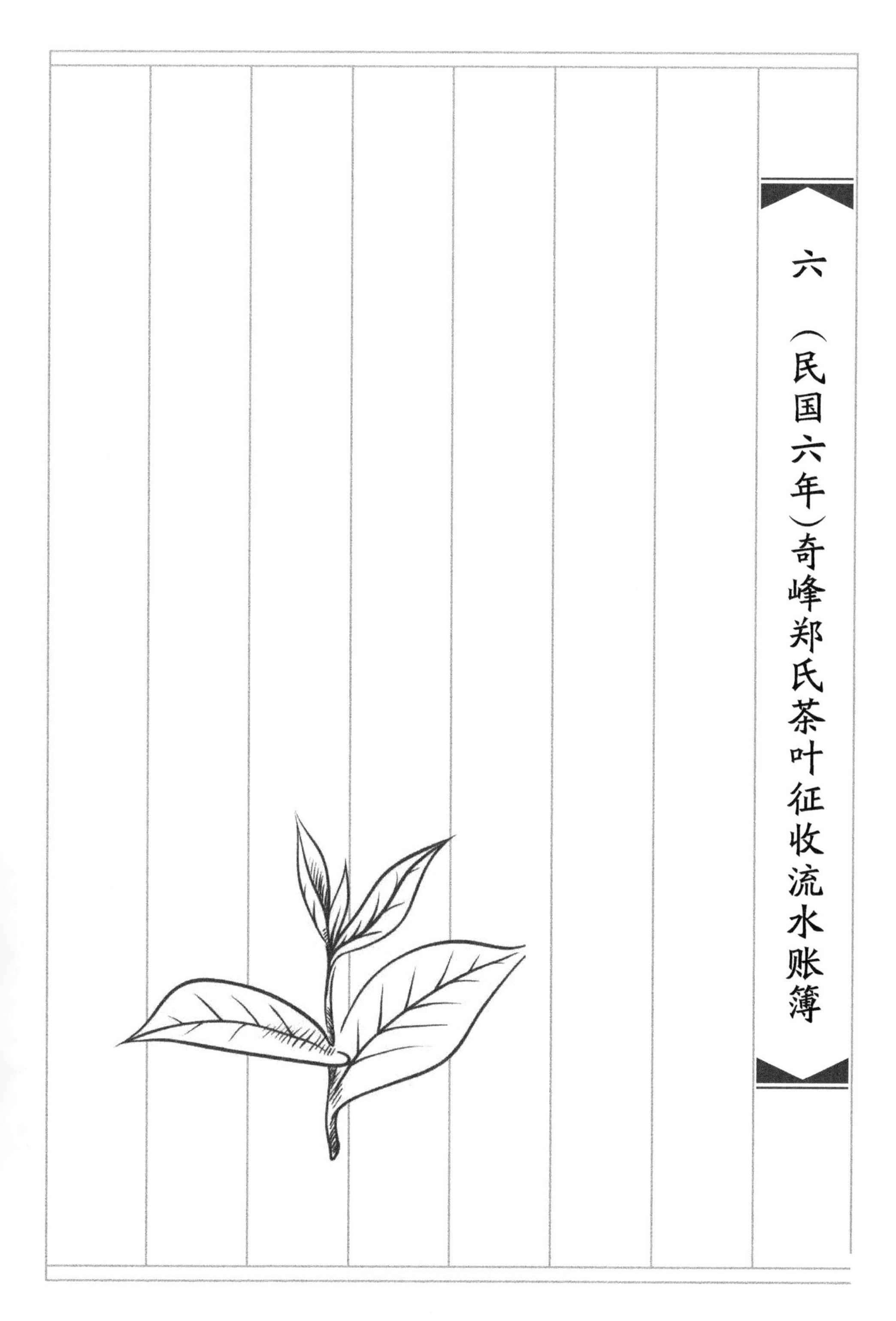

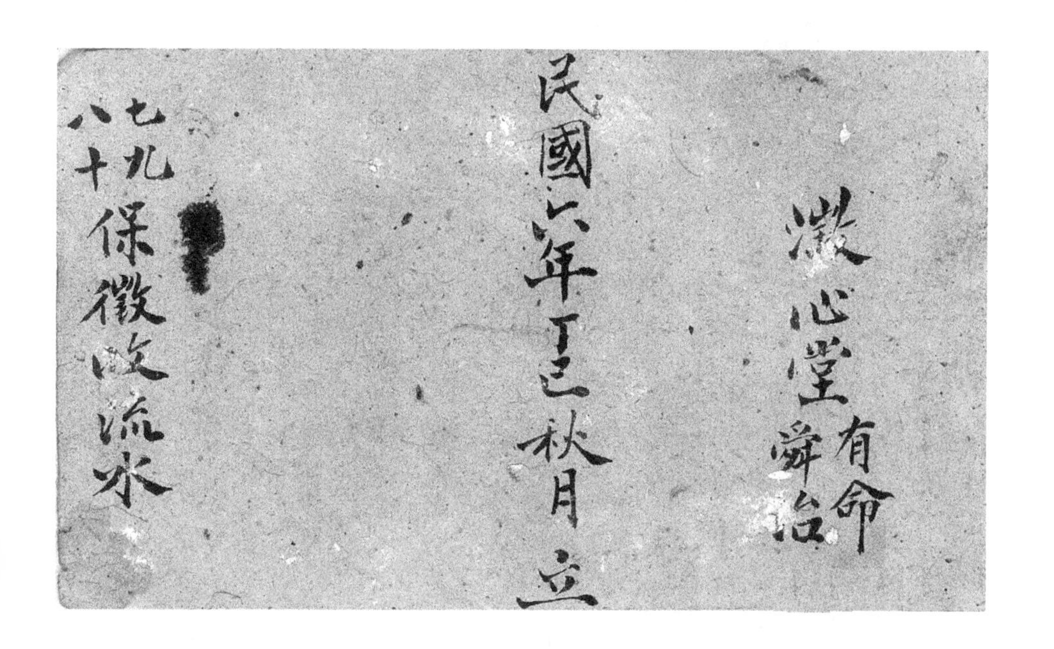

徽心堂 有命
舜台

民國六年丁巳秋月立

七九
八十
保徵收流水

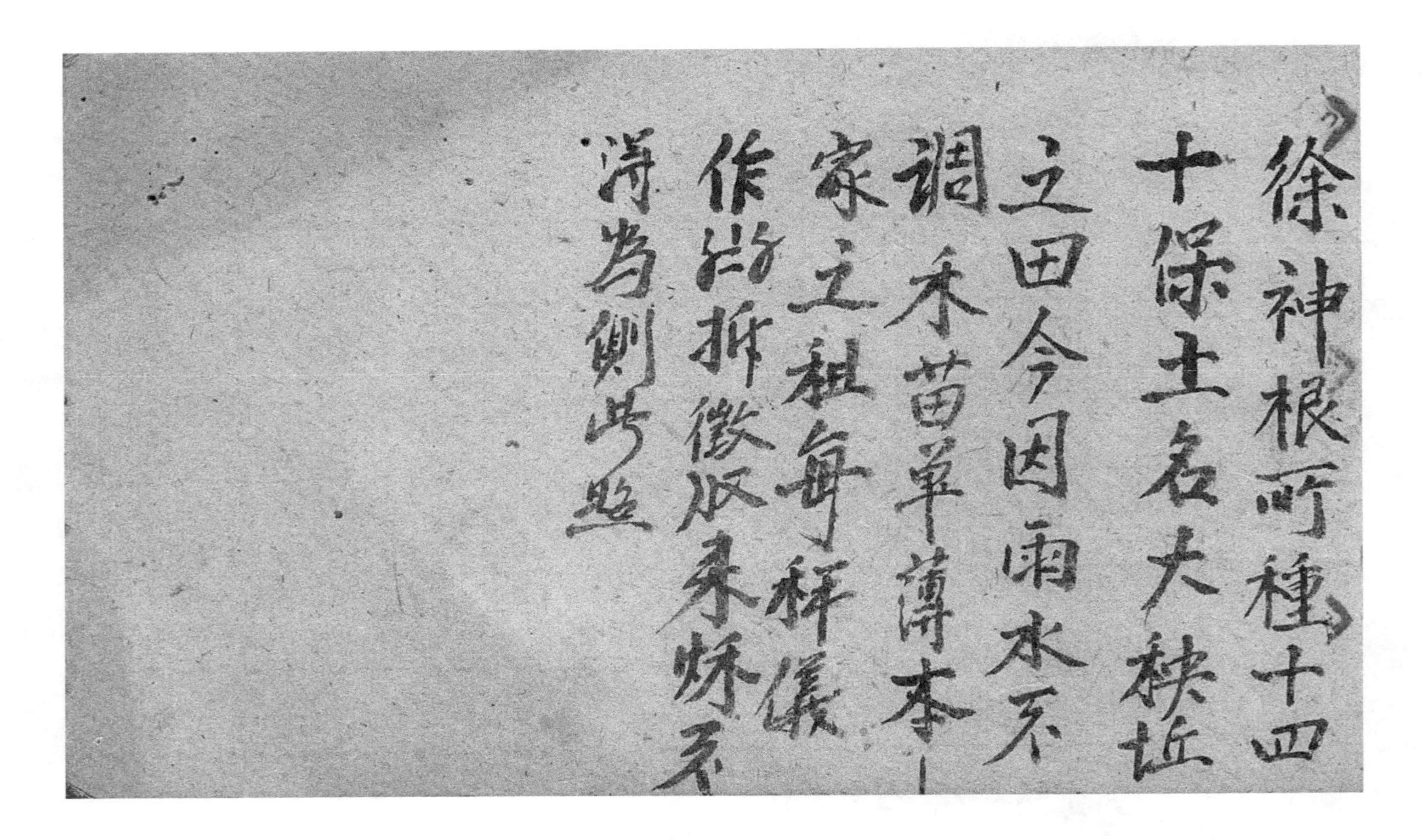

徐神根所種十四
十保土名大秧坵
之田今因雨水不
調禾苗旱薄本一
家之租每秤儀
作斛折徵收來年不
得為例此照

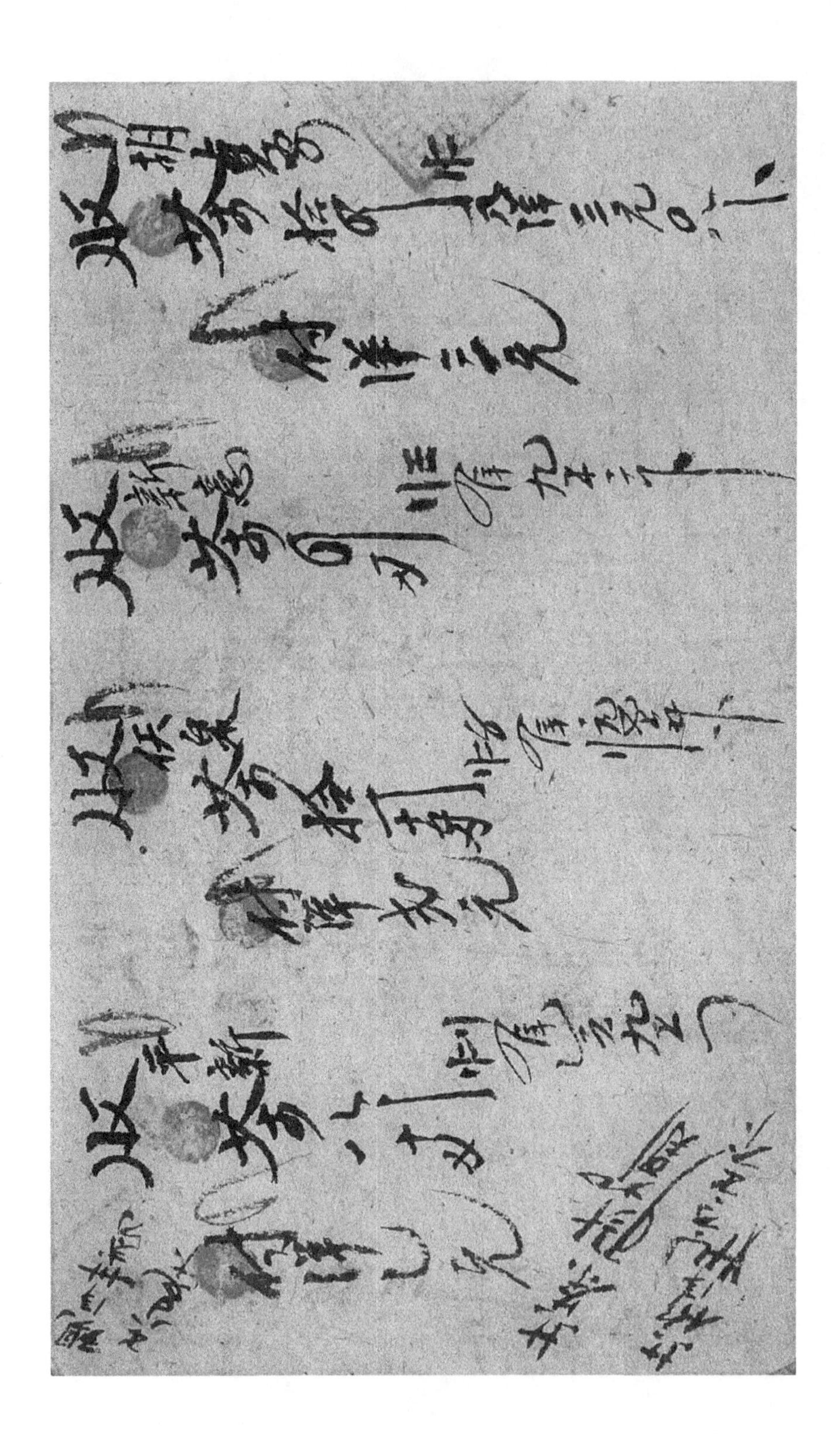

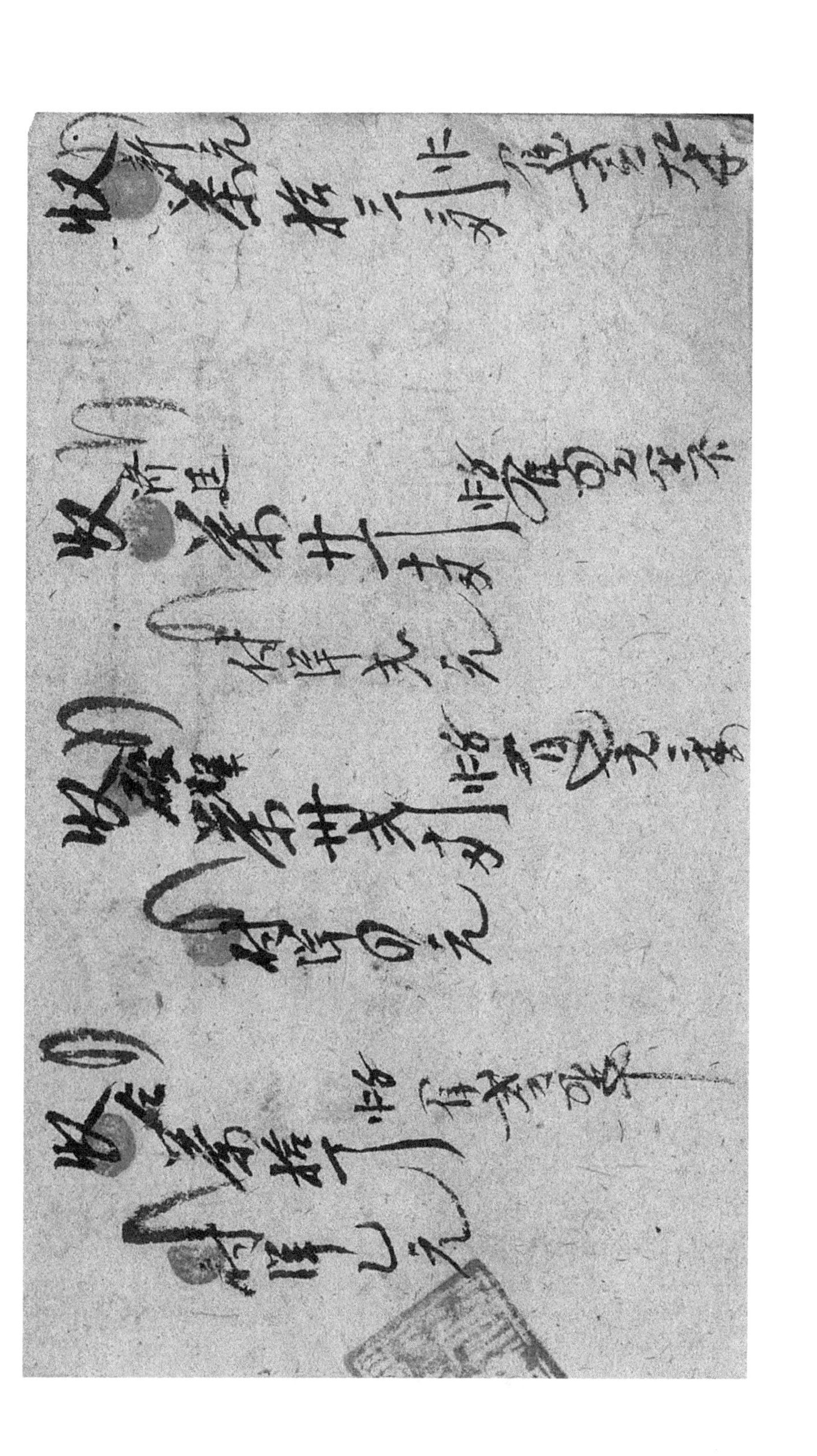

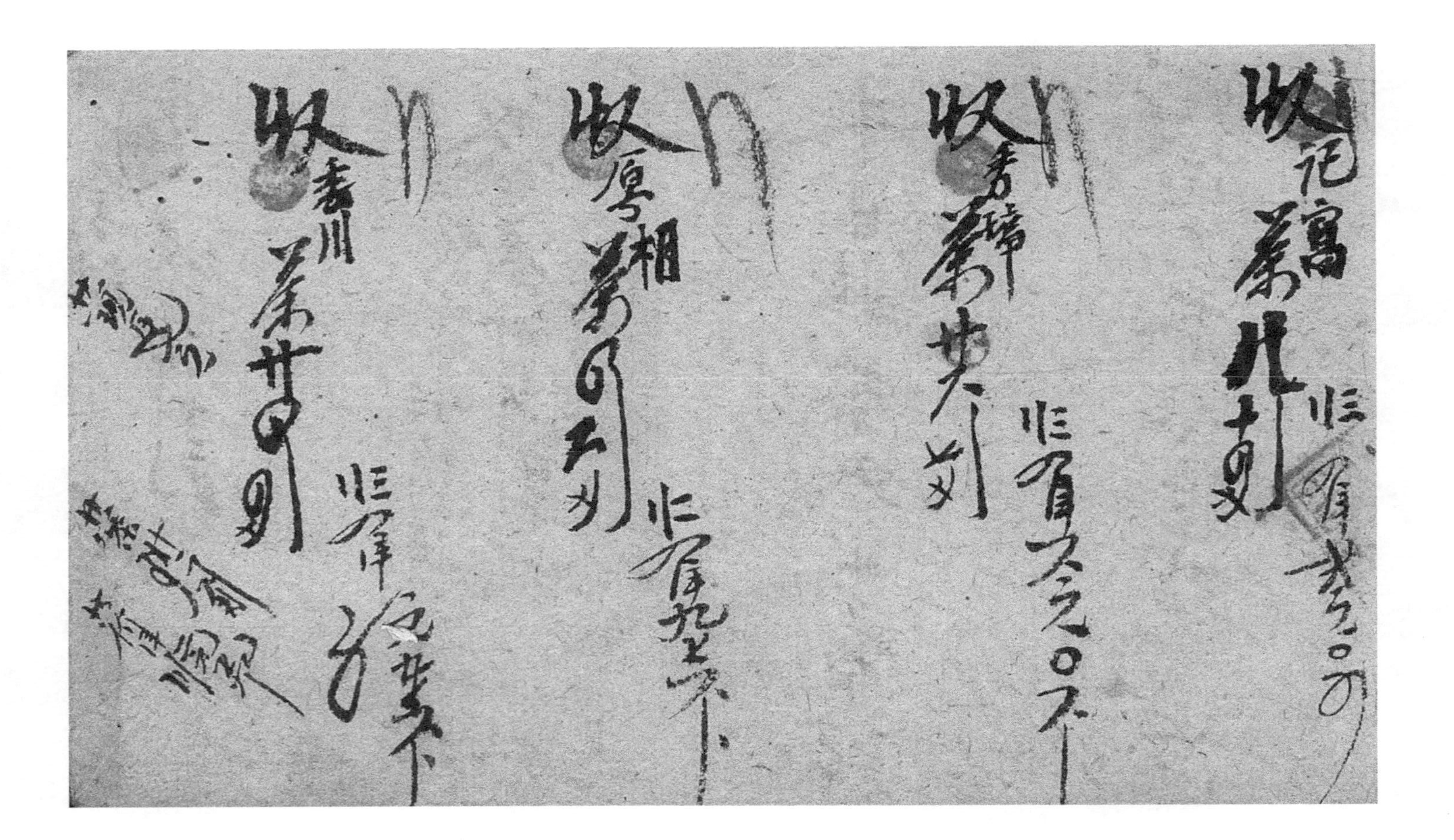

收祀富茶九十斤

收秀璋茶廿六斤

收亨相茶四十斤

收春川茶廿四斤

收厚根茶三十三斤

收玉成茶廿七斤

本日進茶叁伯五拾七斤

比付去茶叁伯七拾七斤四两

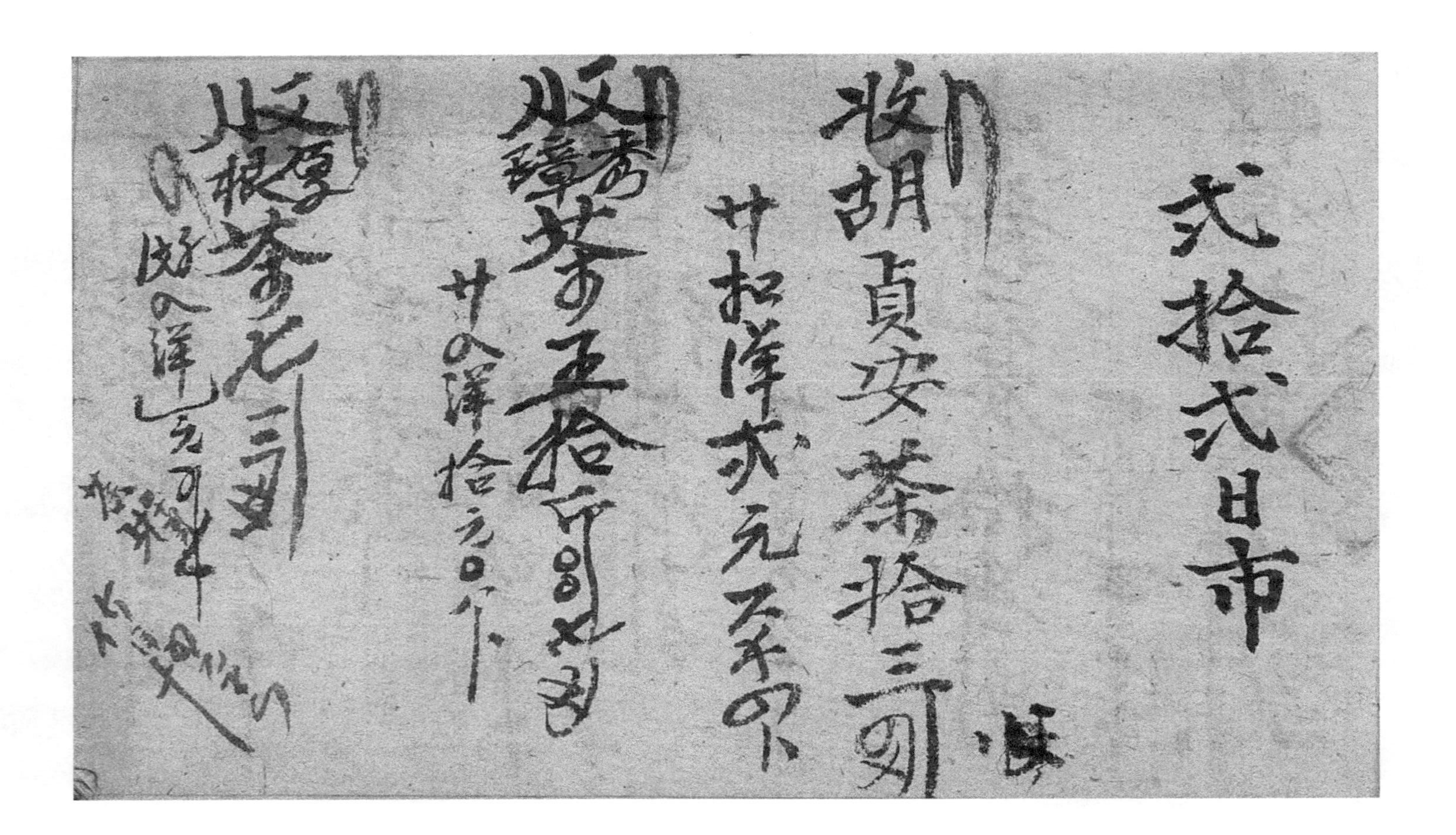

弍拾弍日市

收胡貞安茶拾三斤

廿松洋弍元[illegible]

收李韓茶五拾斤[illegible]

廿の洋拾元[illegible]

收李厚根茶[illegible]三斤

[illegible]

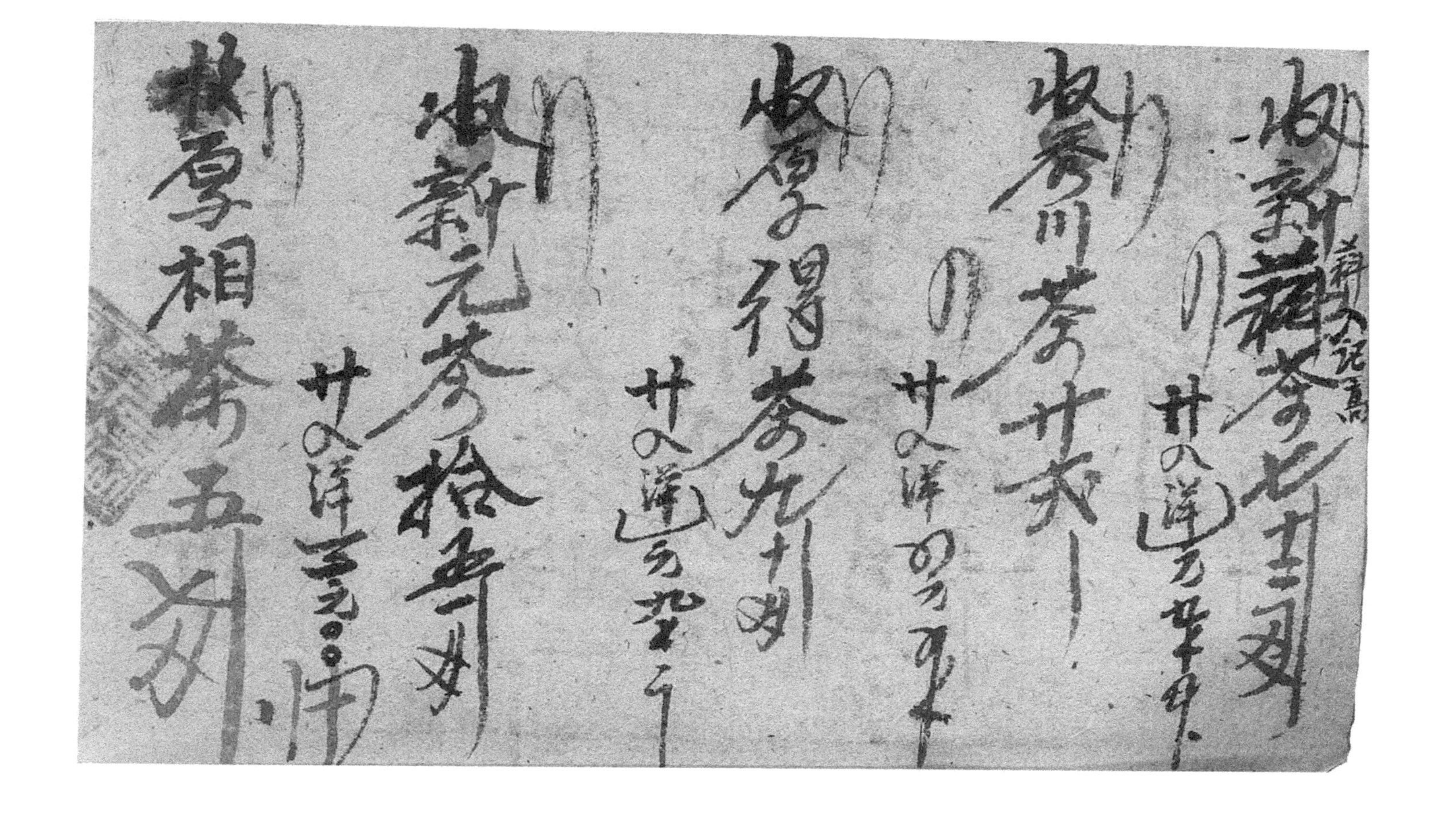

收新糯茶七十二两
收秀川茶廿六一
收厚得茶九十两
收新元茶拾五两
廿八洋三元〇〇
收厚相茶五两

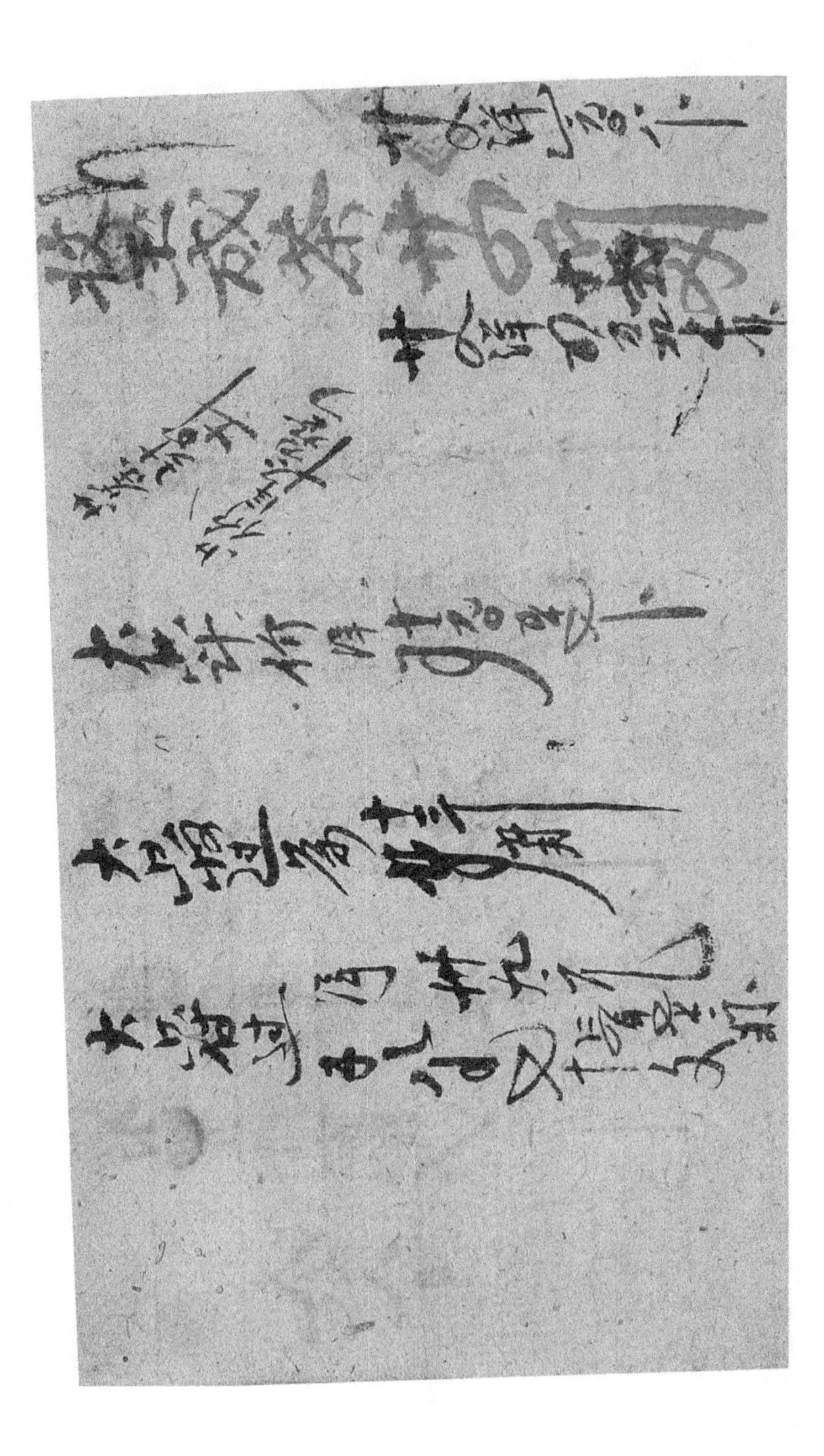

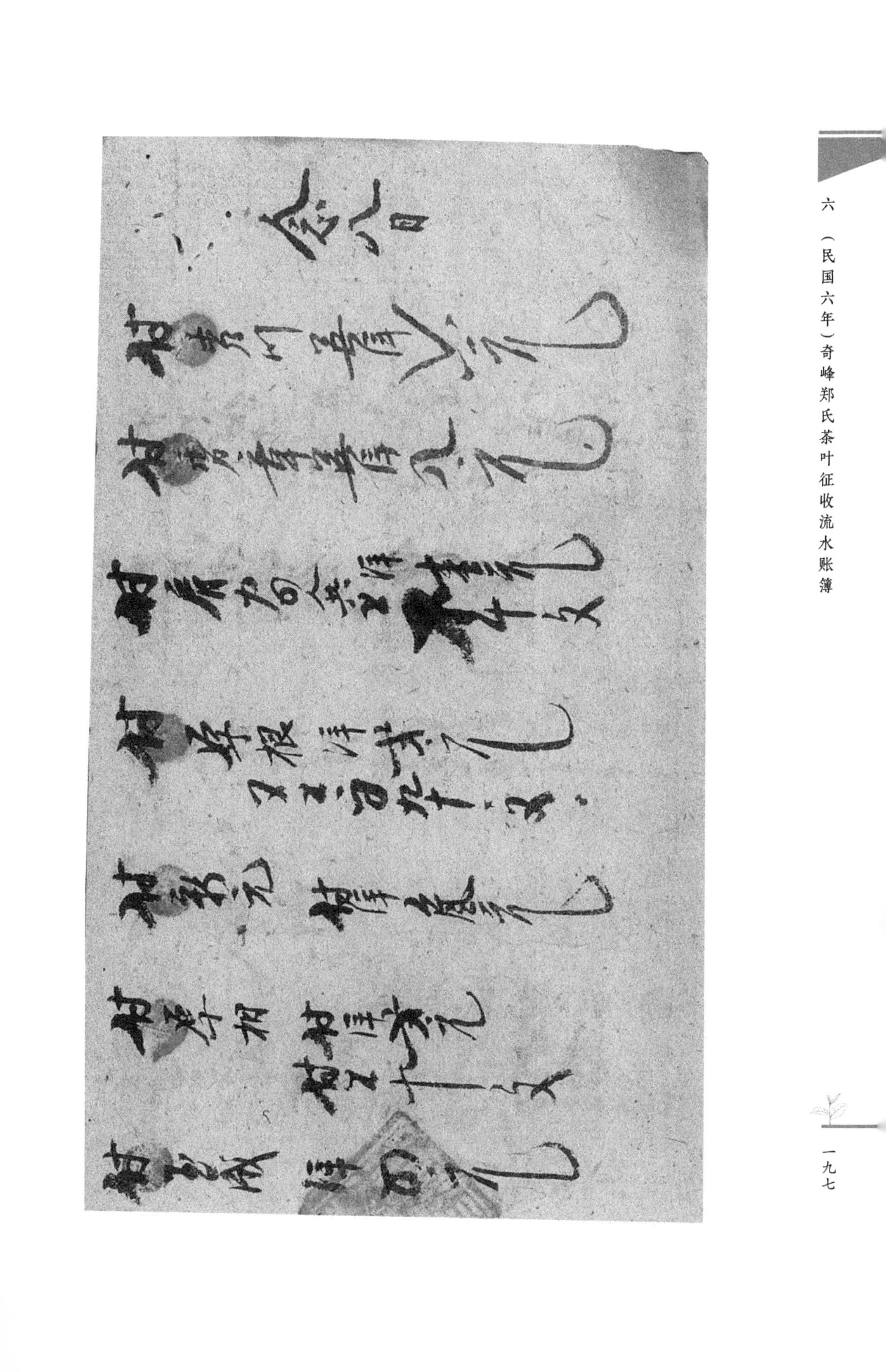

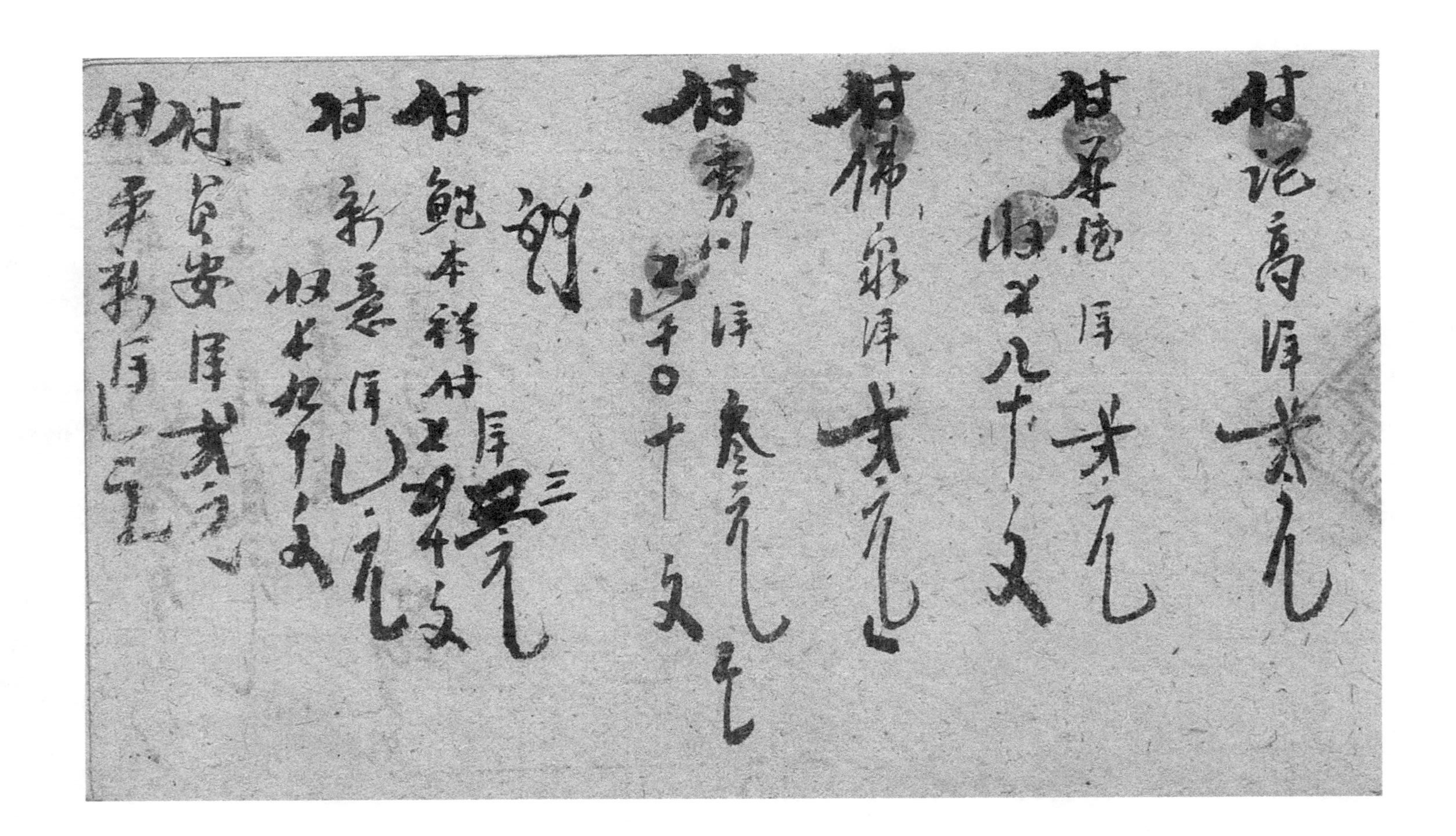

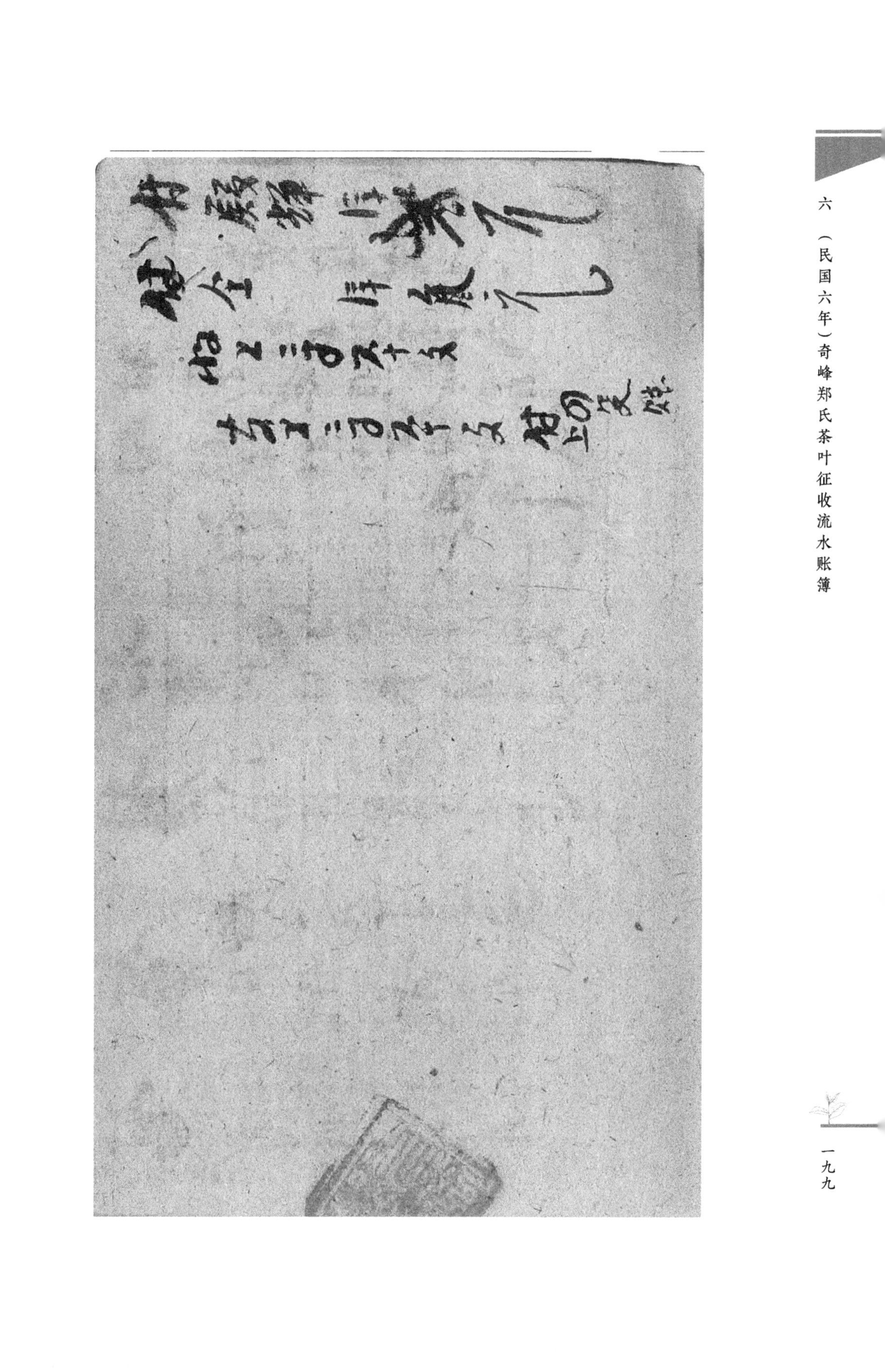

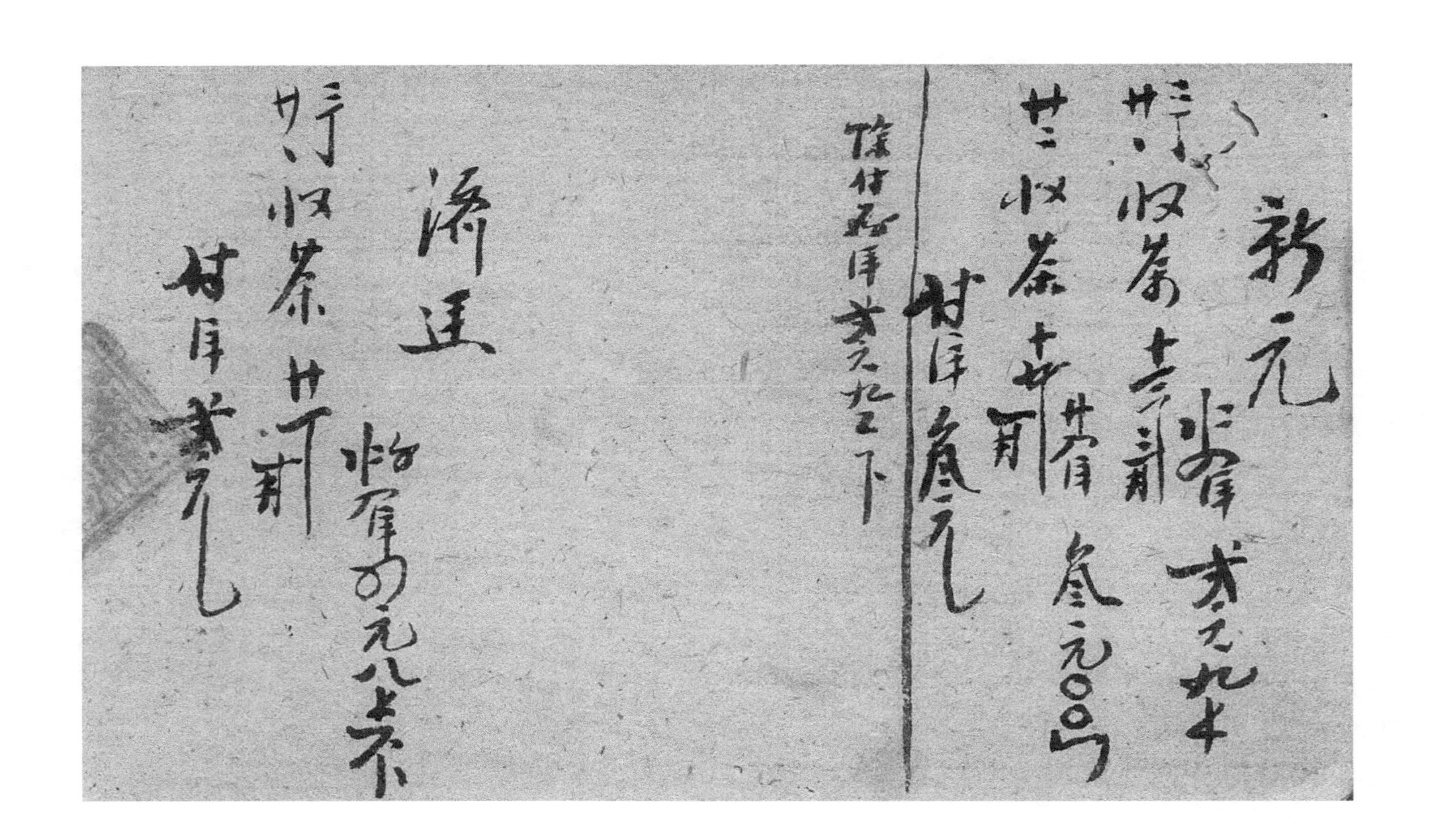

新元

廿[illegible]收茶[illegible]斤 [illegible]洋 [illegible]元九角

廿[illegible]收茶[illegible]斤 [illegible] [illegible]元〇〇

付洋[illegible]元

除付洋[illegible]元[illegible]下

济廷

廿[illegible]收茶廿[illegible]斤 [illegible]洋[illegible]元八角

付洋[illegible]元

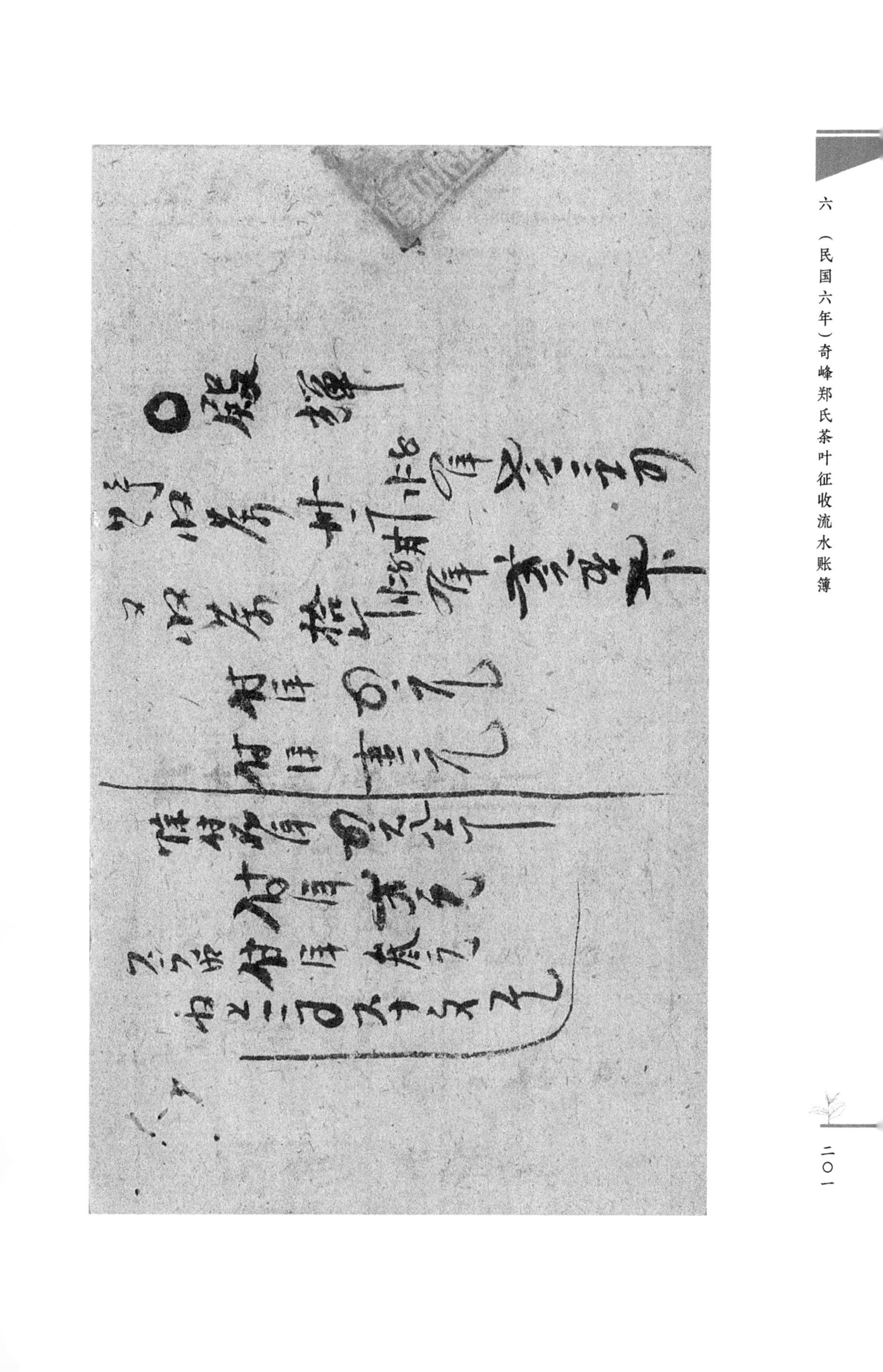

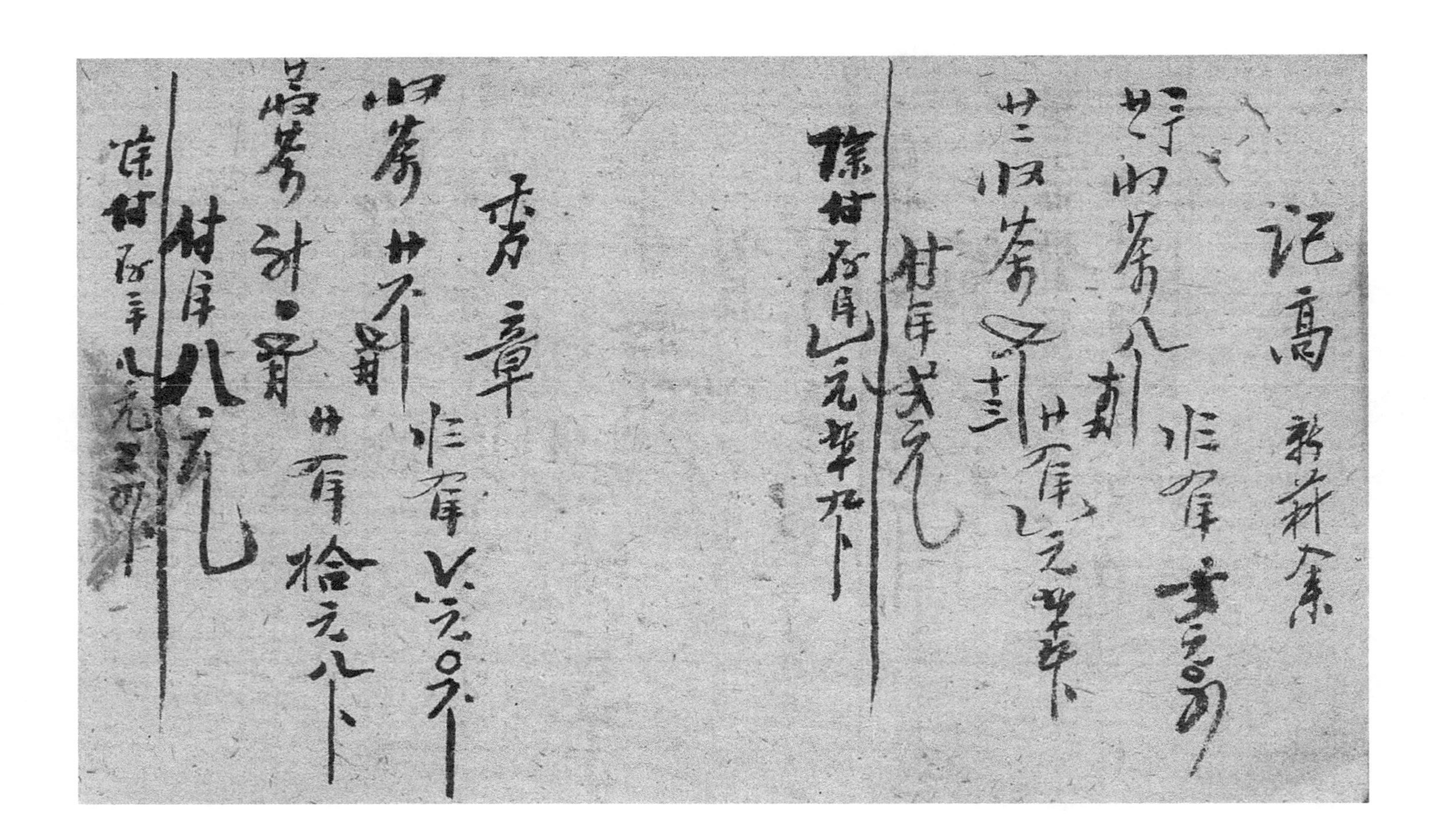

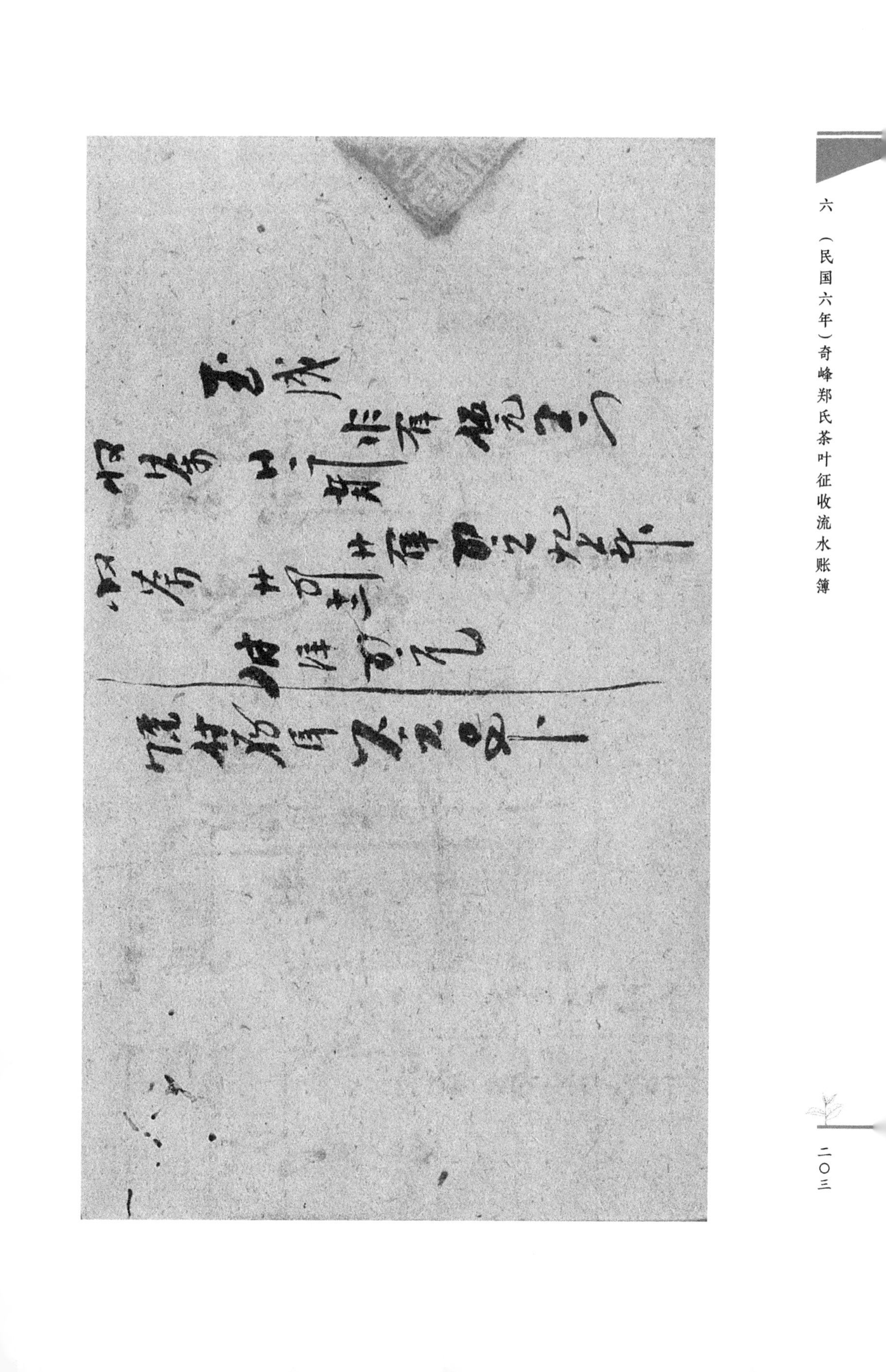

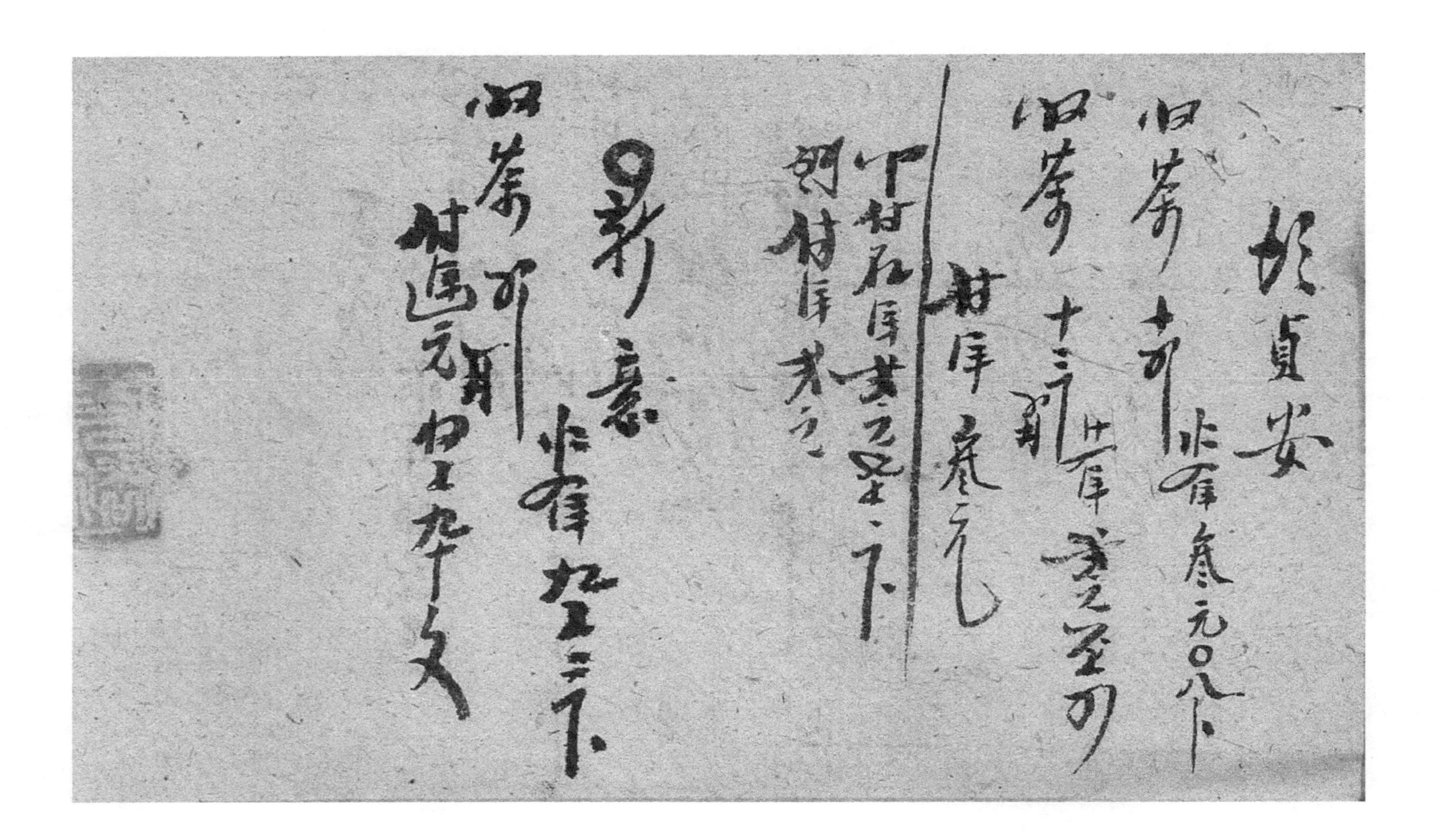

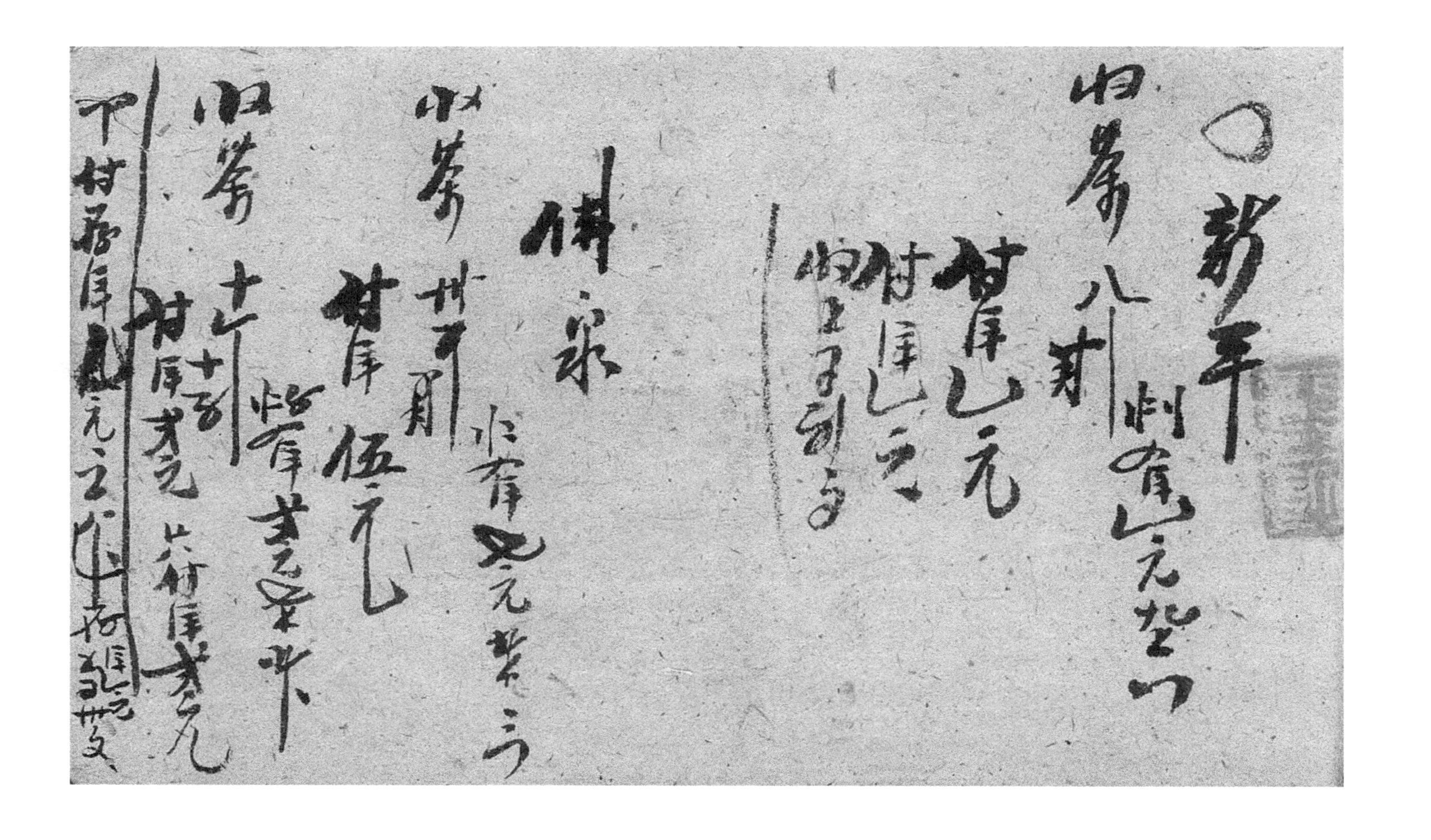

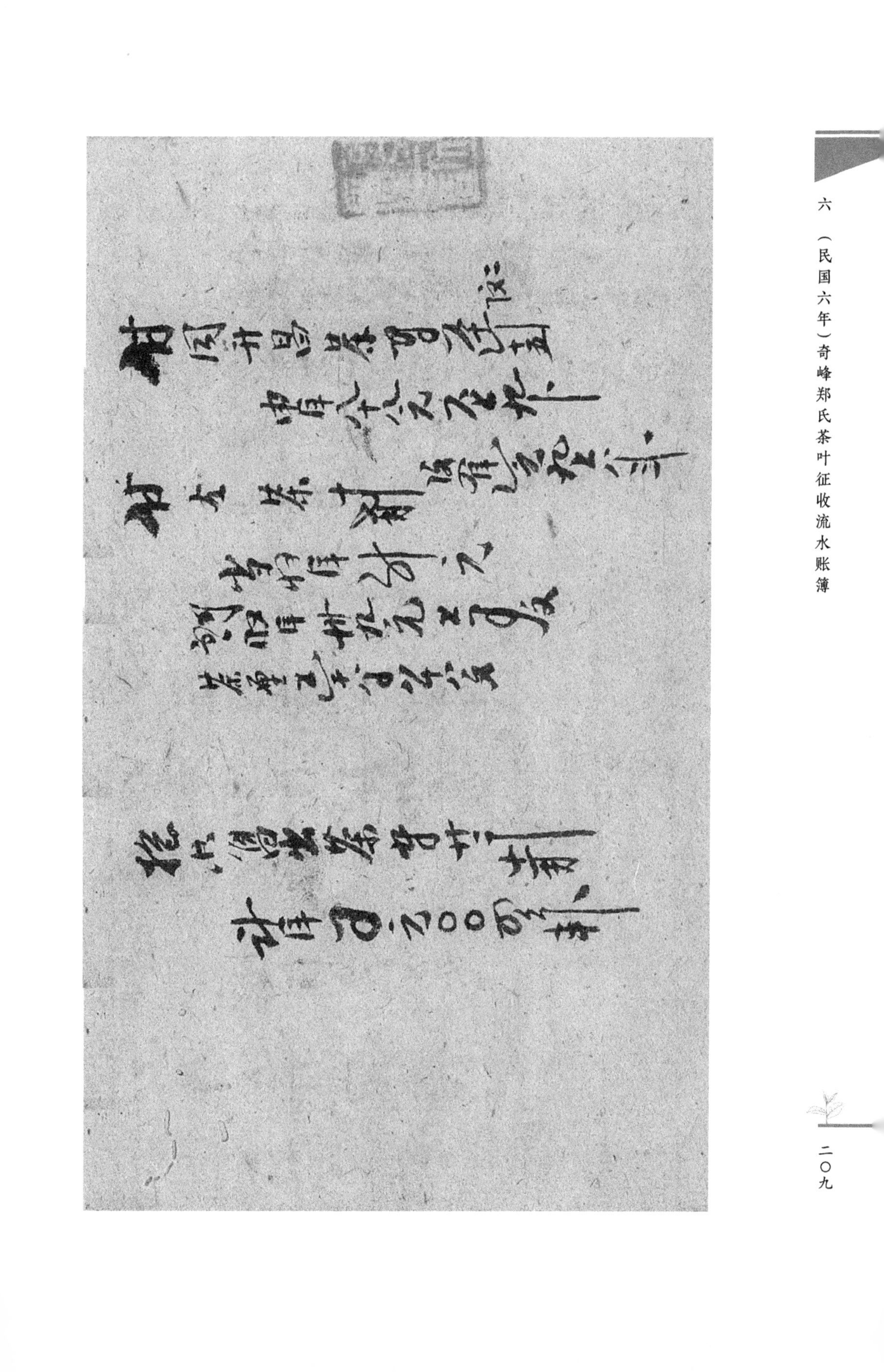

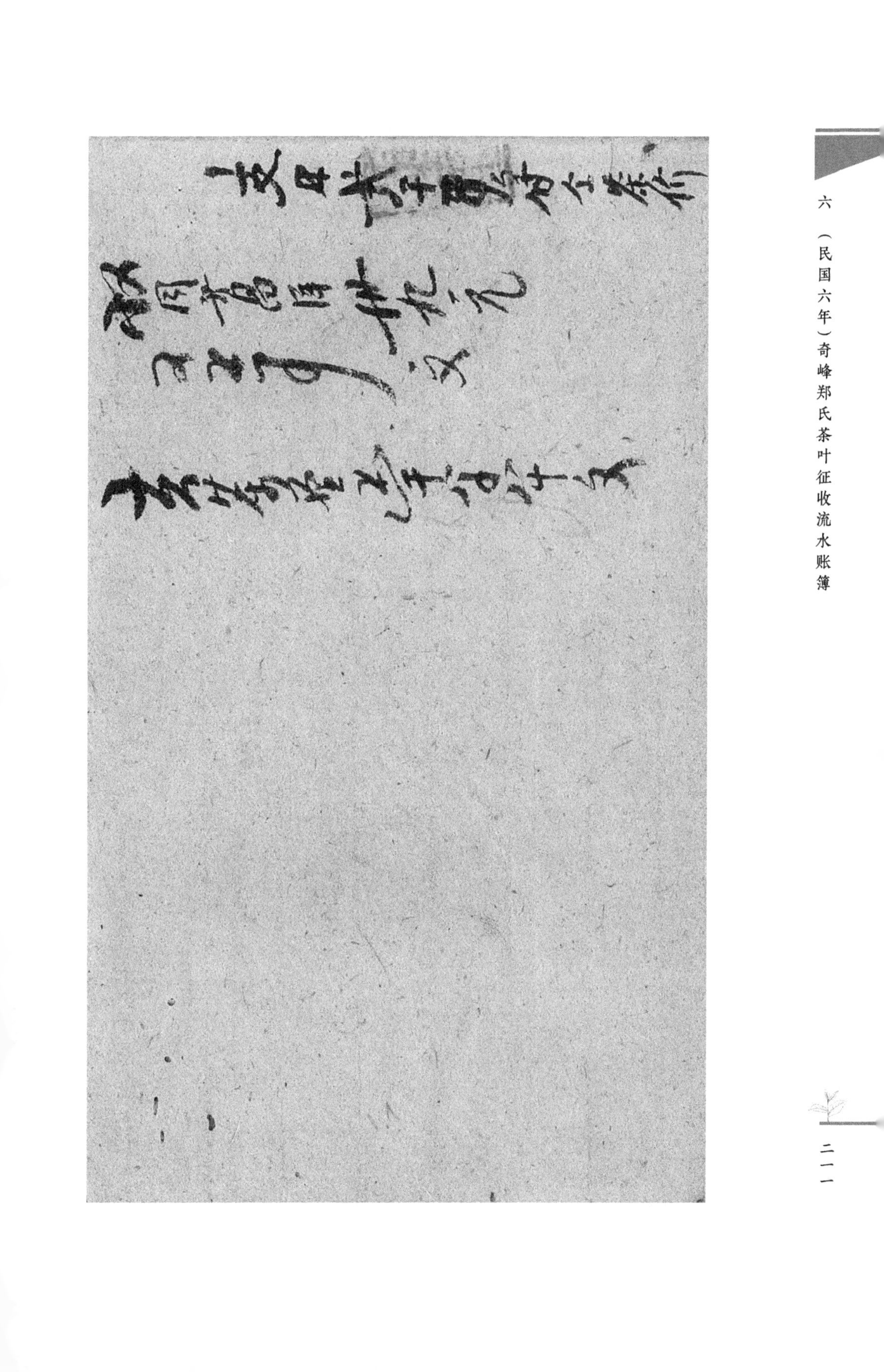

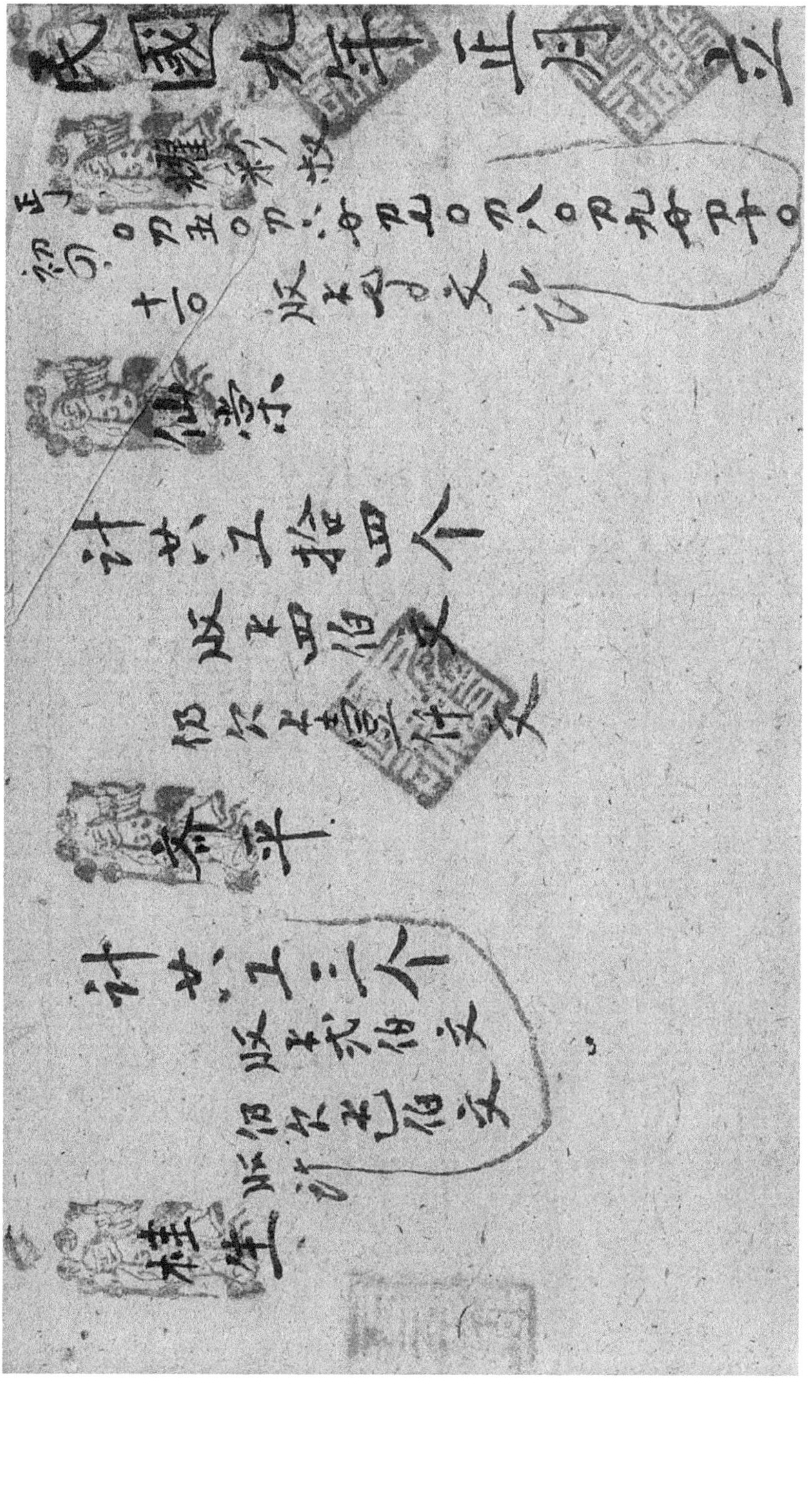

民國九年正月立

耀彩叔

正月初四 〇刀五〇刀六廿刀九〇刀八〇刀九廿刀十〇

十一 收木 文訖

仙棠

計共工拾四个

收木四伯文

仍欠木壹仟文

斉平

計共工三个

收木弍伯文

仍欠木乙伯文

收訖

桂生

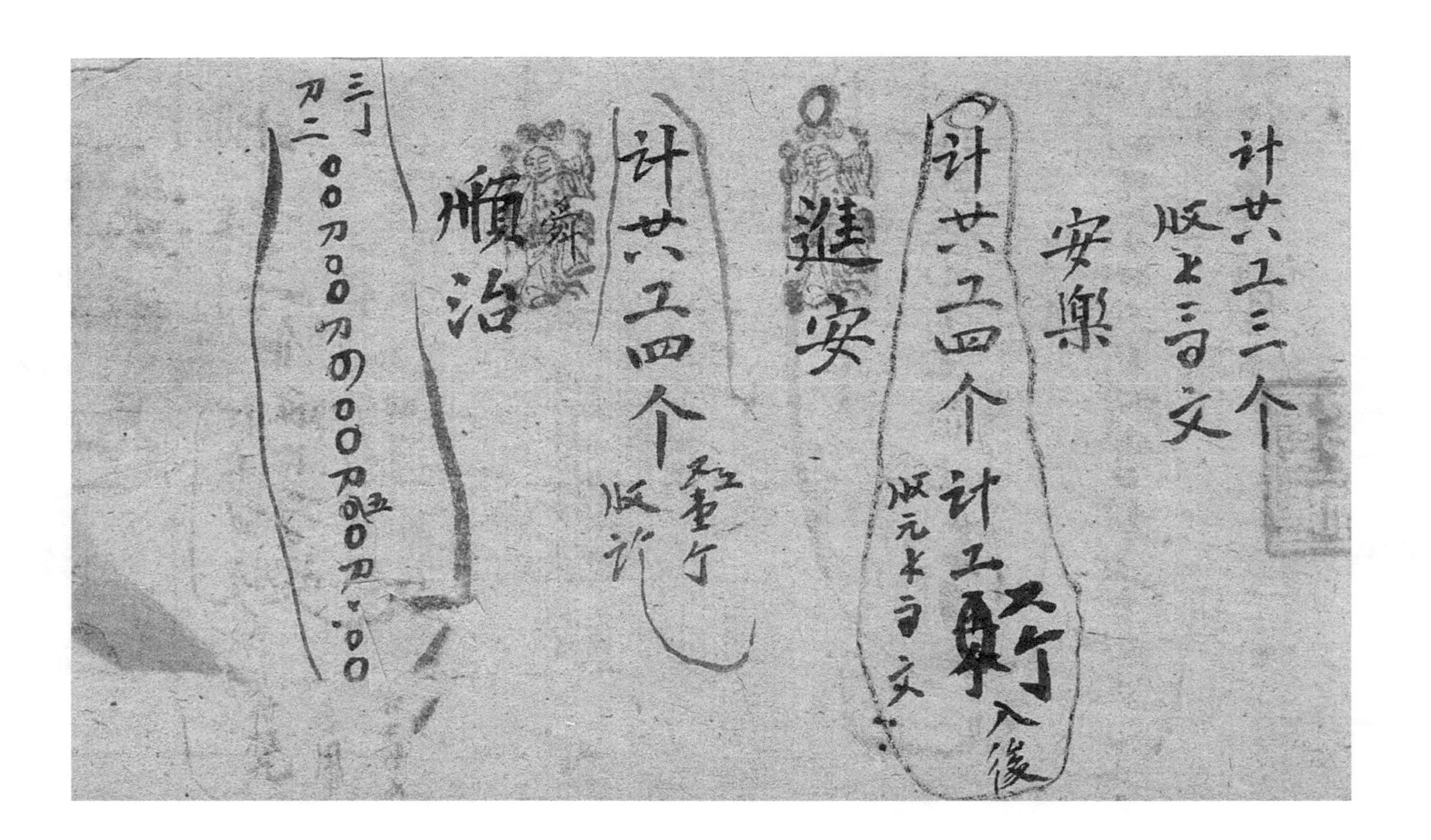

计共工三个

安樂

计共工四个 计工軒入後

進安

计共工四个

順治

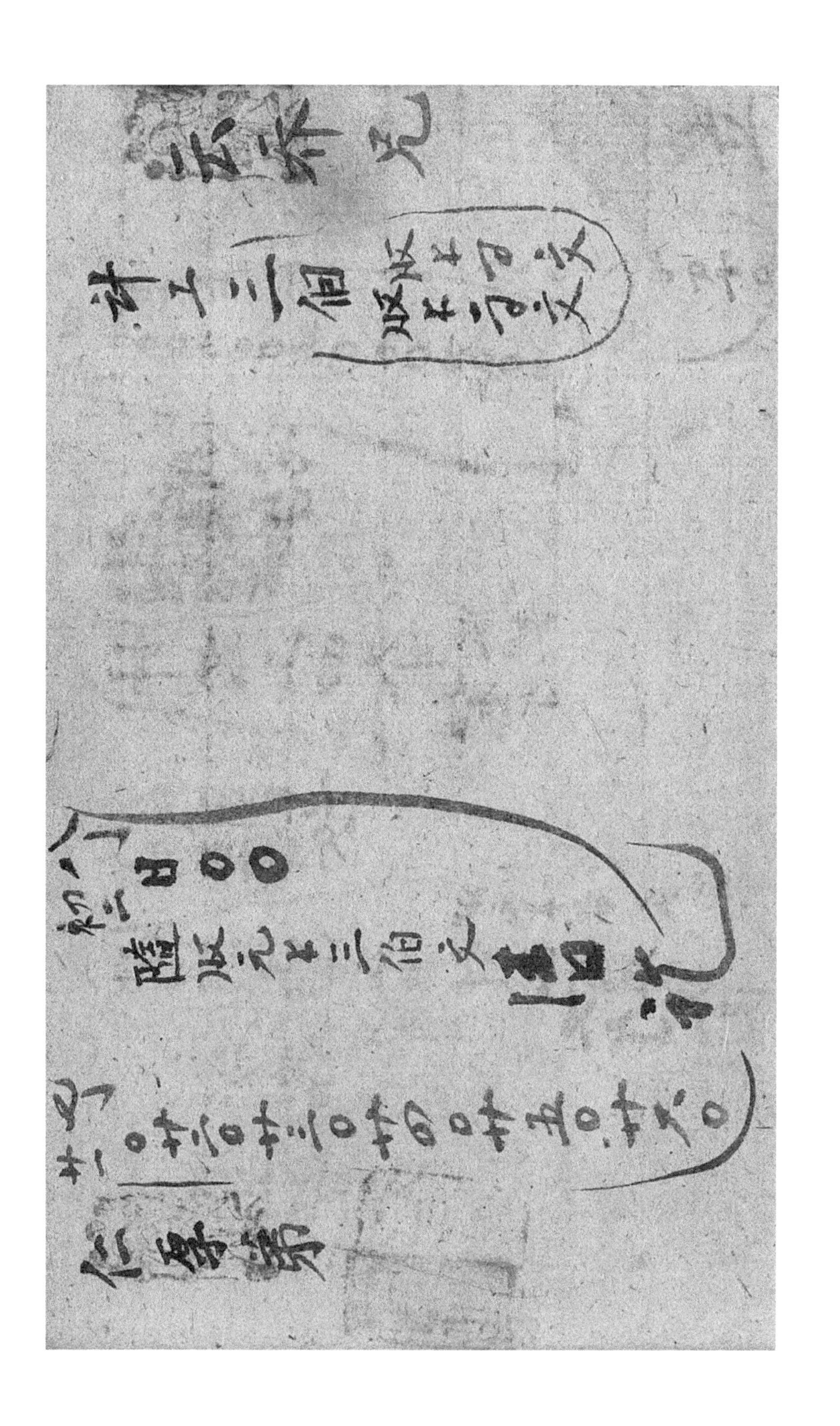

除贩仍〤〡〣八十文

贩〡五伯廿文 付本家利上

计共做拾七個 扣元〤千七〥文

廿七丁卜付工叁個

拾年九月廿七日總結帳 立

八月初八〇〇初九〇〇 仍付利讫 米壹斤 扣〡〣文 自用

前入未工拾個 贩元〡贰〥文 贰〥文付桂九

安樂叔

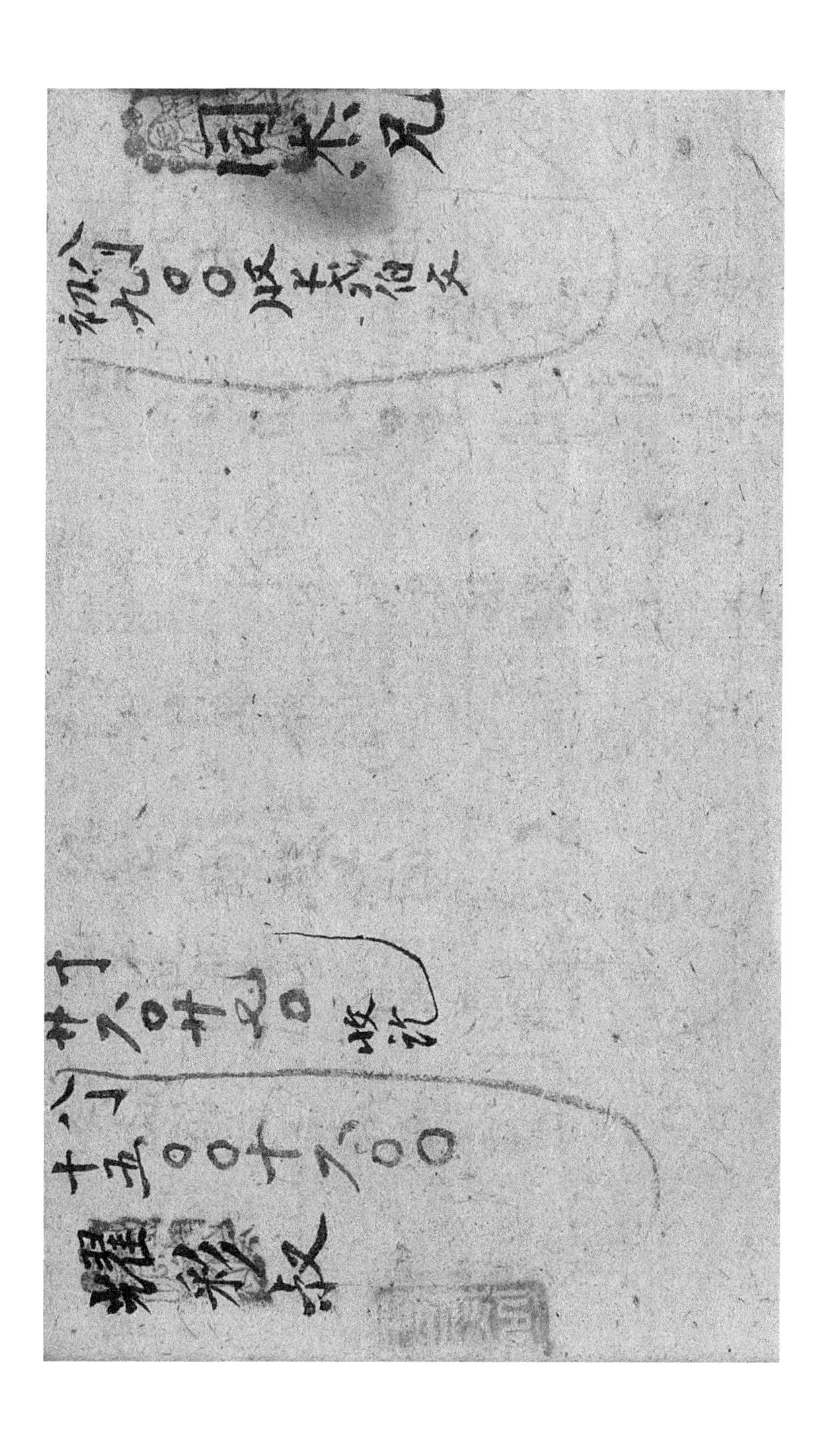

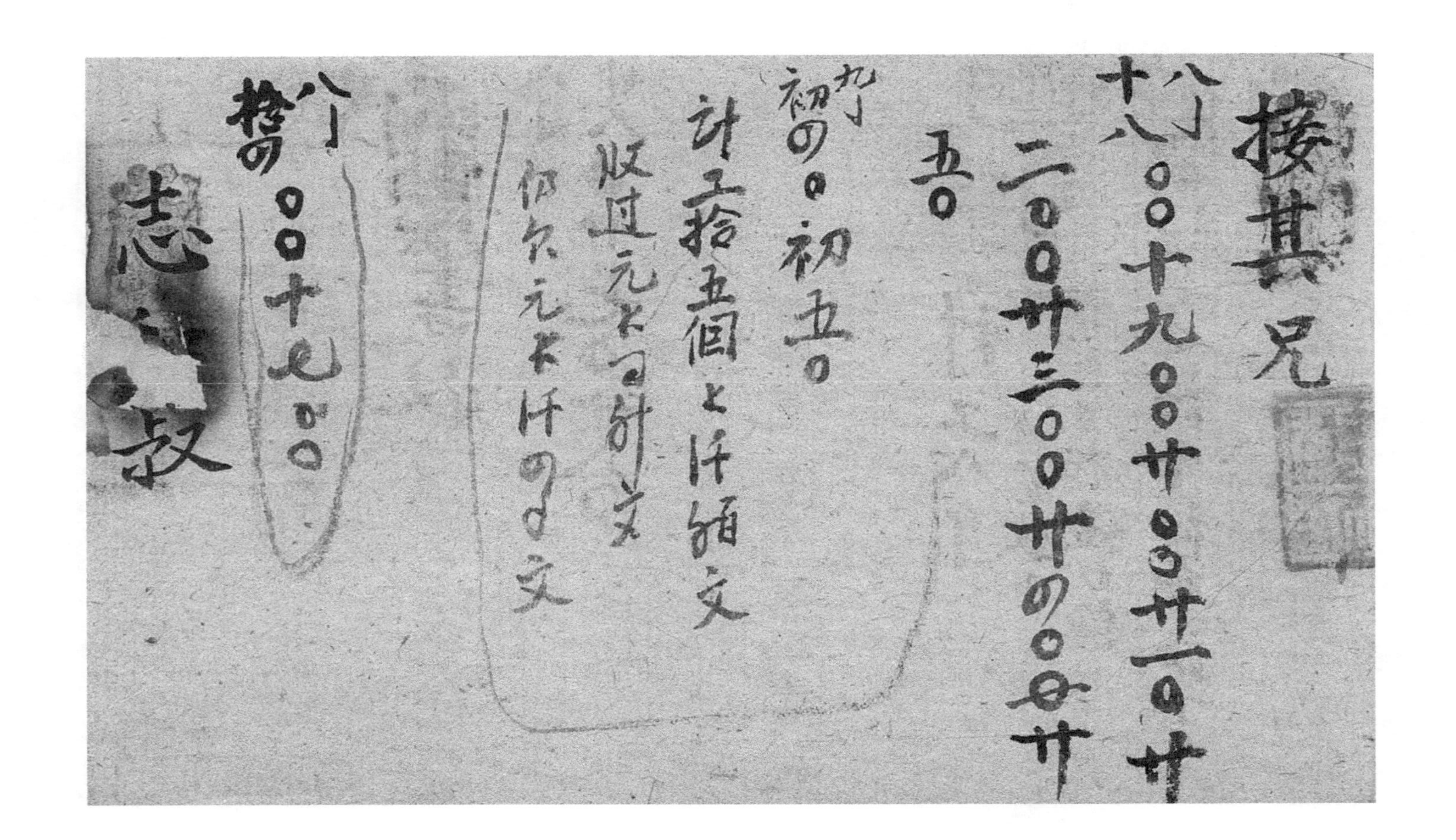

接其兄

八月十八〇〇十九〇〇廿〇〇廿一〇廿

二〇〇廿三〇〇廿四〇〇廿

五〇

九月初四〇初五〇

計工拾五個〻仟佰文

収过元〻〻計文

仍欠元〻仟〻文

八月廿四〇〇十九〇〇

志叔

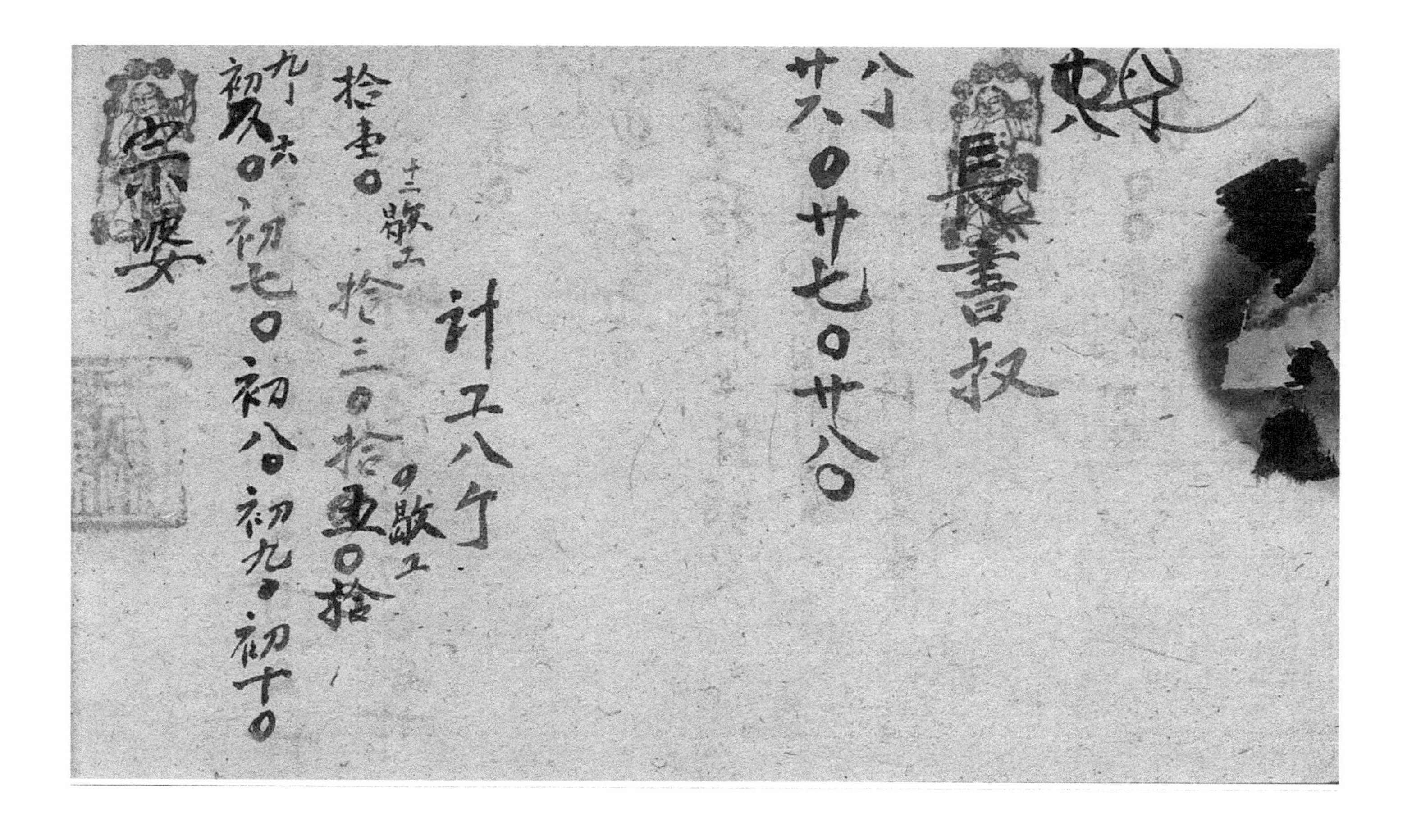

收
長書叔
廿六○廿七○廿八○
計工八丁
拾壹○十二歇工拾三○拾四○拾五歇工
初五○初六初七○初八○初九○初十○
宗婆

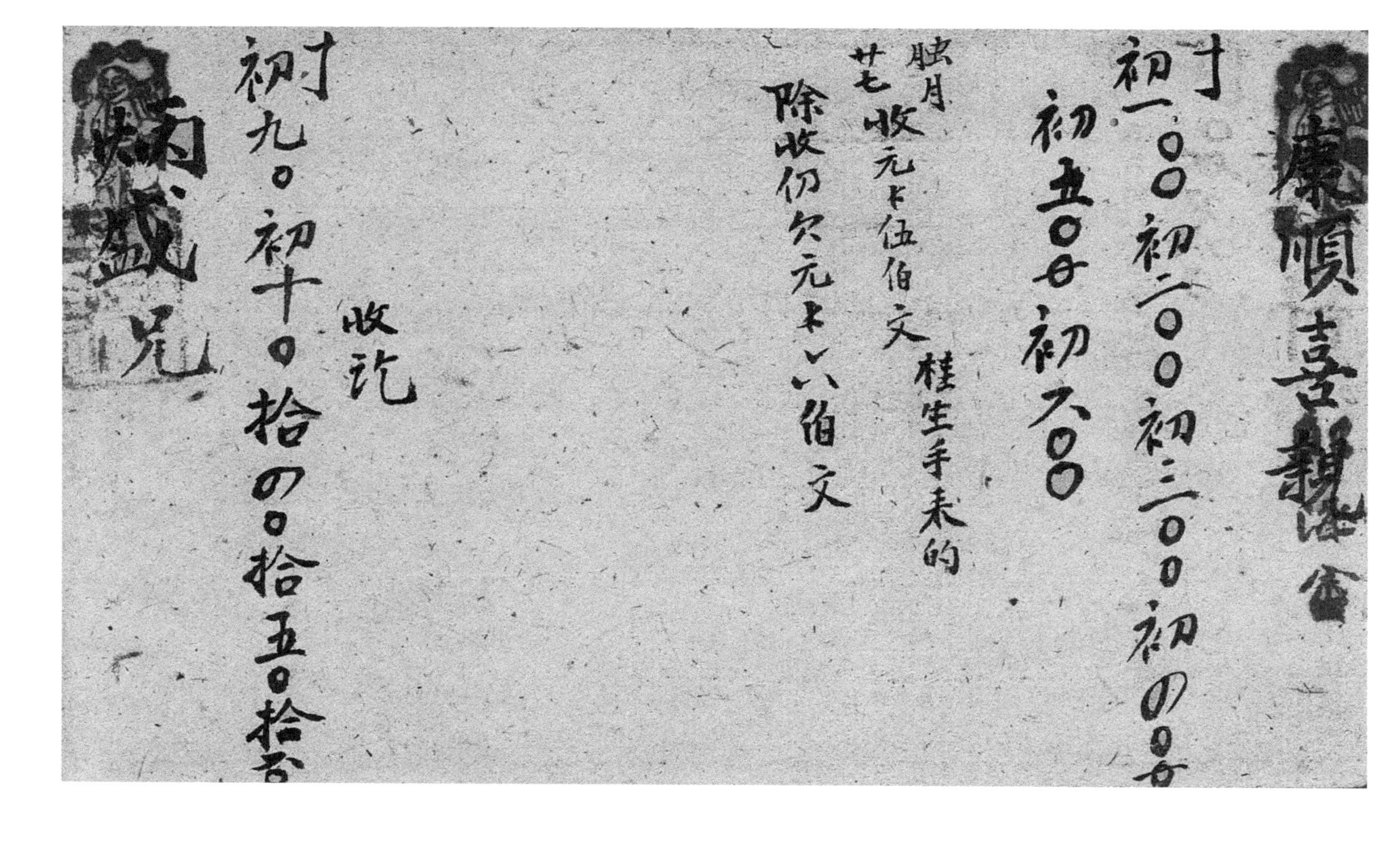

康順喜[illegible]

付 初一〇〇初二〇〇初三〇〇初四〇〇

初五〇〇初六〇〇

腊月 廿七收元卡伍伯文 桂生手来的

除收仍欠元卡六伯文

收讫

付 初九〇初十〇拾〇〇拾五〇拾[illegible]

[illegible]盛兄

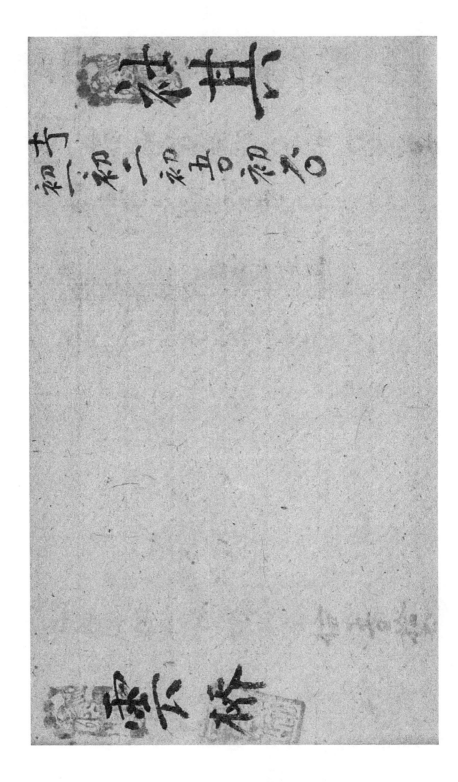

篤友叔

九 十二丁 计工〇佃

十二丁 十五 9

十年 个丁包做红花兜卦壹件 扣七百文

九丁 初六〇初七〇初八〇

旺 十丁 廿八〇廿九〇初一〇

麟瑞

潤和任

十三 初四〇 初五〇 初六〇 初七〇 初八〇

初九〇 初十〇 拾

七丁 拾年

初十〇 廿二 工 贰 个

腊月 十八〇 十九〇

汪月 包小兒未壹双

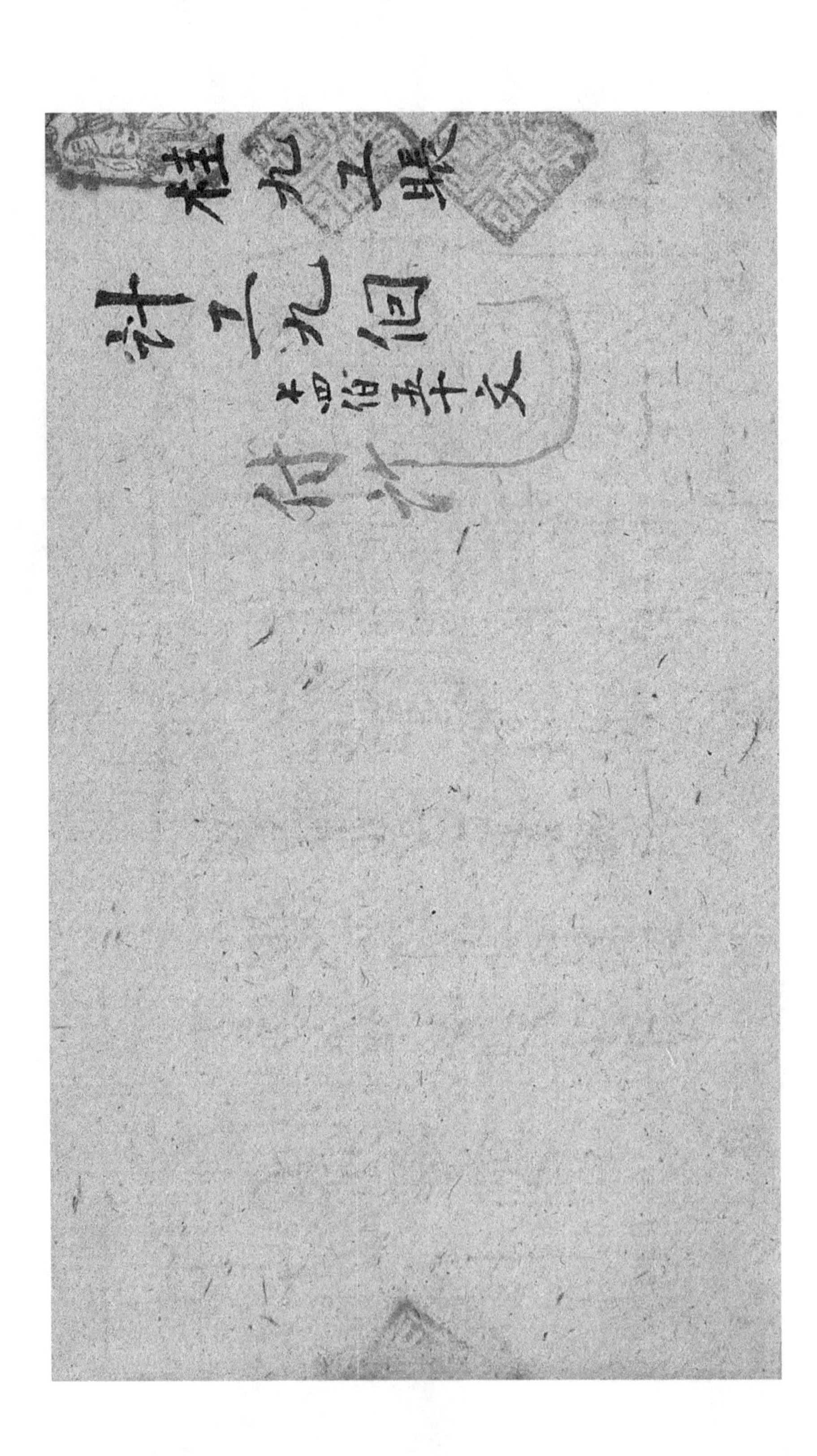

门中 均和安号

支付净茶八十三斤

二七〇洋

[illegible]

廿一付净红茶拾斤〇

汇扣洋〡元三〥

计茶〦十三斤十三两

计价洋拾元乙〥〢

双英洋拾元正

下厘〥〦〤四十文

戈元〥弍〤廿文

七 （民国七年）同利昌茶庄红茶誊清簿

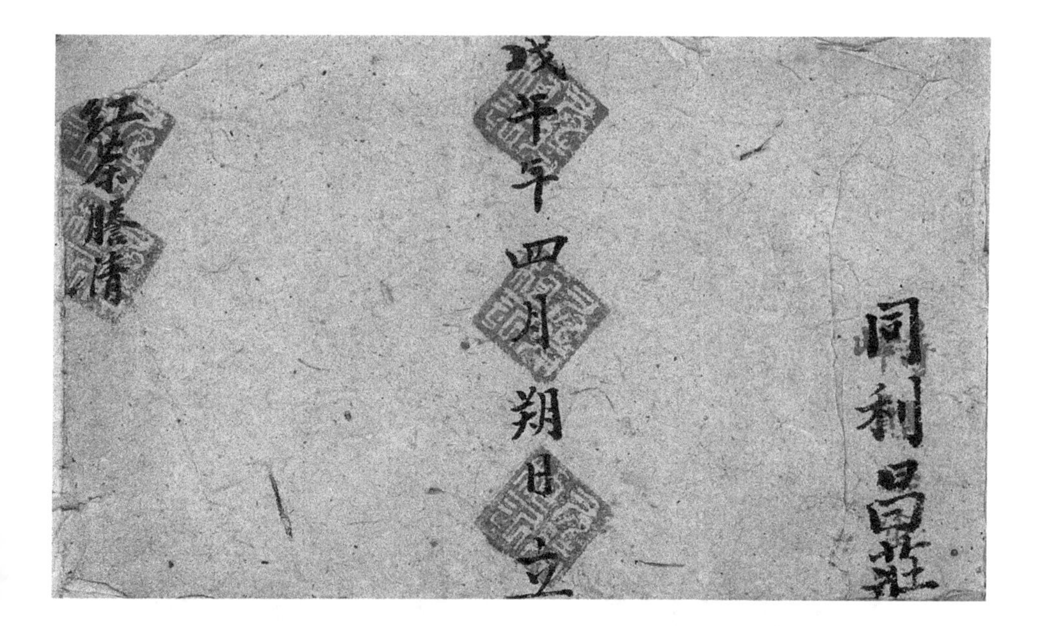
同利昌莊

戊午年四月朔日立

紅茶謄清

黄秋法
李郎盛
李佳文
鮑秀章
王盛
新元
羅佳
新彝
李耿光
李換盛
兩祥
記新
梓義

記高
厚根
秀川
貞安
記恢　序顯輝
味川
軍新
林全
玉支
記元
享木安
濟廷

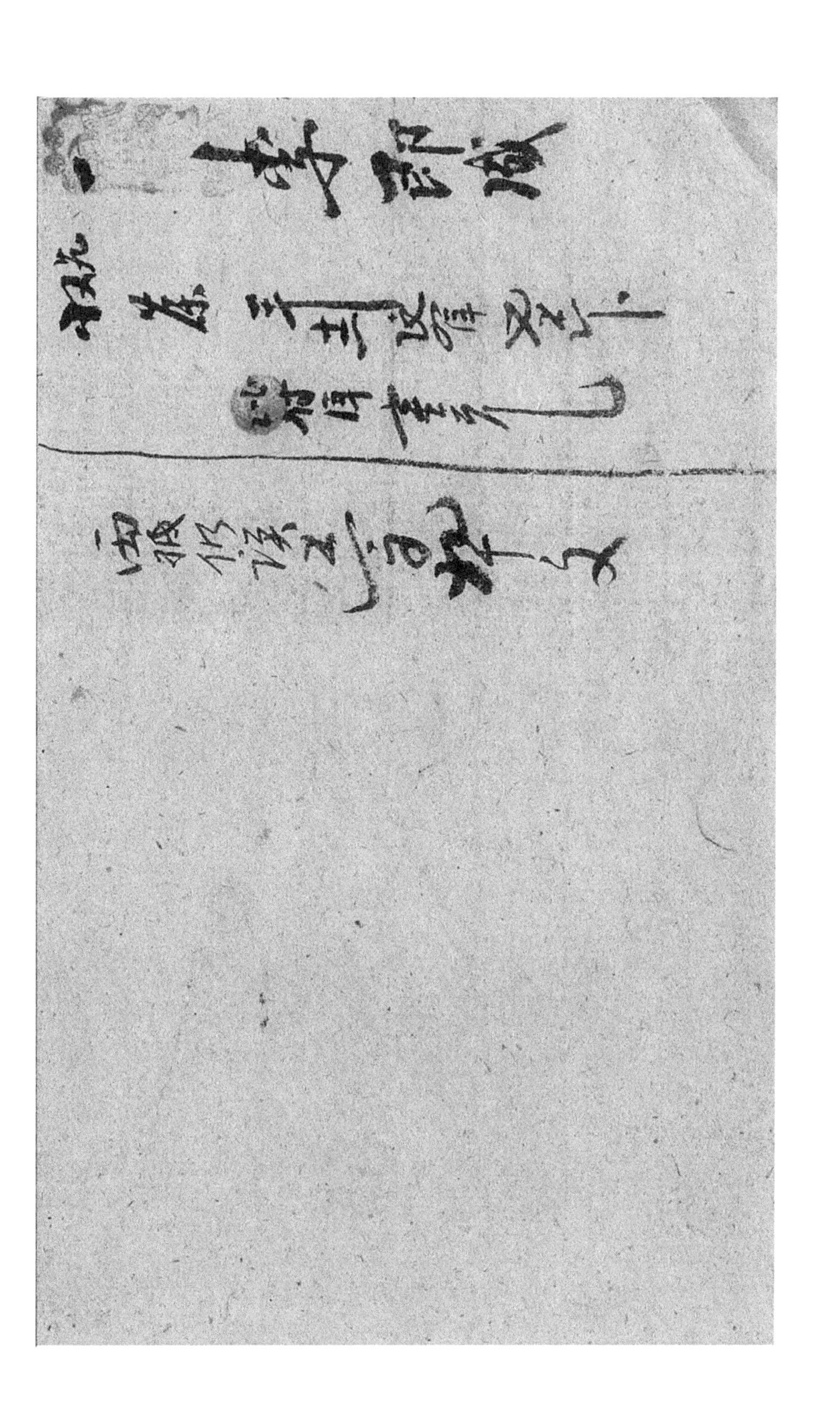

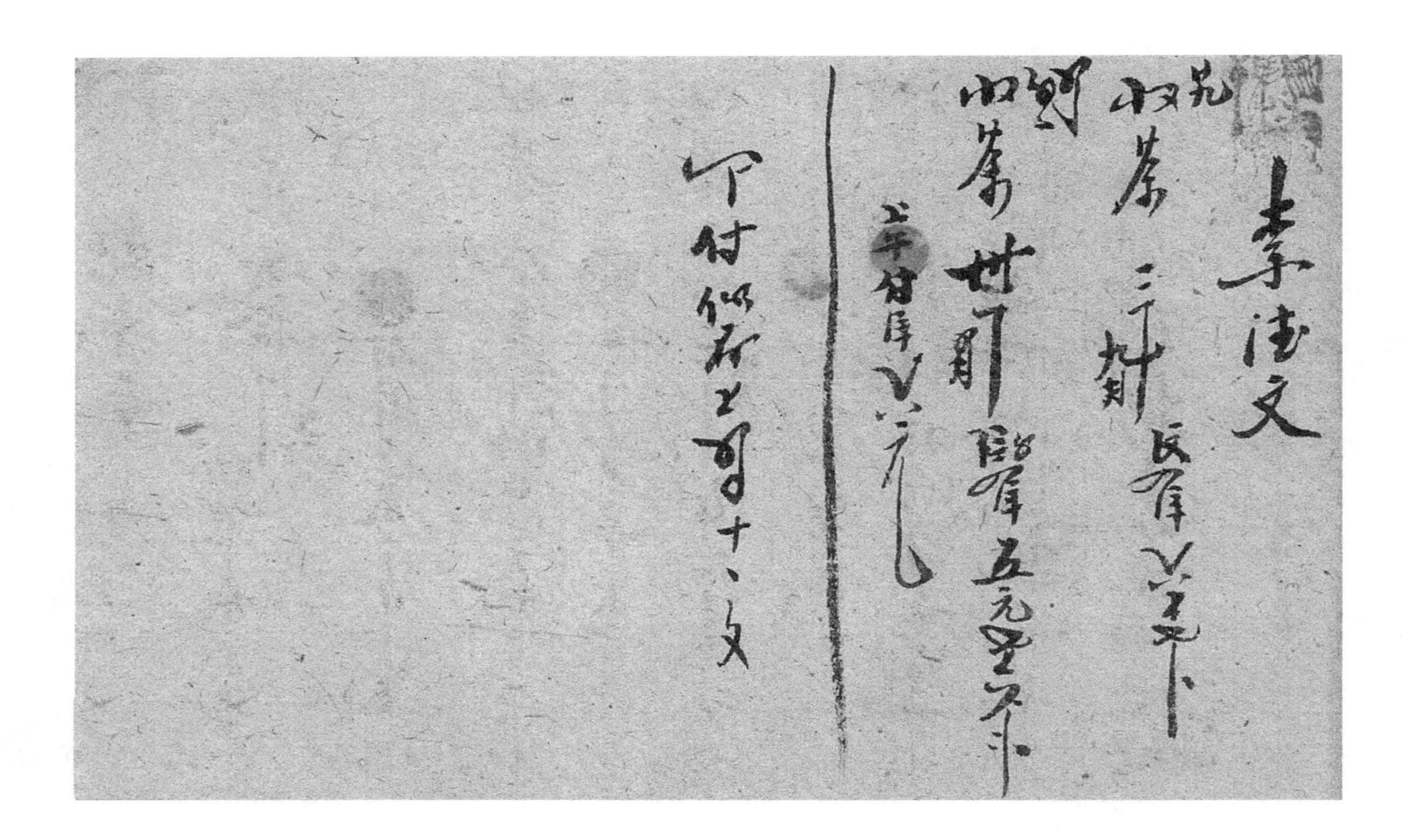

李德文

先收茶 三斤 [illegible]

又收茶 廿斤 [illegible] 五元 [illegible]

[illegible]

下付 [illegible] 十八文

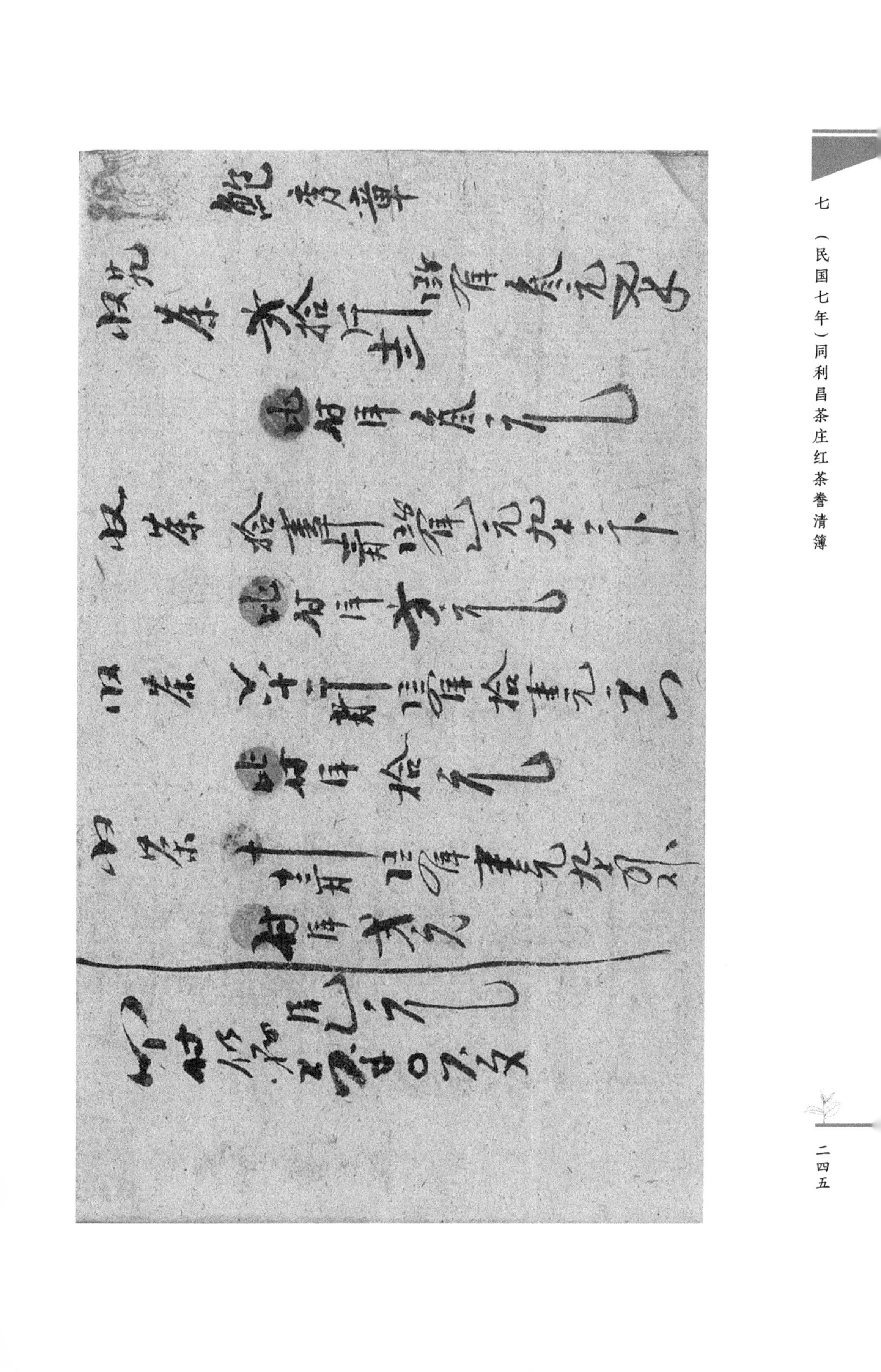

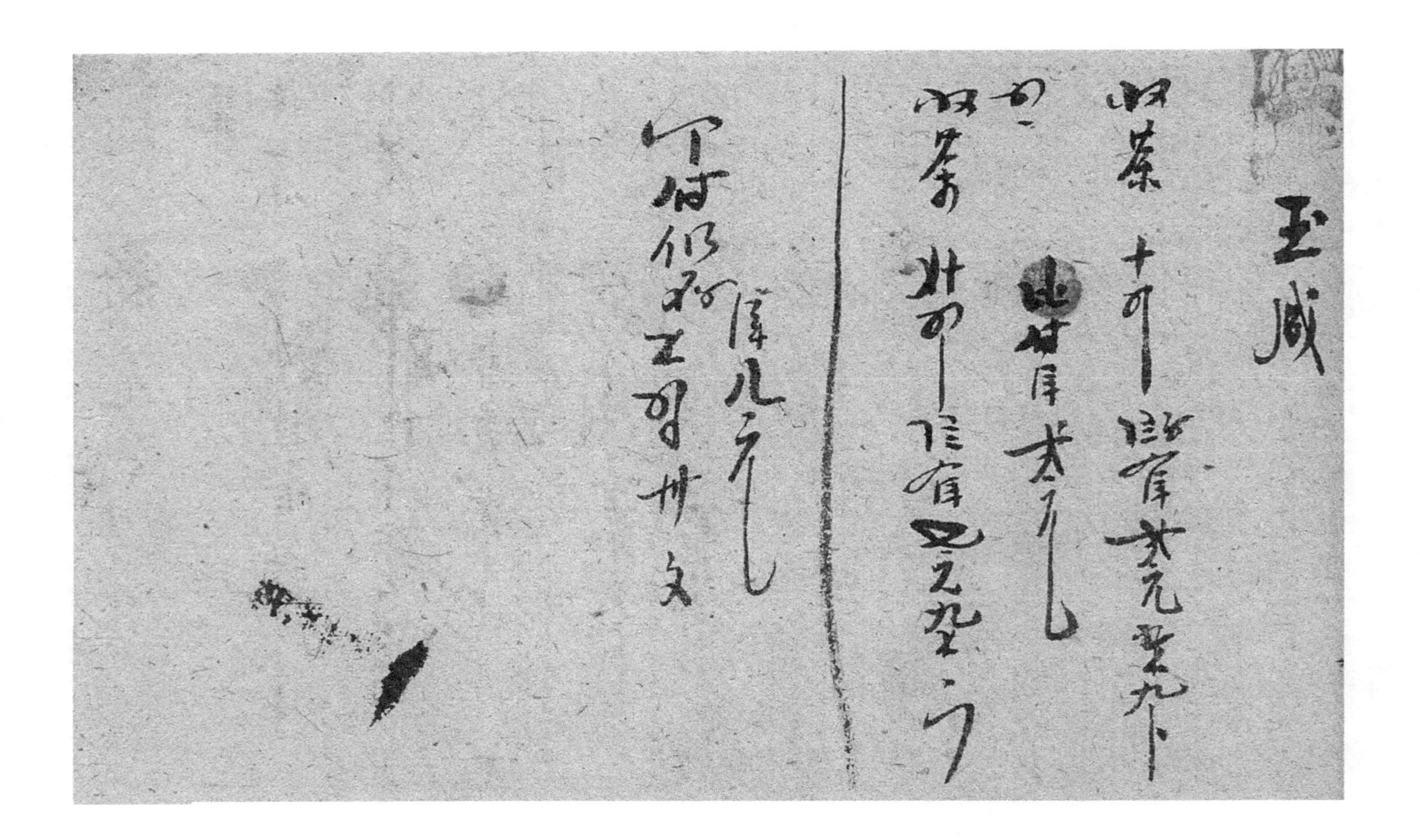

玉成

収茶 [illegible]洋[illegible]元[illegible]

[illegible]付洋[illegible]

収茶 [illegible]洋[illegible]元[illegible]

下付[illegible]洋[illegible]元[illegible]文

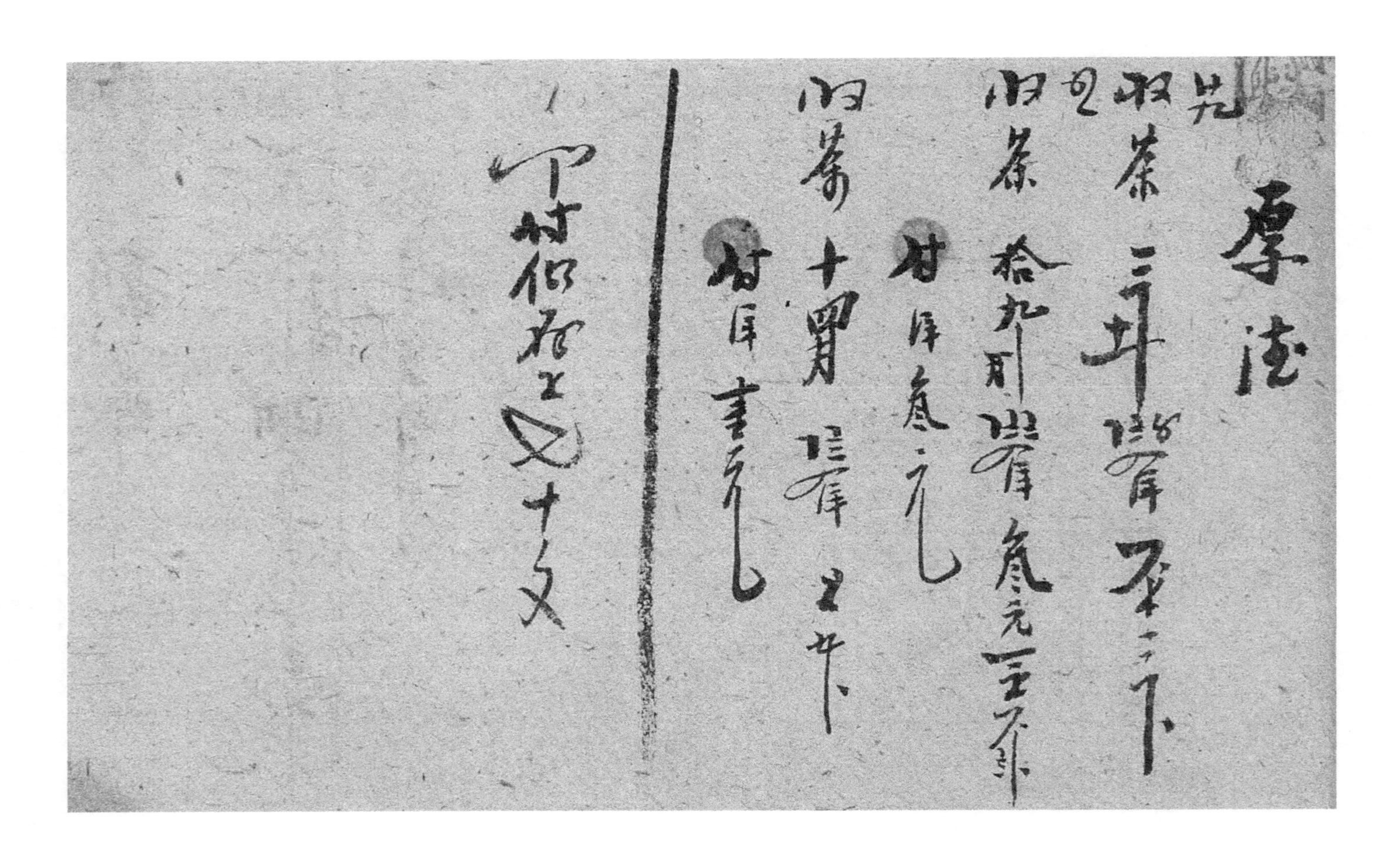

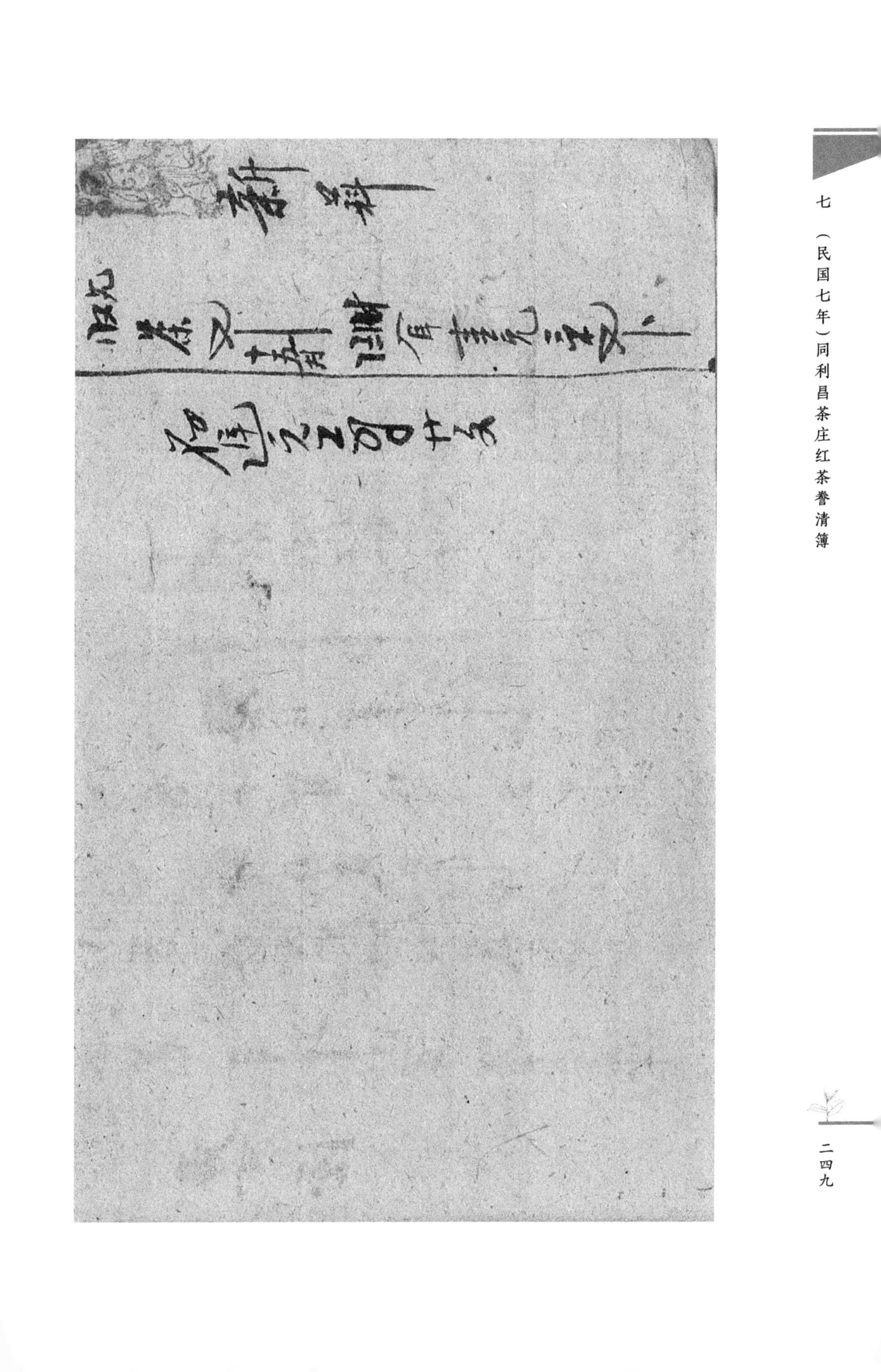

新号

收茶又十五斤 [illegible] 价 [illegible]

加佣 [illegible] 文

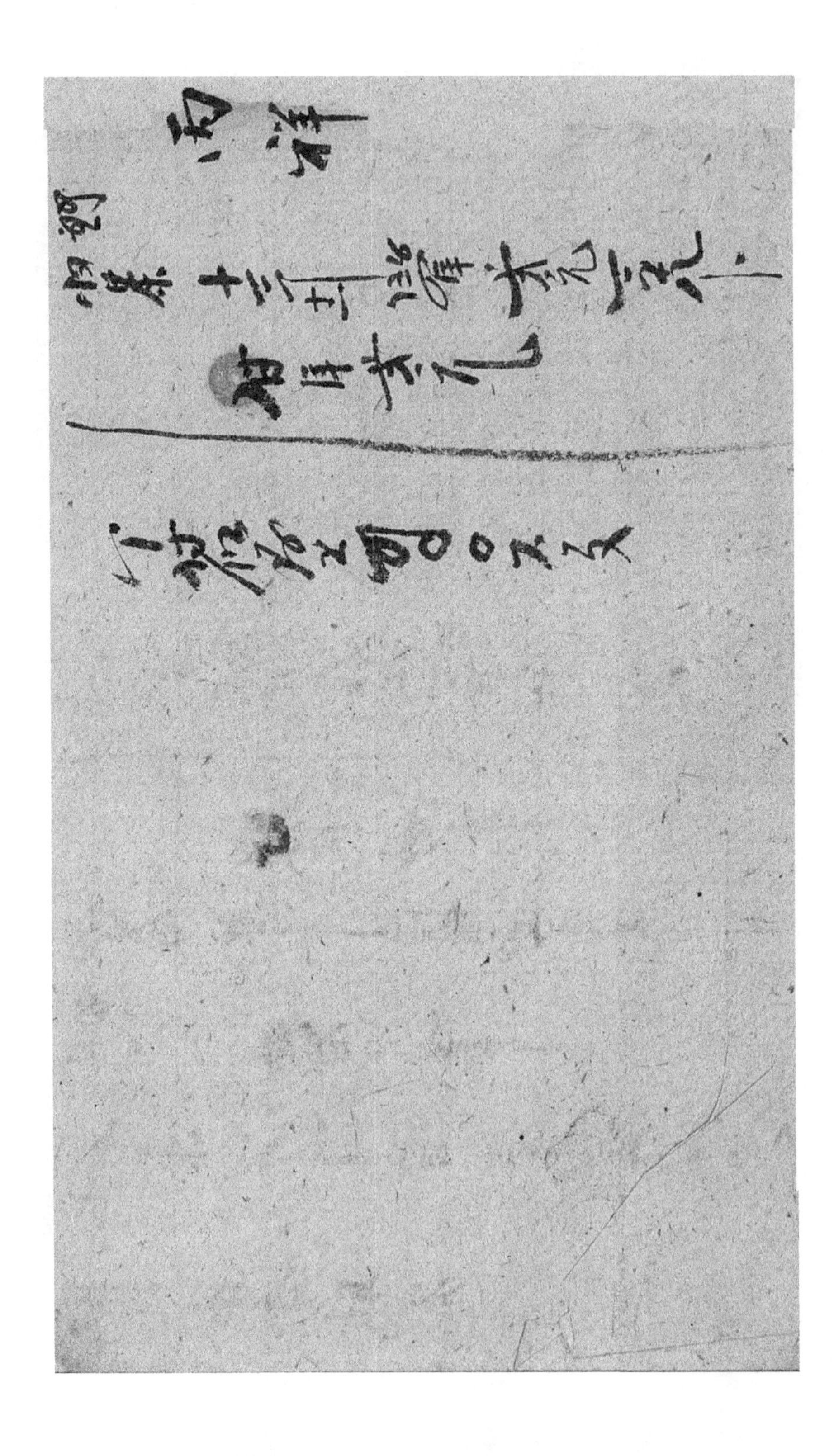

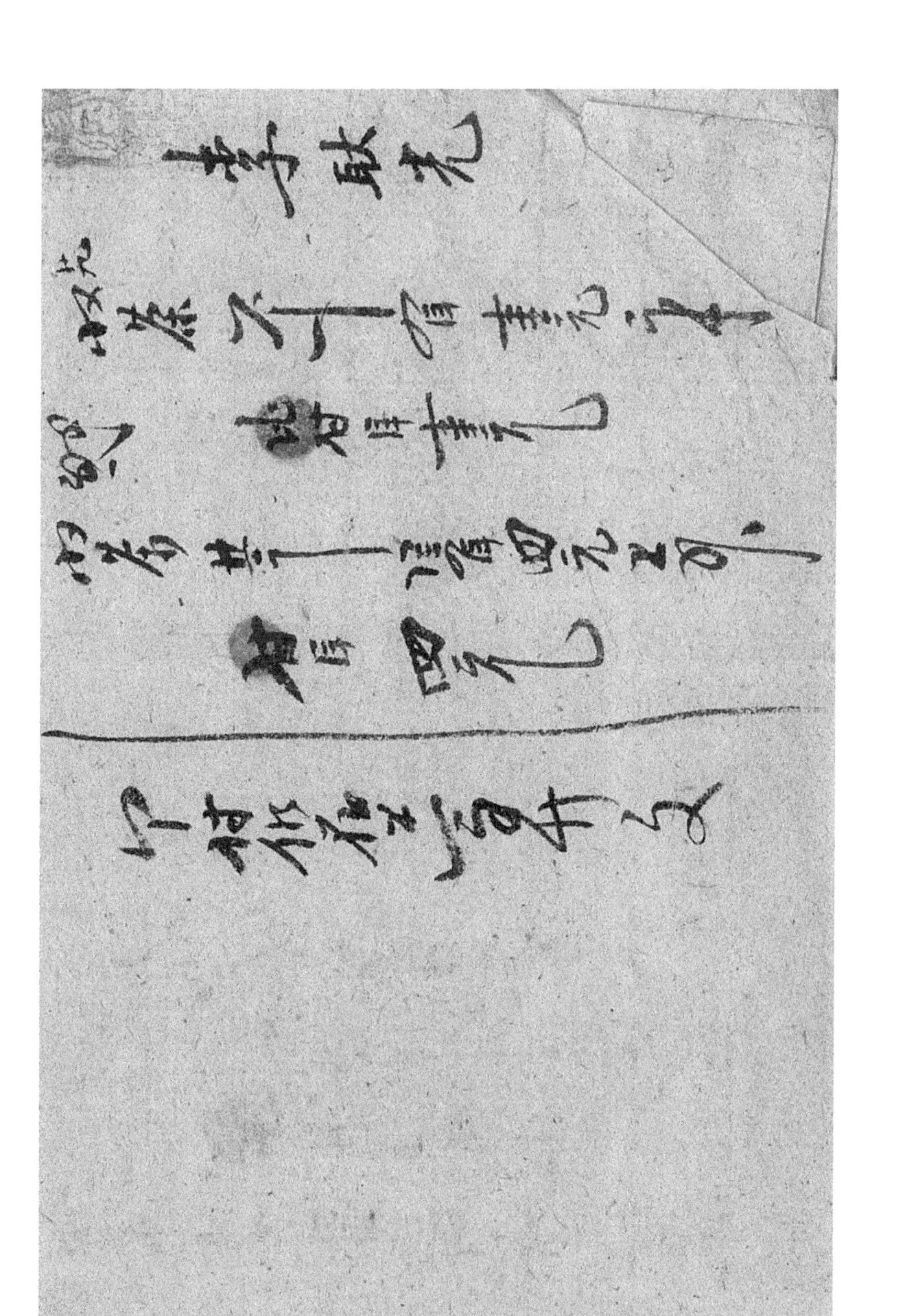

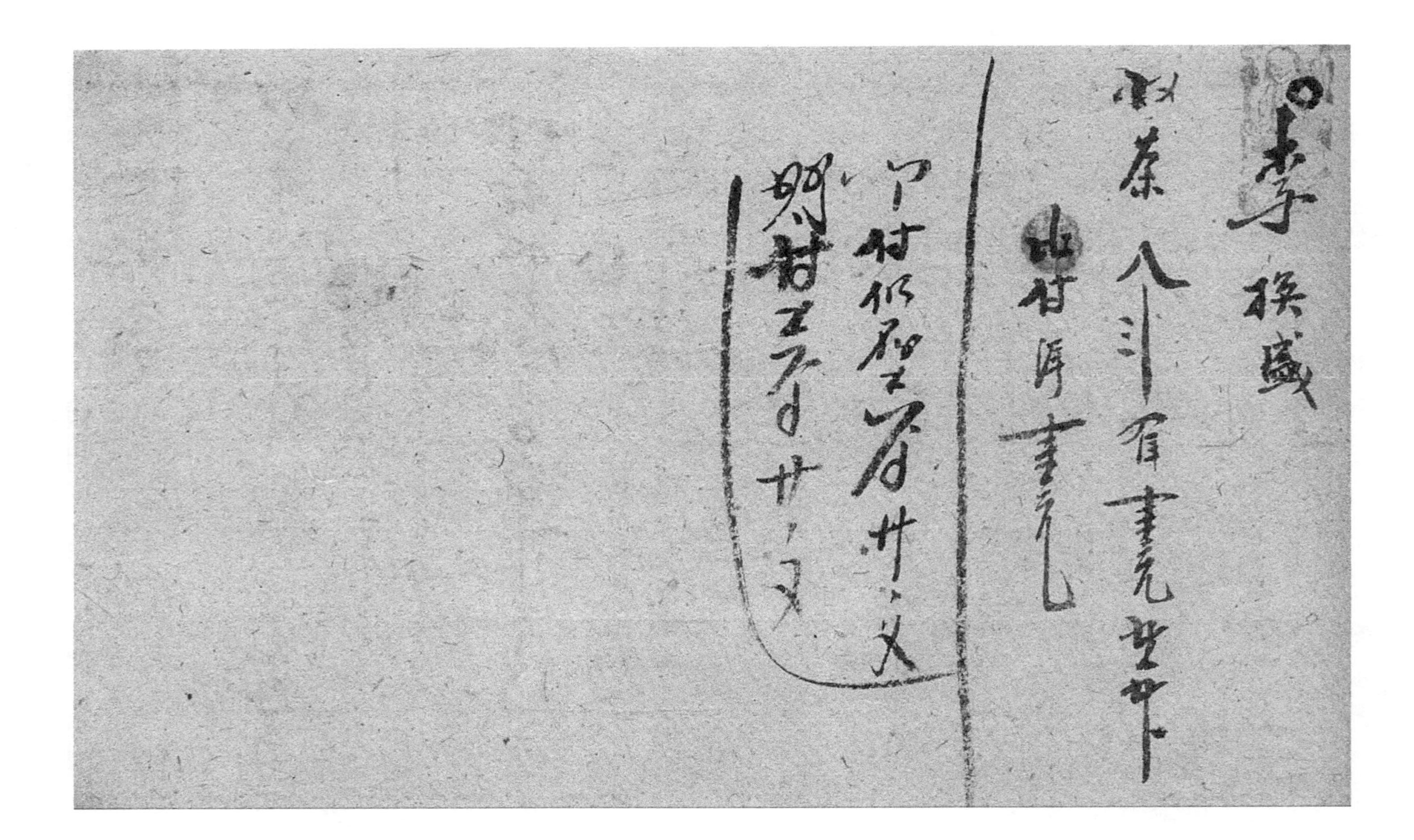

李 祴盛

收茶 八三斤

付洋

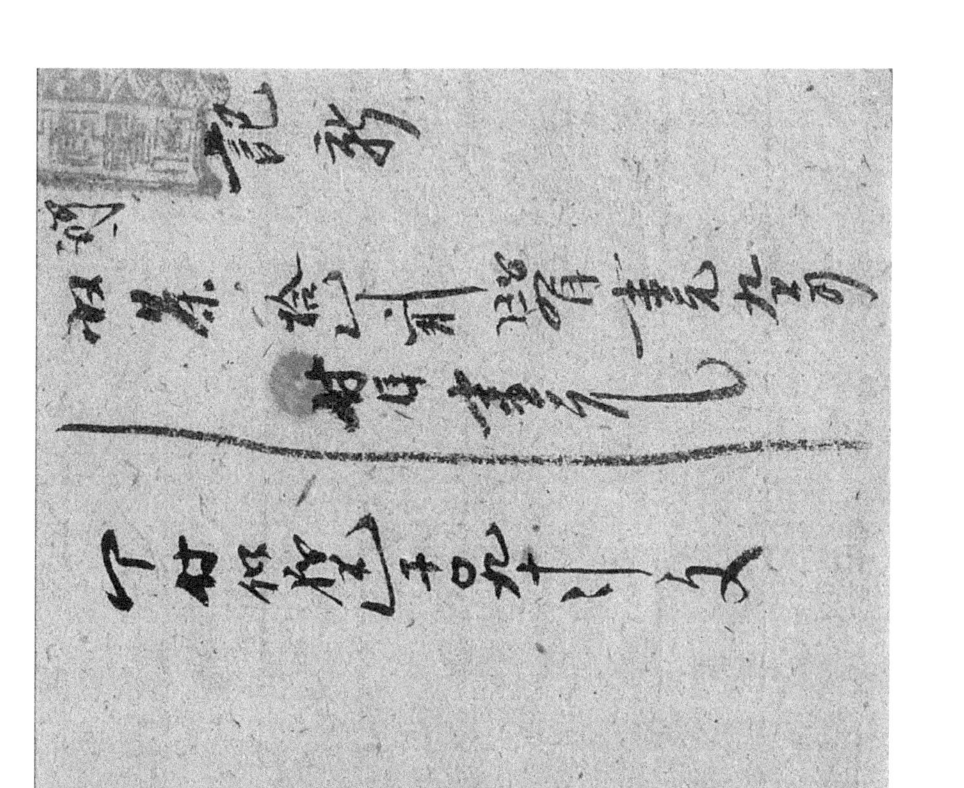

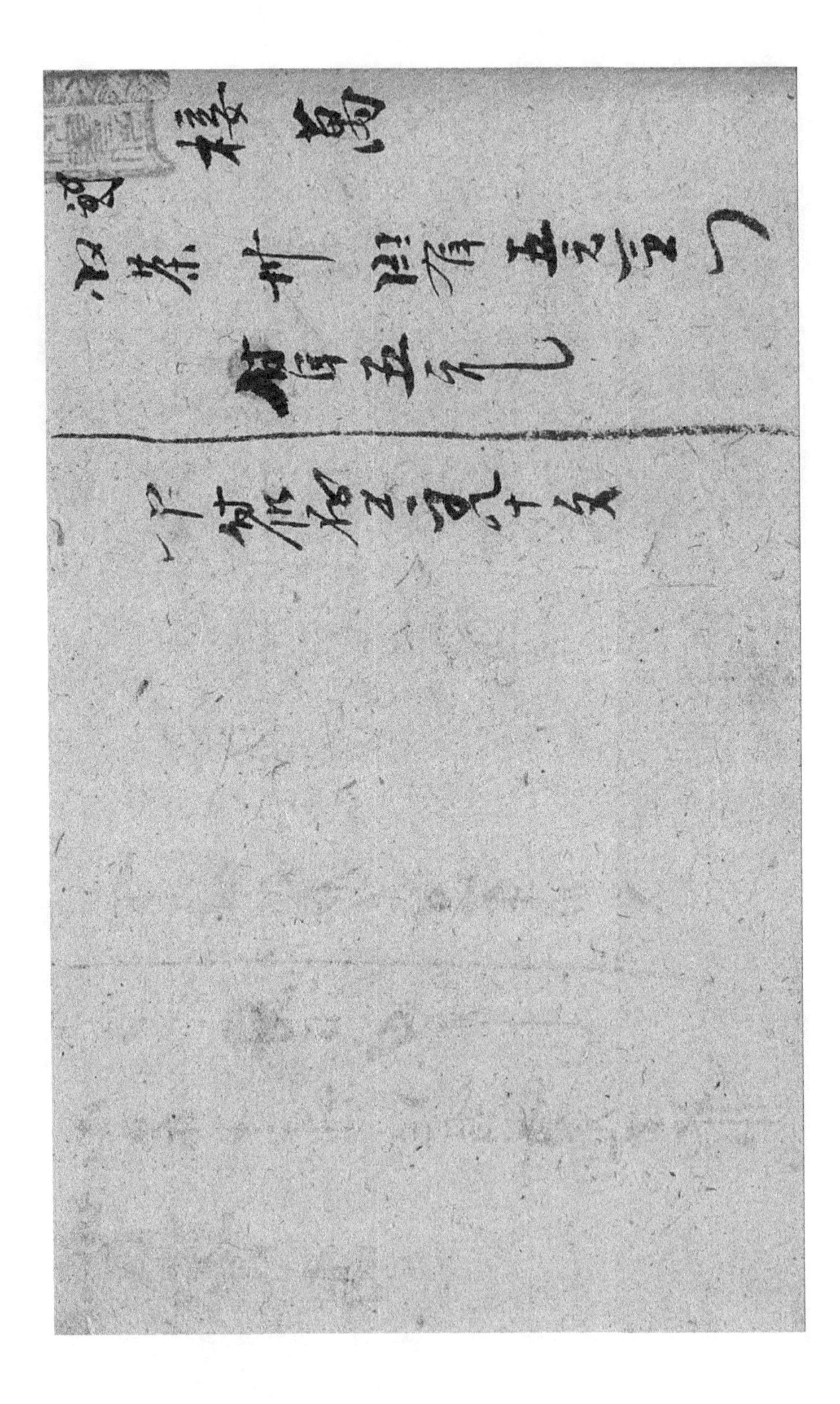

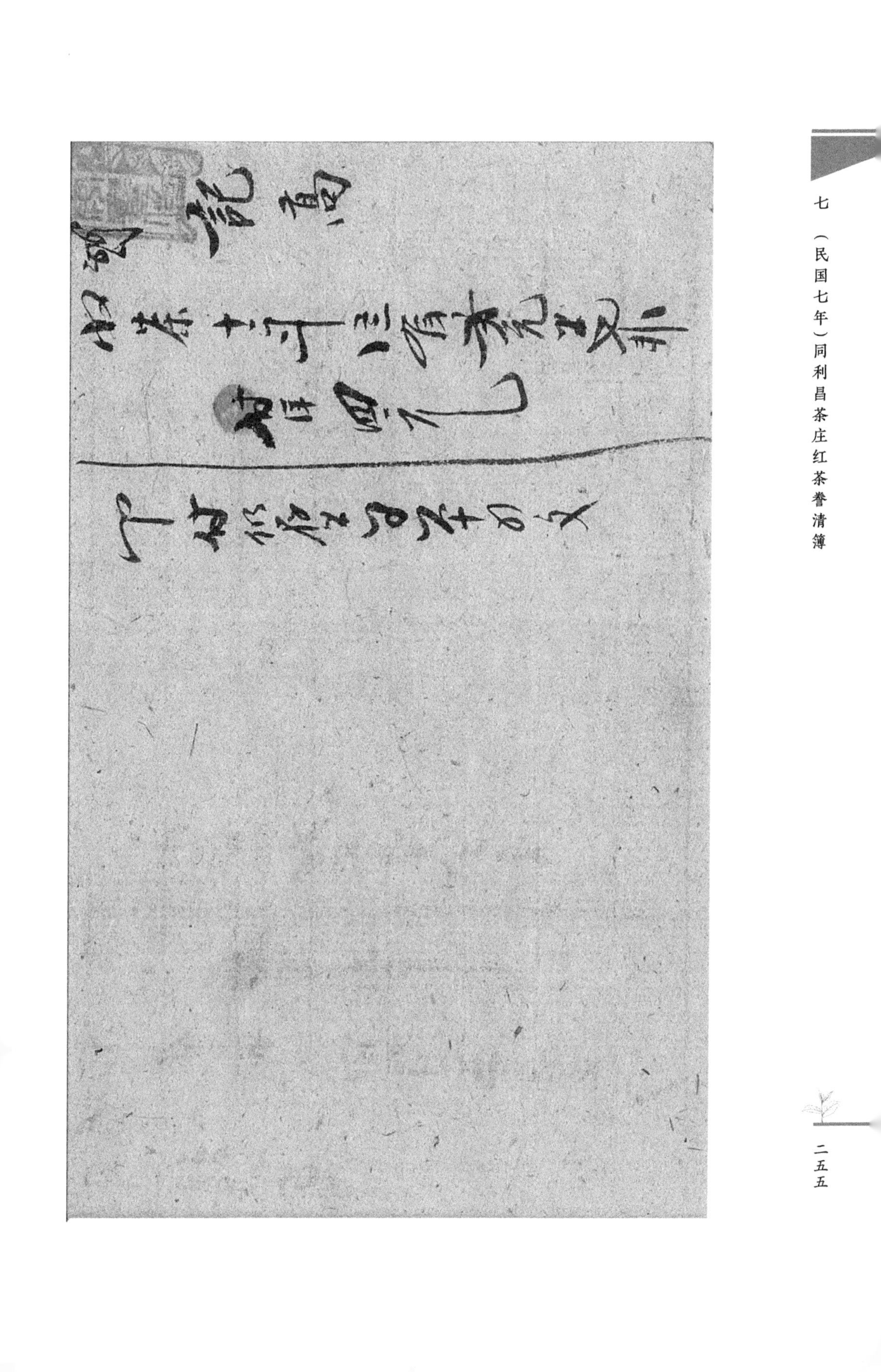

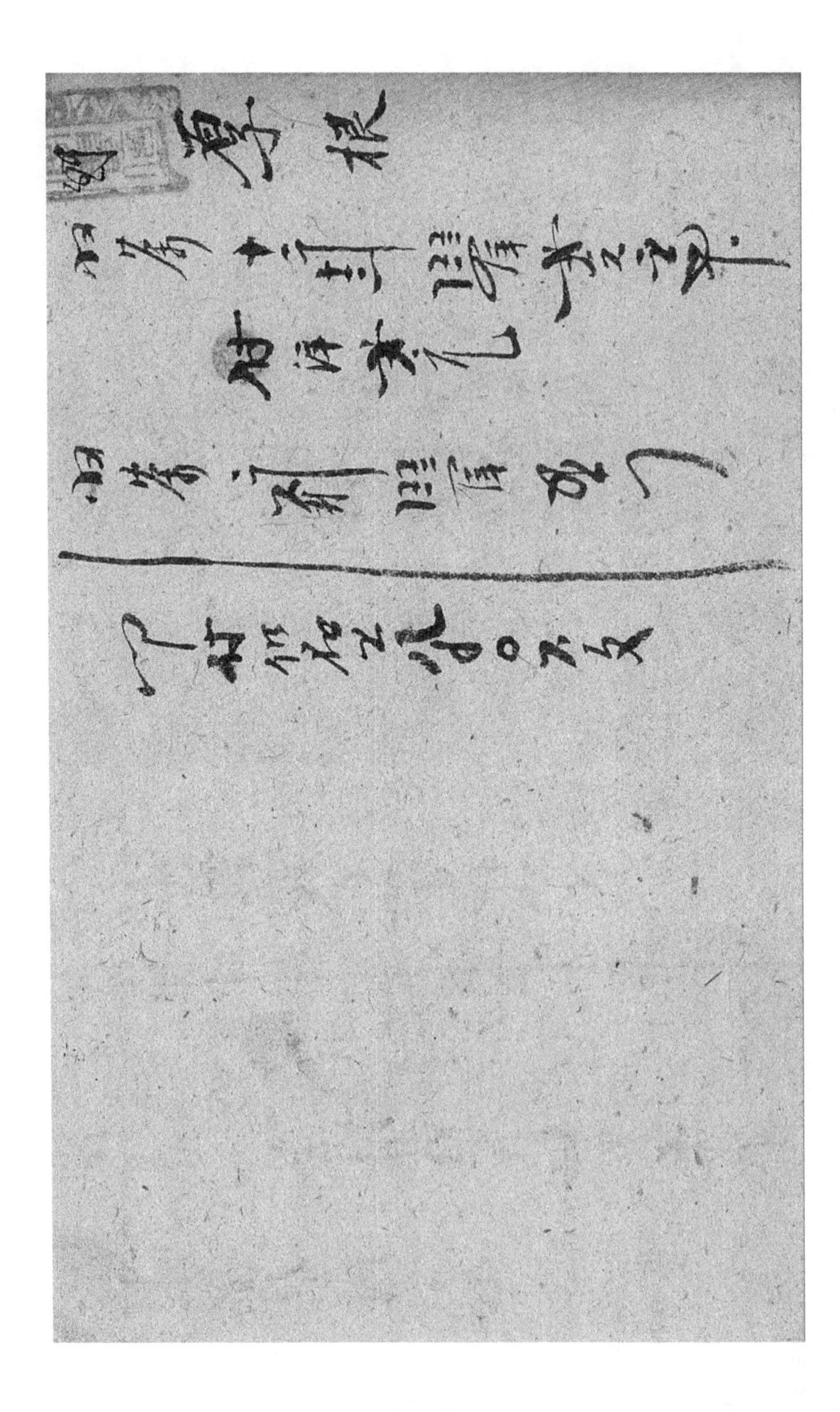

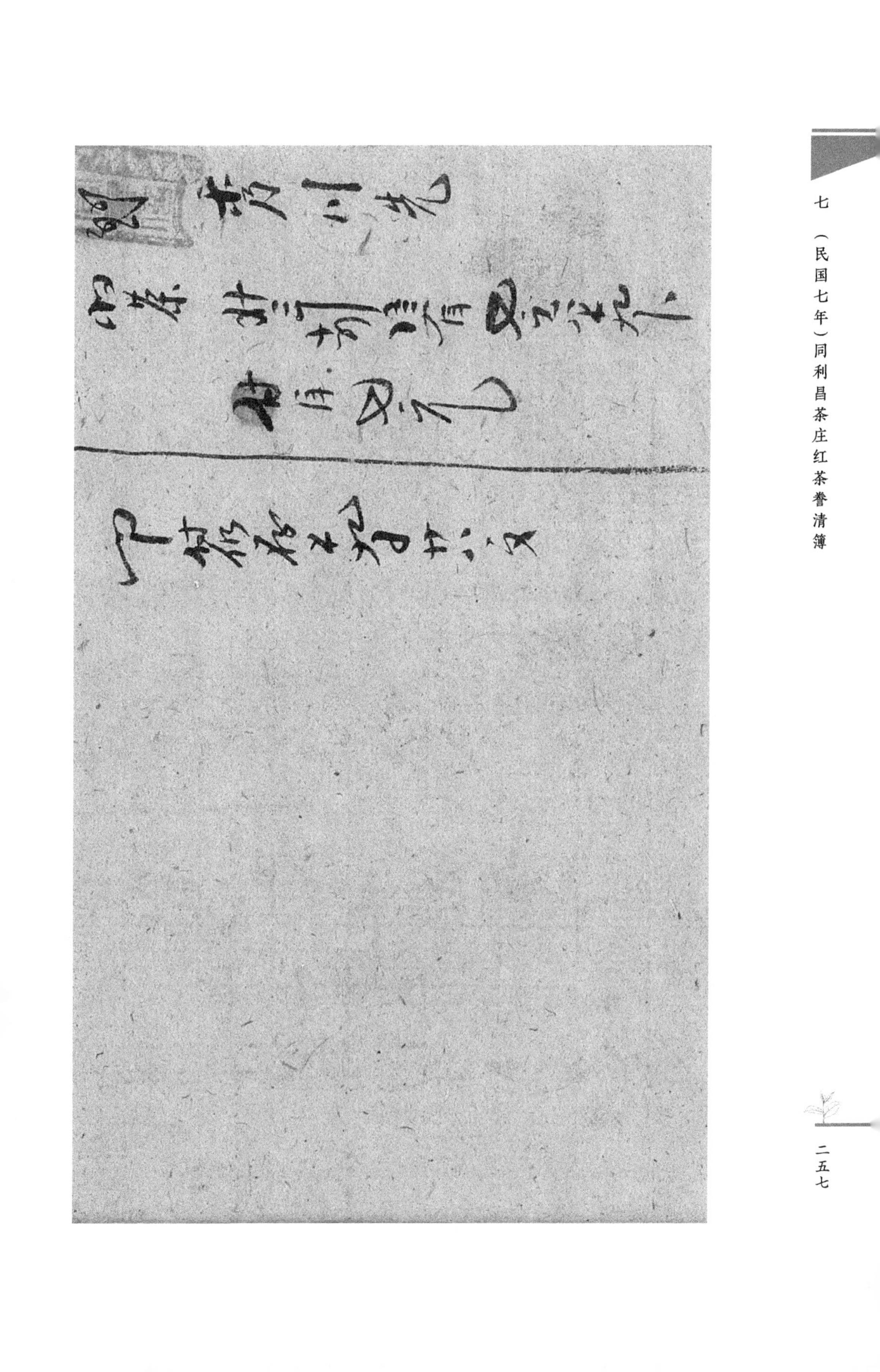

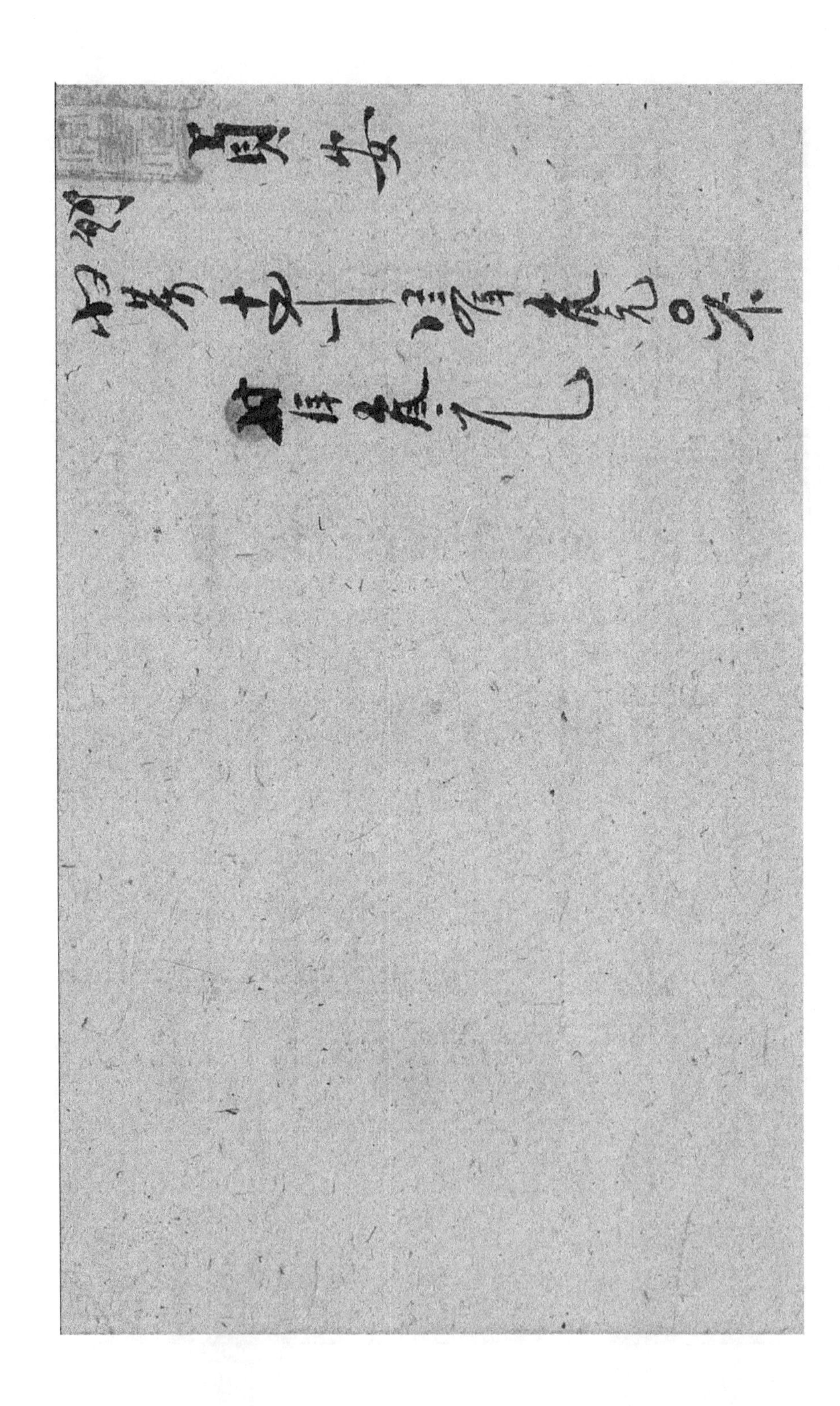

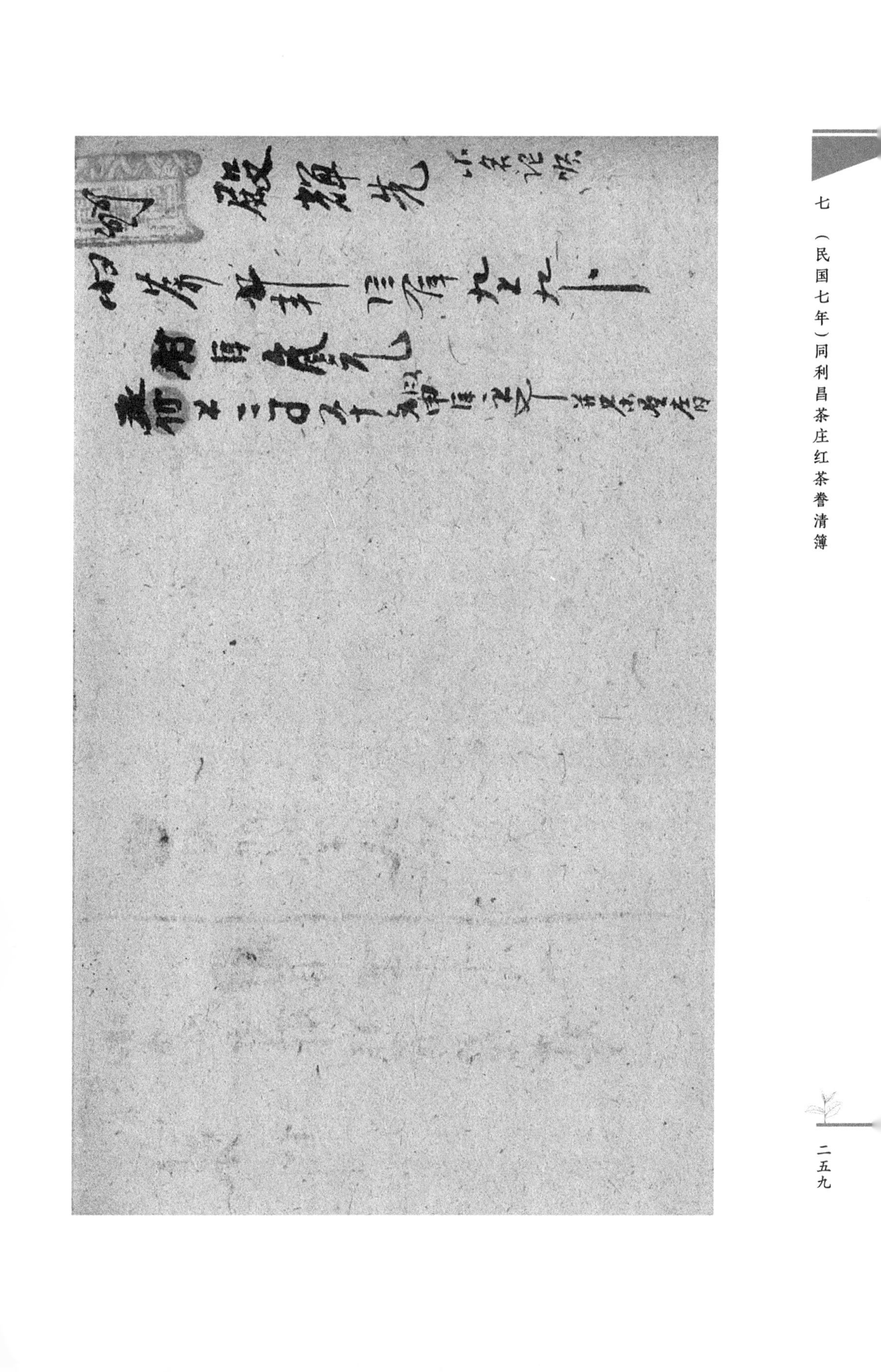

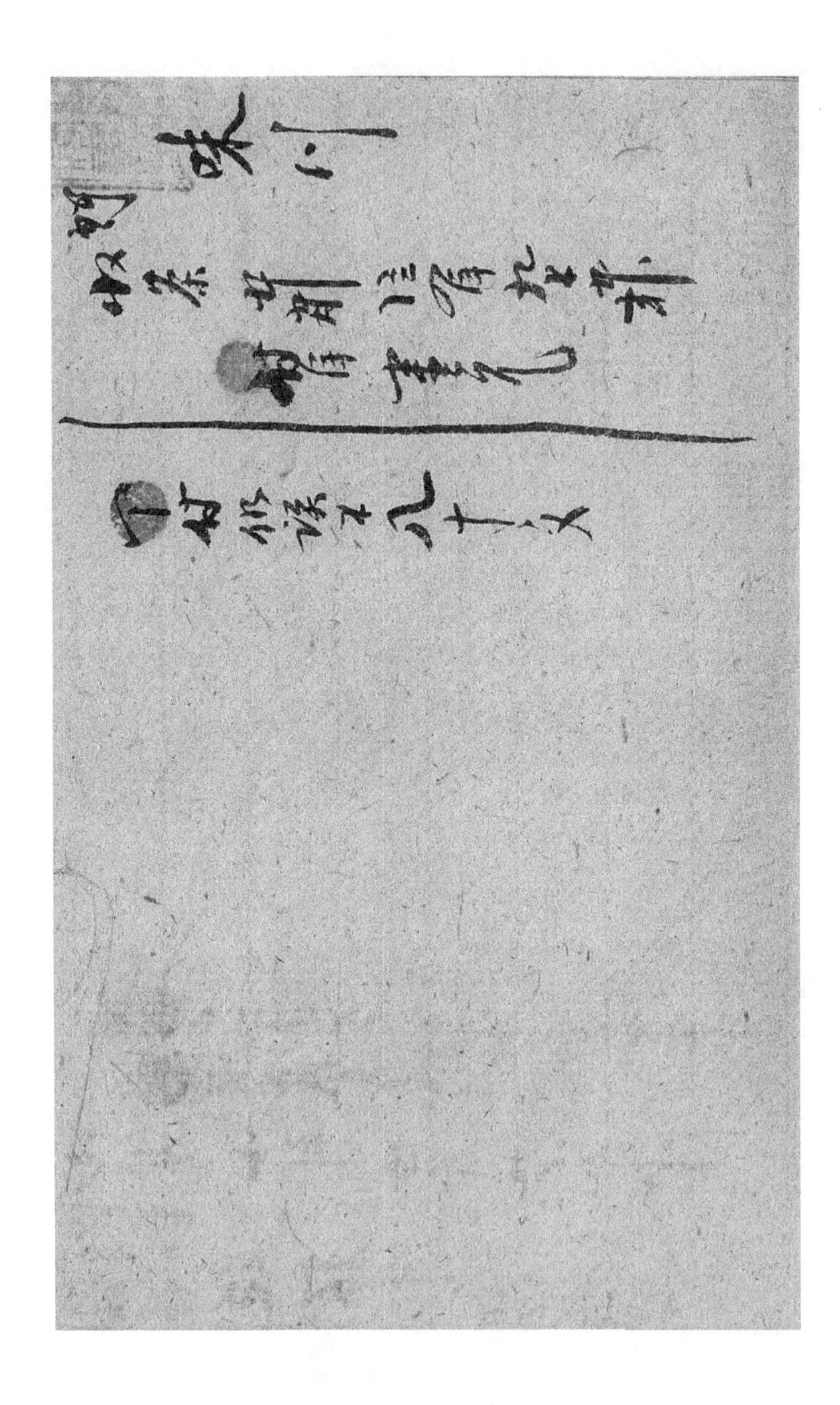

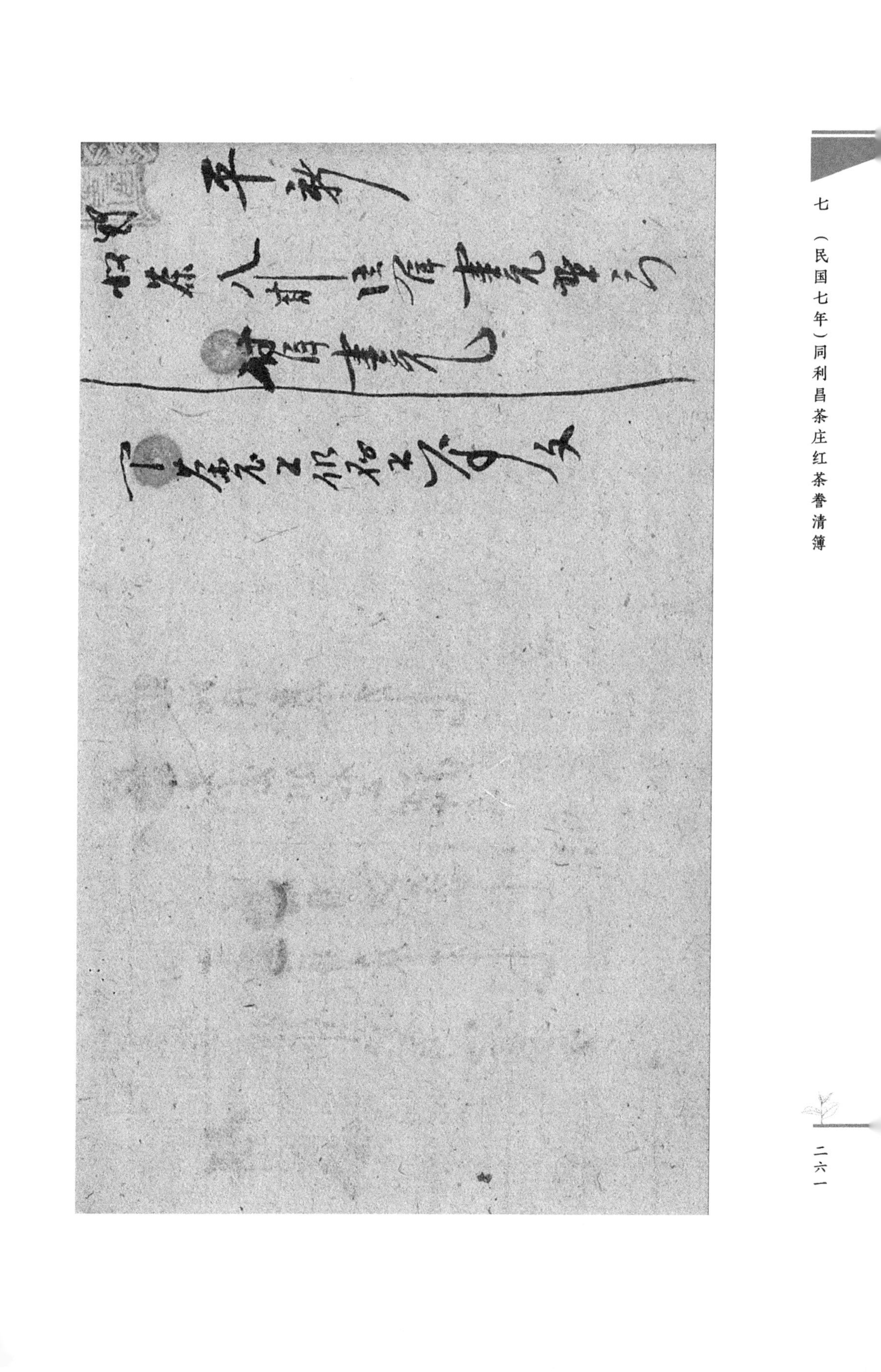

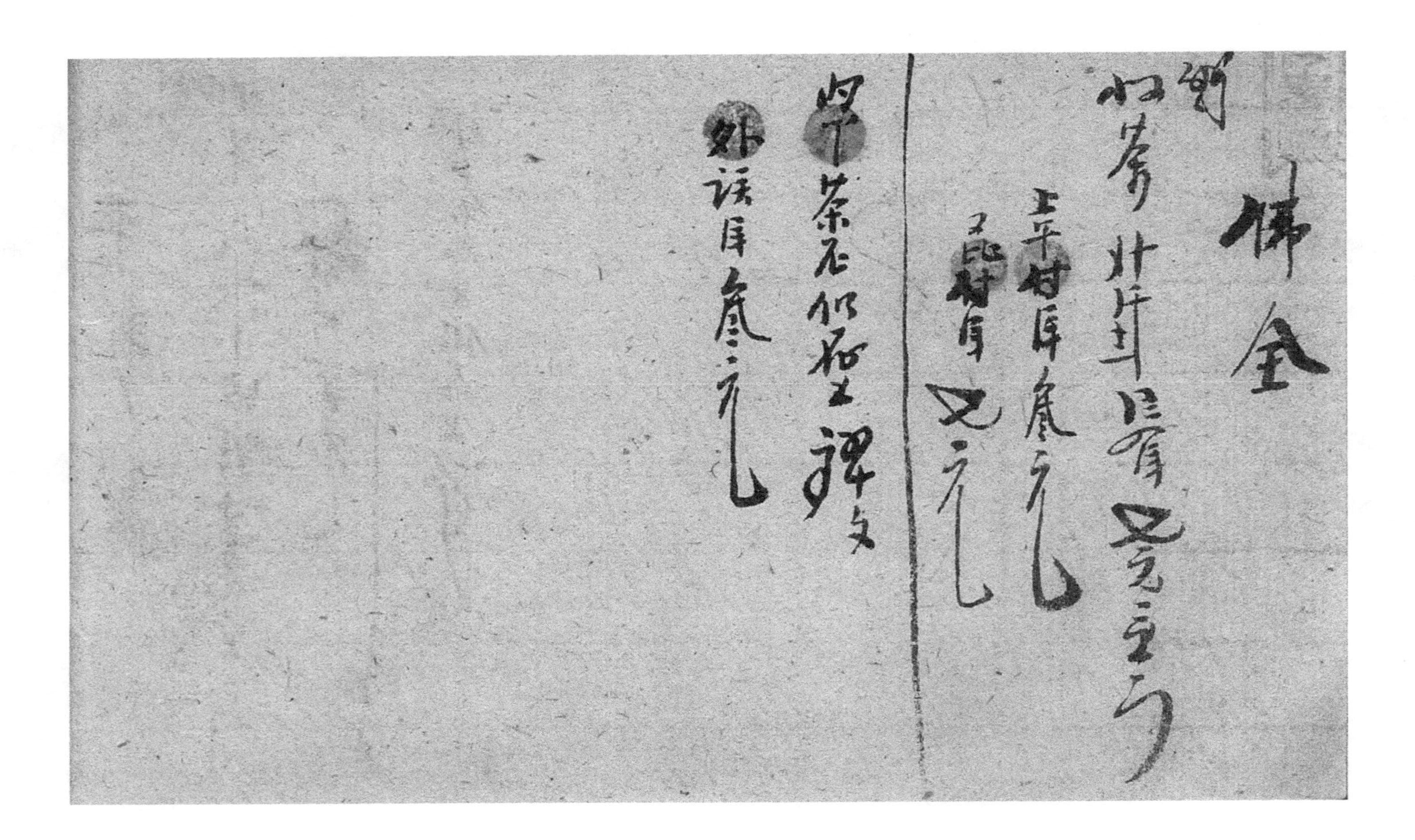

佛金

收茶廿斤[illegible]

上午付洋[illegible]元

又付洋[illegible]元

中午茶花價[illegible]錢文

外該洋[illegible]元

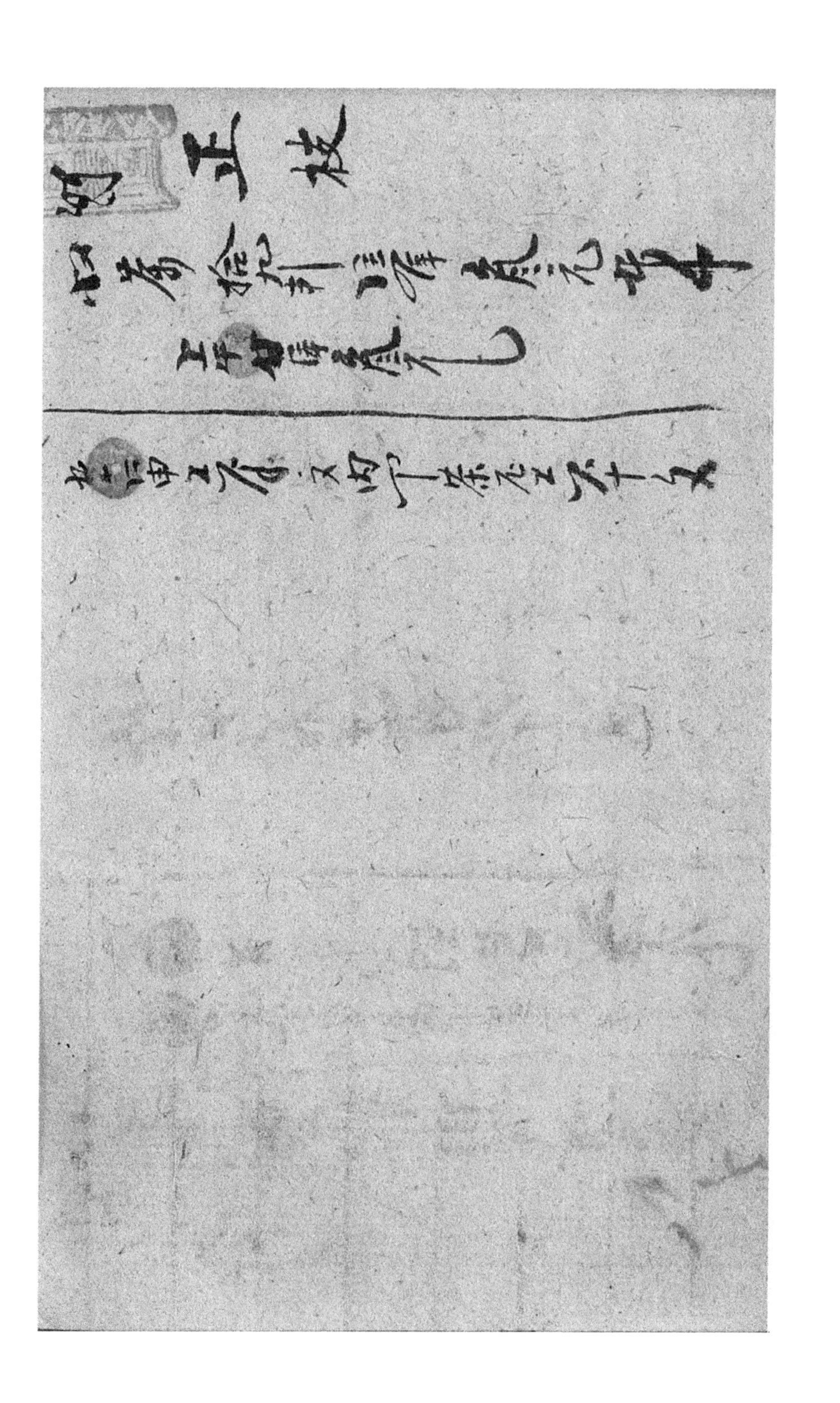

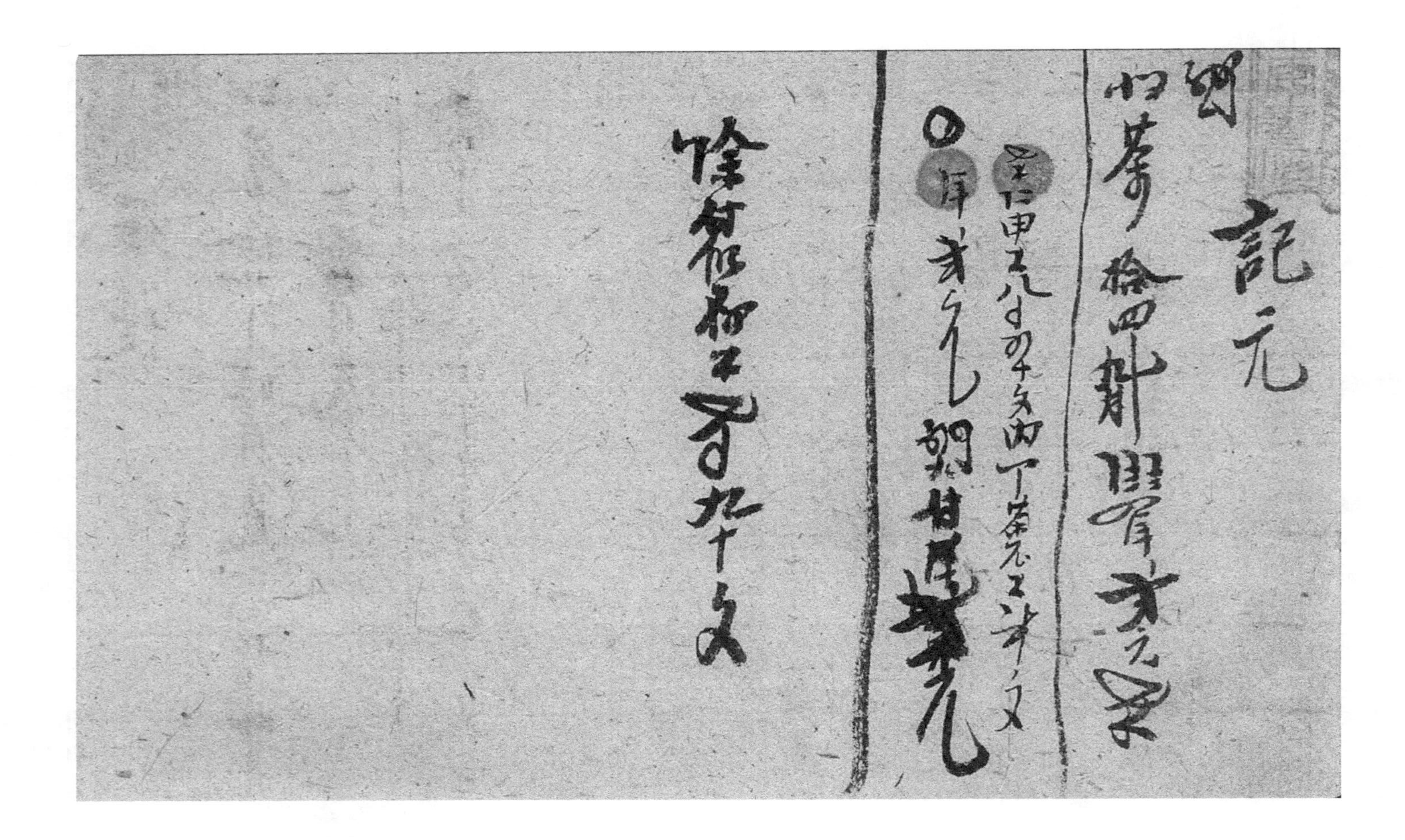

記元

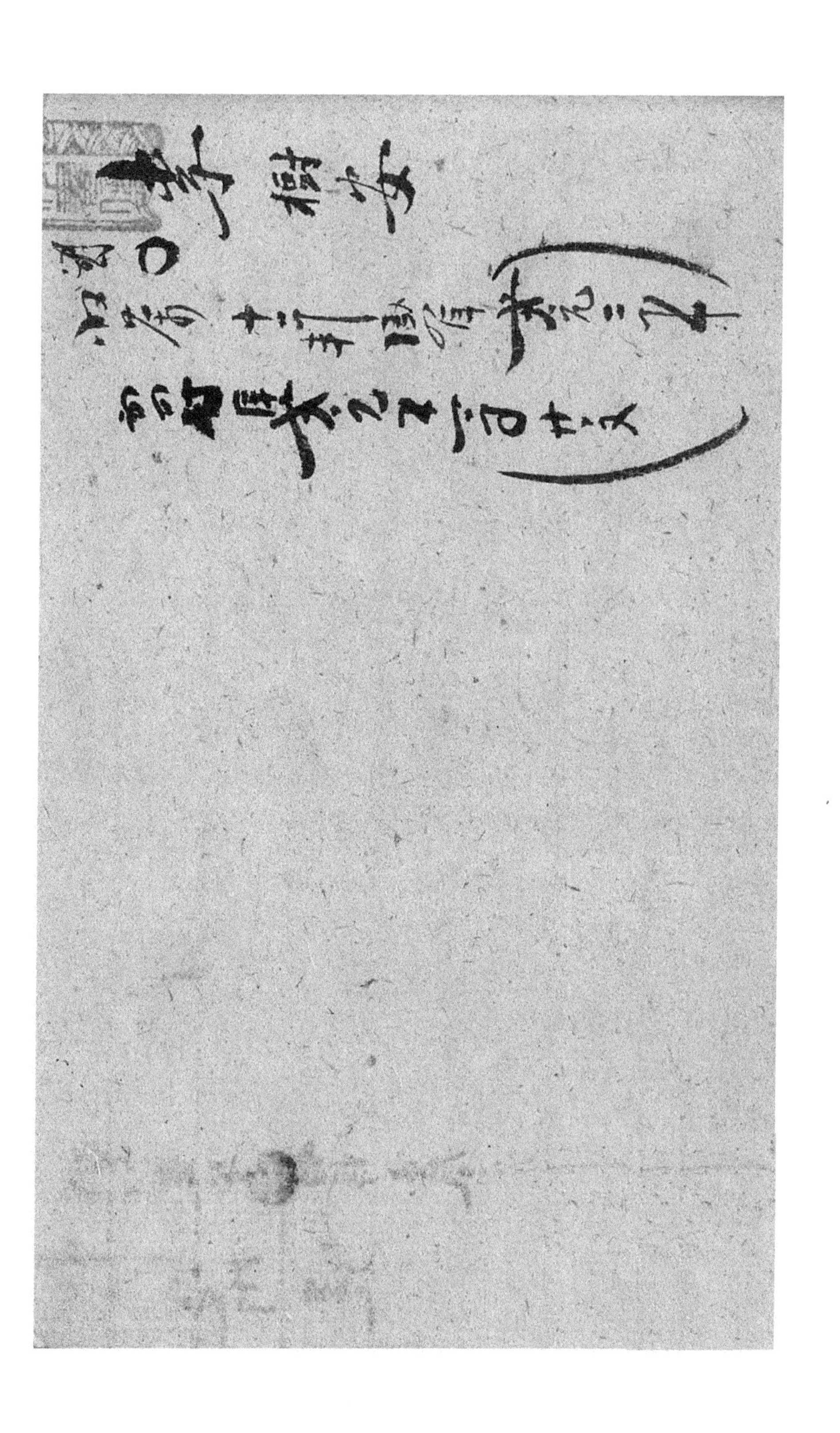

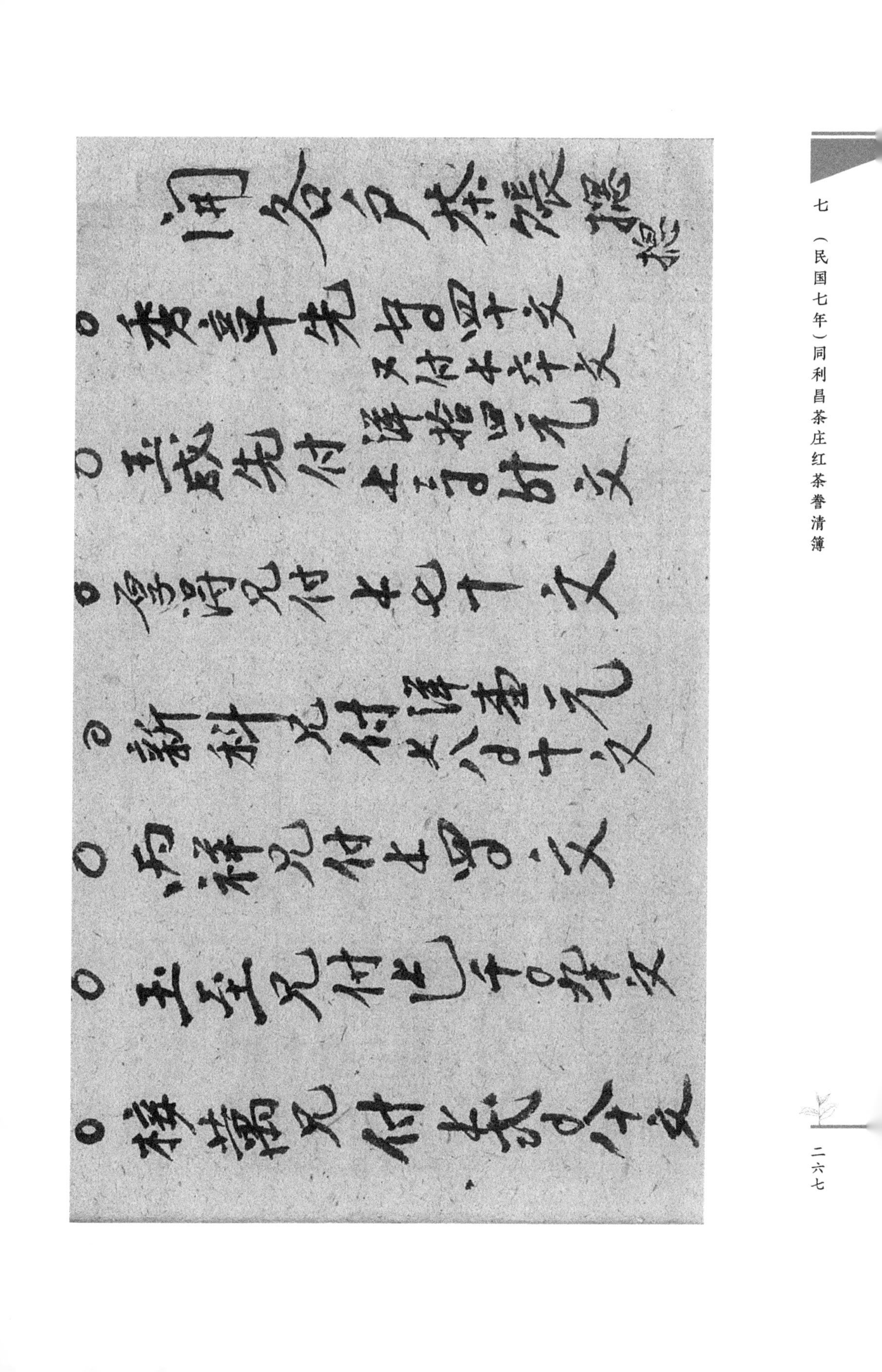

闲各户抹帐

○秀亭兄 付[illegible]文
又付[illegible]文

○玉成兄 付[illegible]文

○启荣兄 付[illegible]文

○新材兄 付[illegible]文

○丙祥兄 付[illegible]文

○玉堂兄 付[illegible]文

○樑芳兄 付[illegible]文

○吾子根元付七分二文

○秀川先付七元[illegible]文 付七两[illegible]文

○上月受付六分二文正

○新元 付[illegible]文

○平新付元七六佰二文正

[illegible]元七[illegible]文

除[illegible]付元七[illegible]文

民國九年收支正賬

工号收耀彩工卡七伯文

收仙棠工卡壹仟[illegible]文

支元卡壹仟文　付仙棠

收斉平工卡三[illegible]文

收桂生工卡三[illegible]文

收安乐工卡壹仟文

支元卡弍伯文　付桂九工卡

支元卡叁伯文　付安乐息卡

收舜治工卡壹仟文

支元卡弍伯什文　付桂九工卡

支元卡五伯文　付舜治

收仙安元七二文
收小王荣三千二升文
又收全元七文
收隆其江源高元
初十 七付长衡源高记升 注去
计源清高元布年 以后未付已完
收宁古三十三文
毛收福盛来查升
又全来戒升
又全元七升文
初十 收福同三元二文
收仙安三元三文
收树来王三三文

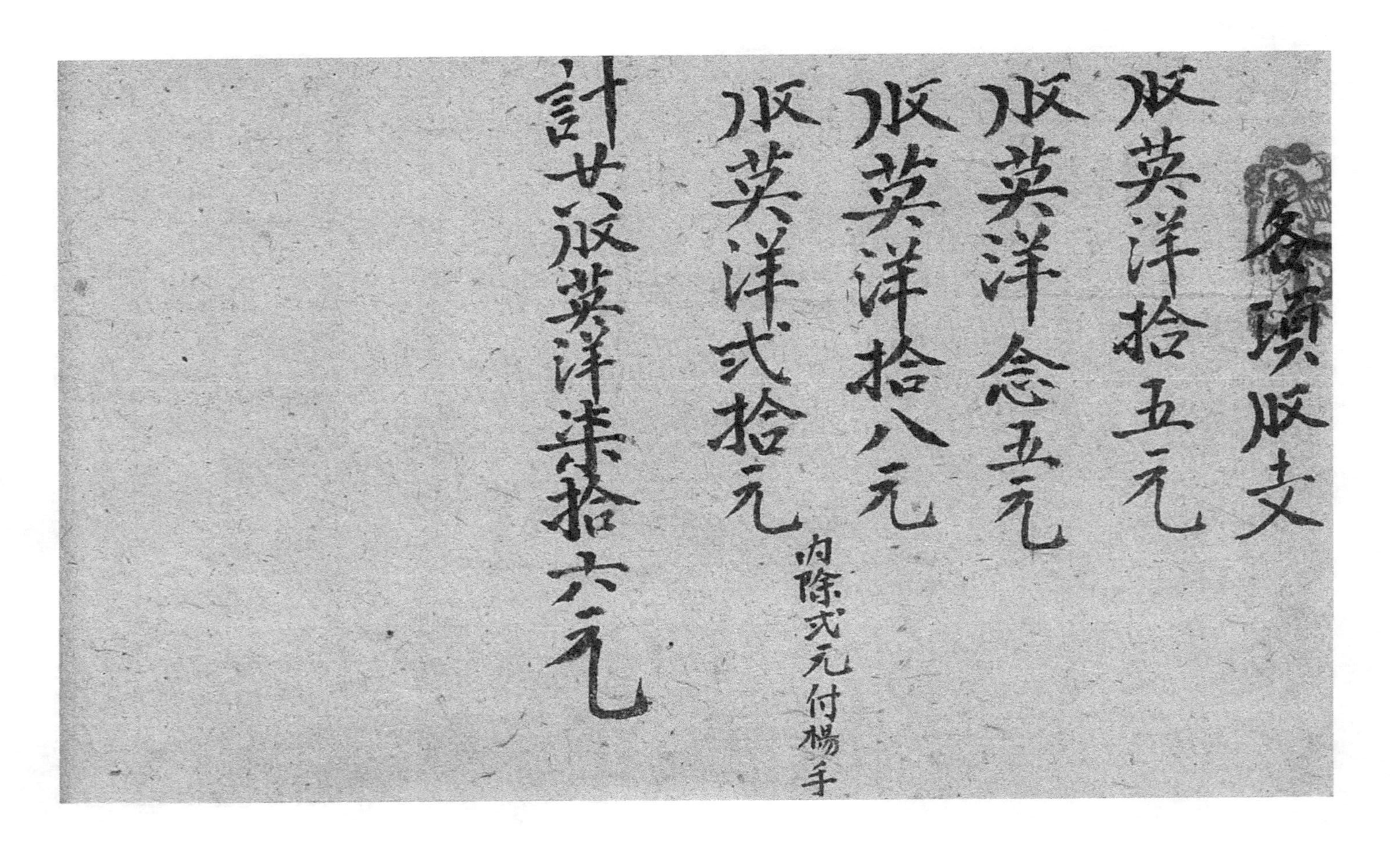

各項收支

收英洋拾五元

收英洋念五元

收英洋拾八元

收英洋弍拾元 内除弍元付楊手

計共收英洋柒拾六元

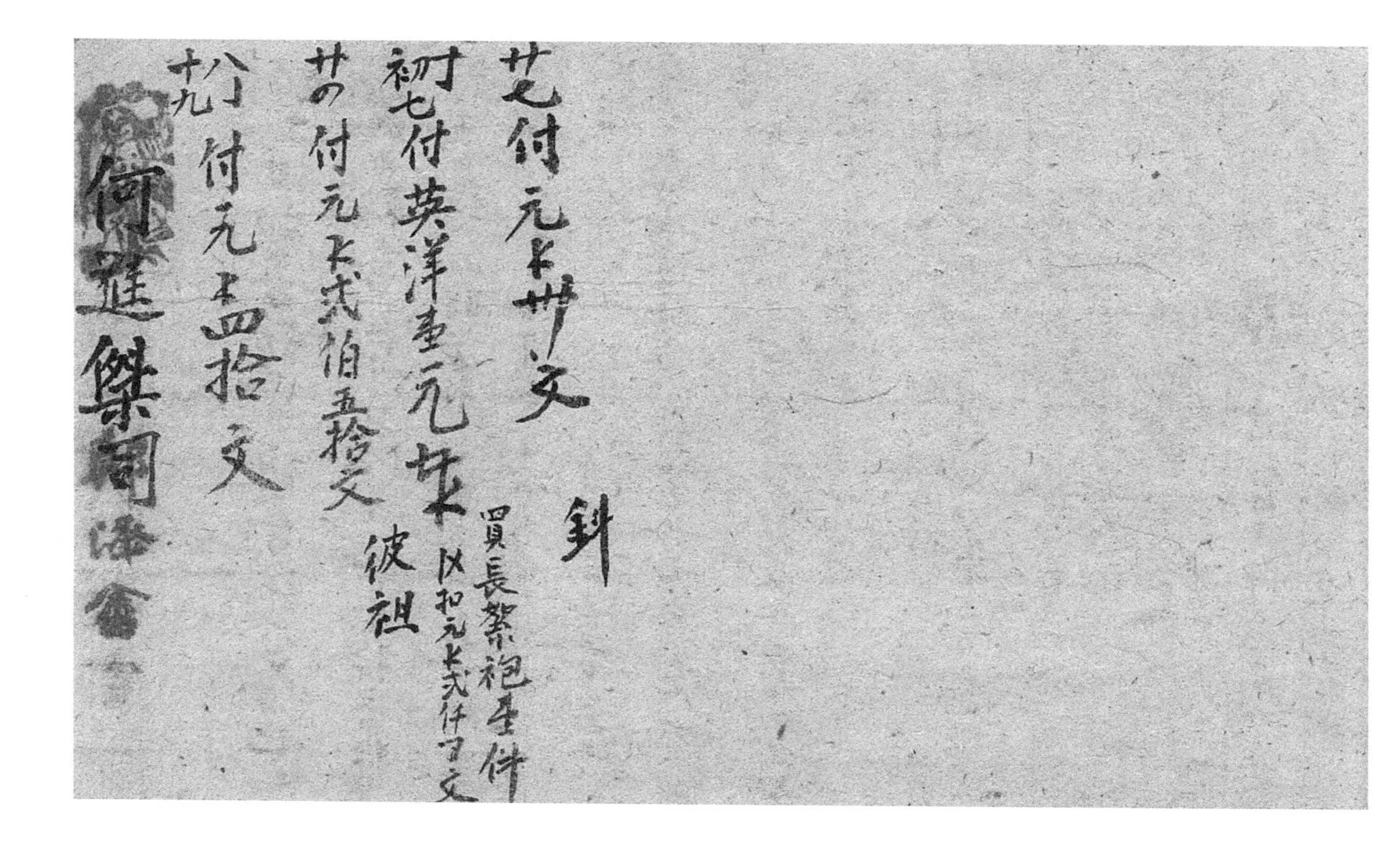

廿七付元[illegible]文

初七付英洋壹元[illegible]

廿四付元[illegible]式佰五拾文

[illegible]付元[illegible]四拾文

鈔

買長祭袍壹件

以扣元[illegible]式仟[illegible]文

彼祖

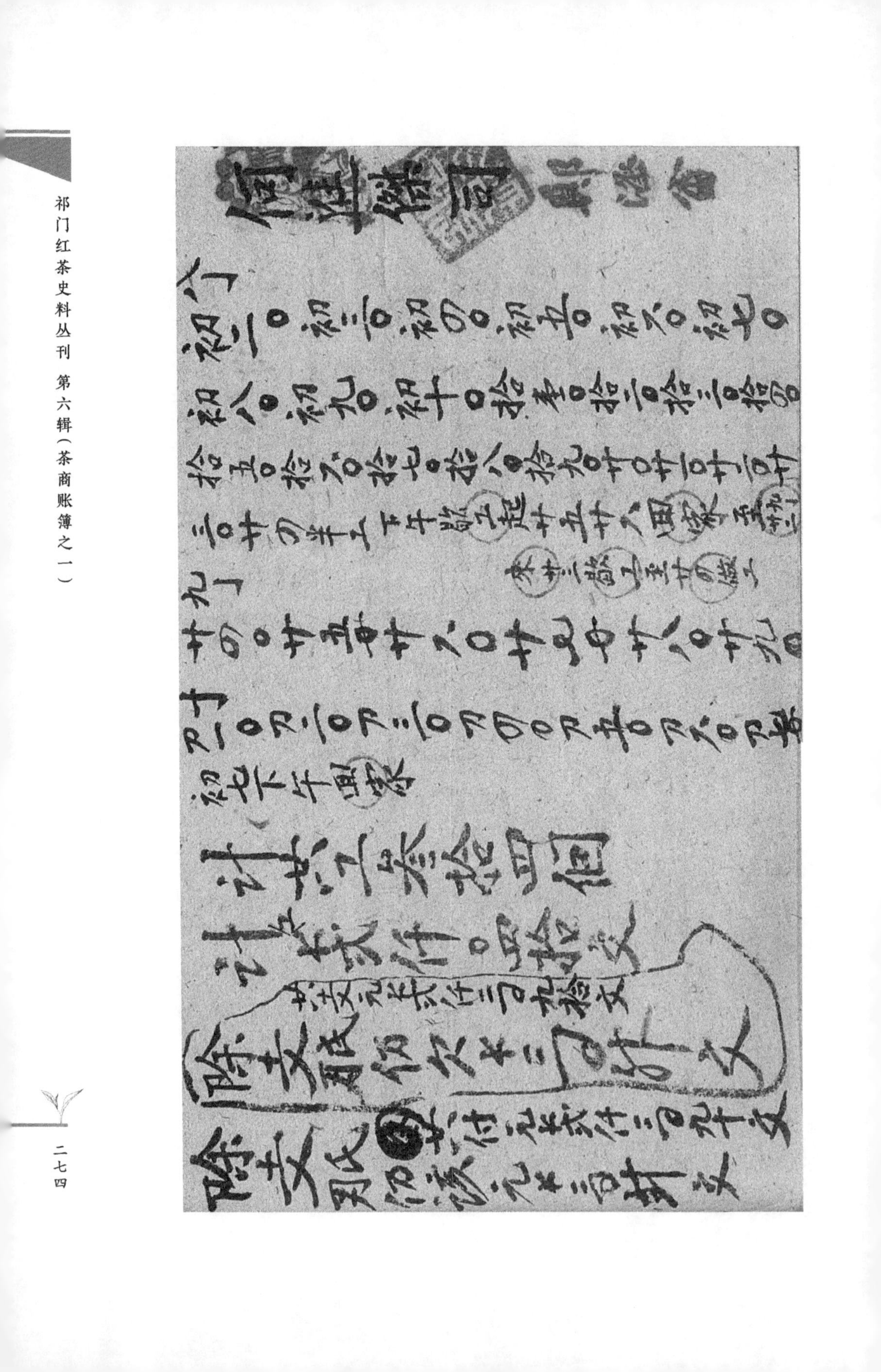

九月

初付茶四担计洋9

付肩力足千文廿文

新新　两　新荷　祥意　隆

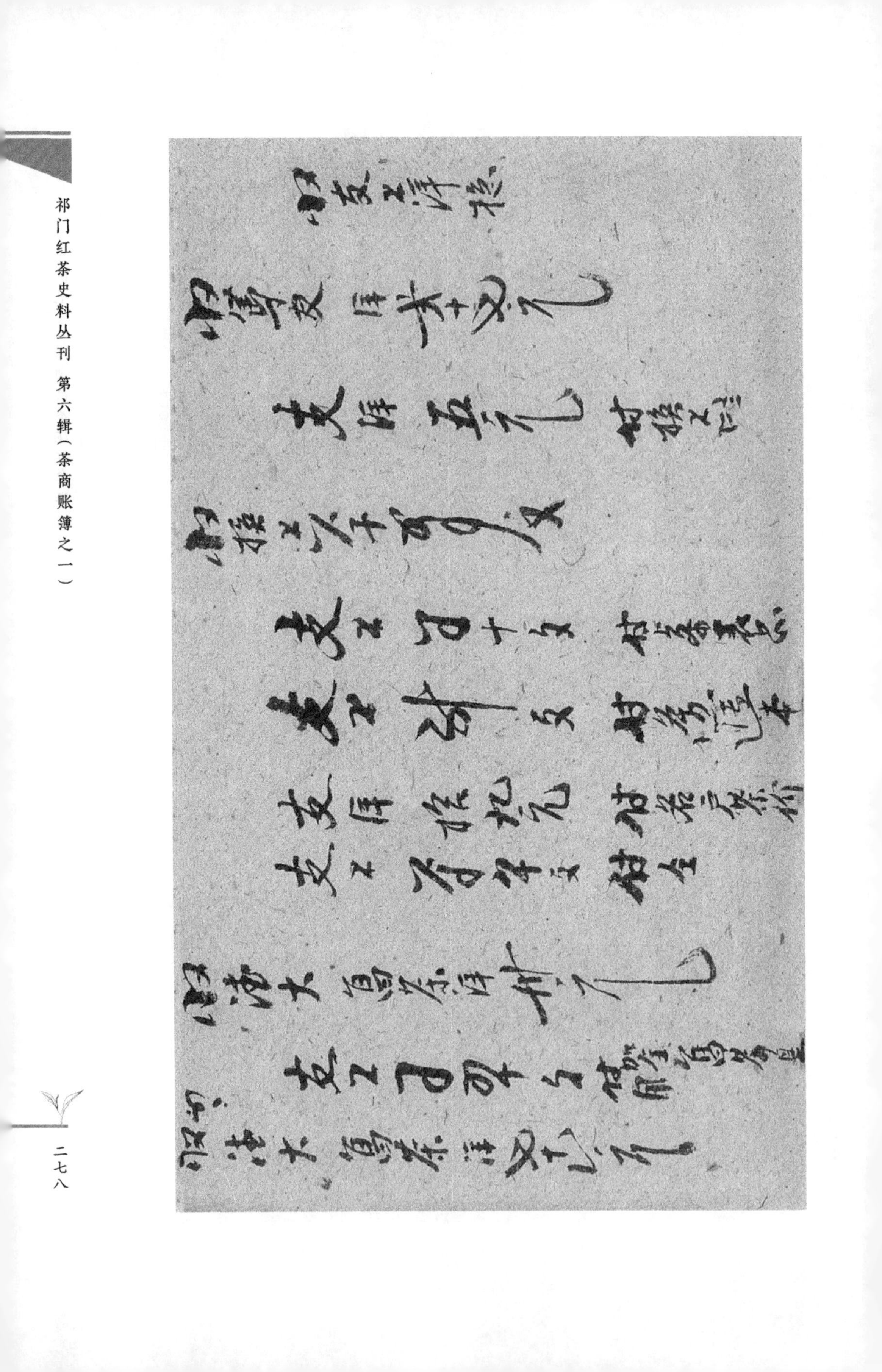

支洋〥元　張子滄廿五

支又〤〨廿五　付吴〻肩力

支又〦〩五　付吴𣲖〻肩力

支又〣〤文　付李𣲖〻肩力

支又〧〤　付茶擔生

支又〢十二　付點心

支洋〡元　付貞安、雨祥到吴〻肩力　〤石

支又〨〩五　付怡安到吴〻肩力　〡石

支洋八十三元　付各户茶价

支又〩〨廿五　付各户茶价

支洋〥元　付張子滄廿五

支洋〤元

支又〦文　付[illegible]　廿九〡石〤[illegible]

支洋〡〣元　付日十肩力　〤石

支又〨廿五　付曲日又肩力　〡石

支洋　〤〤元

支又二〨廿文　付李木安

廿八日腊月　支英洋四元。
付挪局过旋
收鎏柱叉顺
初八　支英洋四元　戈来元上司七文
付禄局兑上桃
廿六　付税茶捐壹两〇六分〇毛八元九三〇
上北钱五付〇卅式〇三文
又廿　支英洋〇二元
付兑上桃　汇〇洋
又　支英洋乙〇元　付里门罗根
叔

支元錢四伯八十文 購菱餅

支元錢六伯五十文 付和保

收和保洋七元

又收文彩弍元七六伯五十文

光隆 行

付洋大 茶[illegible] 雇洋卅[illegible]

比归洋 卅元

洞

付洋大 茶[illegible] 雇洋卅元正

比归洋四十七元

付洋大 茶挑力 该雇洋廿[illegible]

除算支洋廿四元

八 （民国十一年）奇峰郑氏茶叶账簿

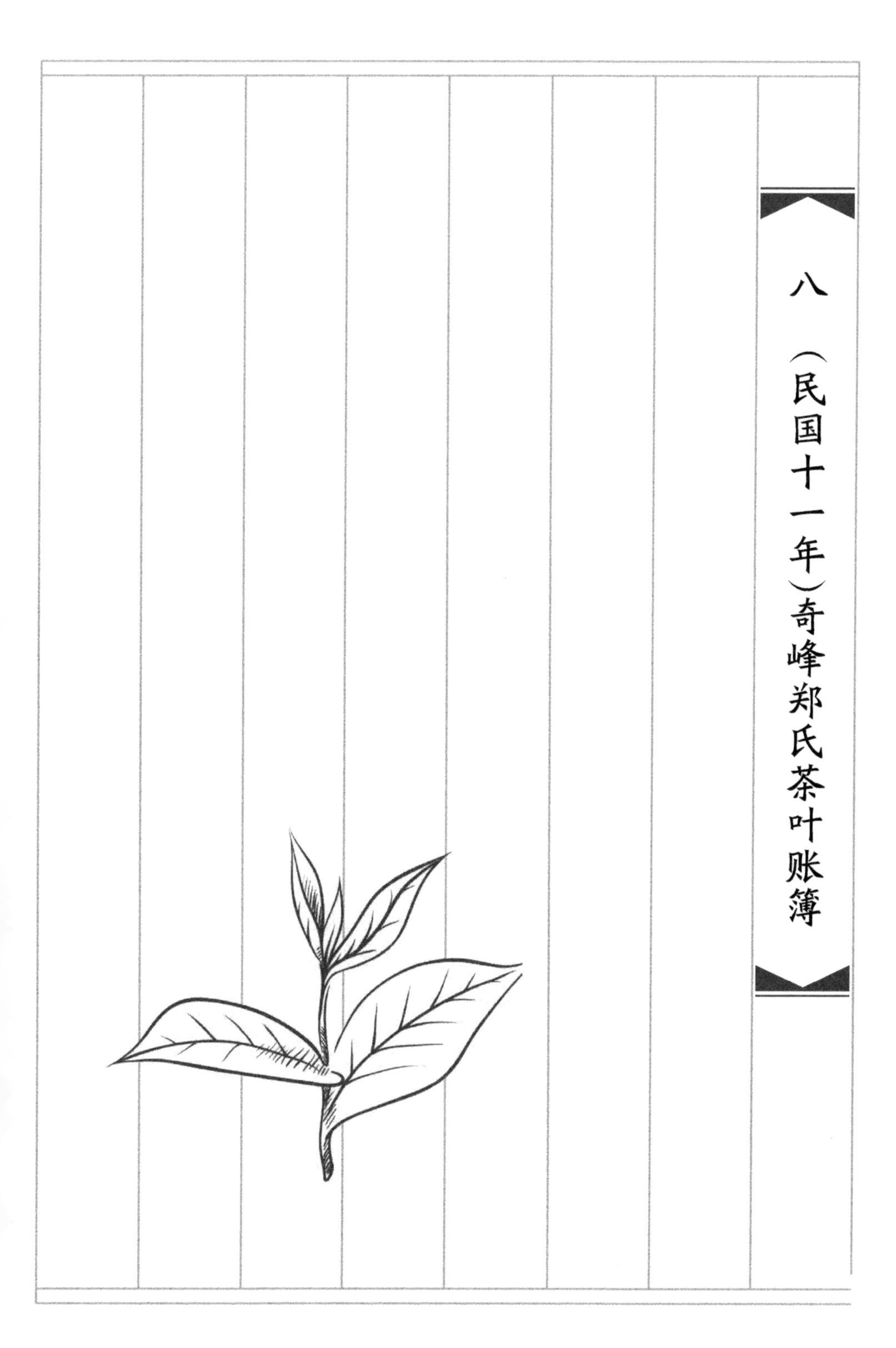

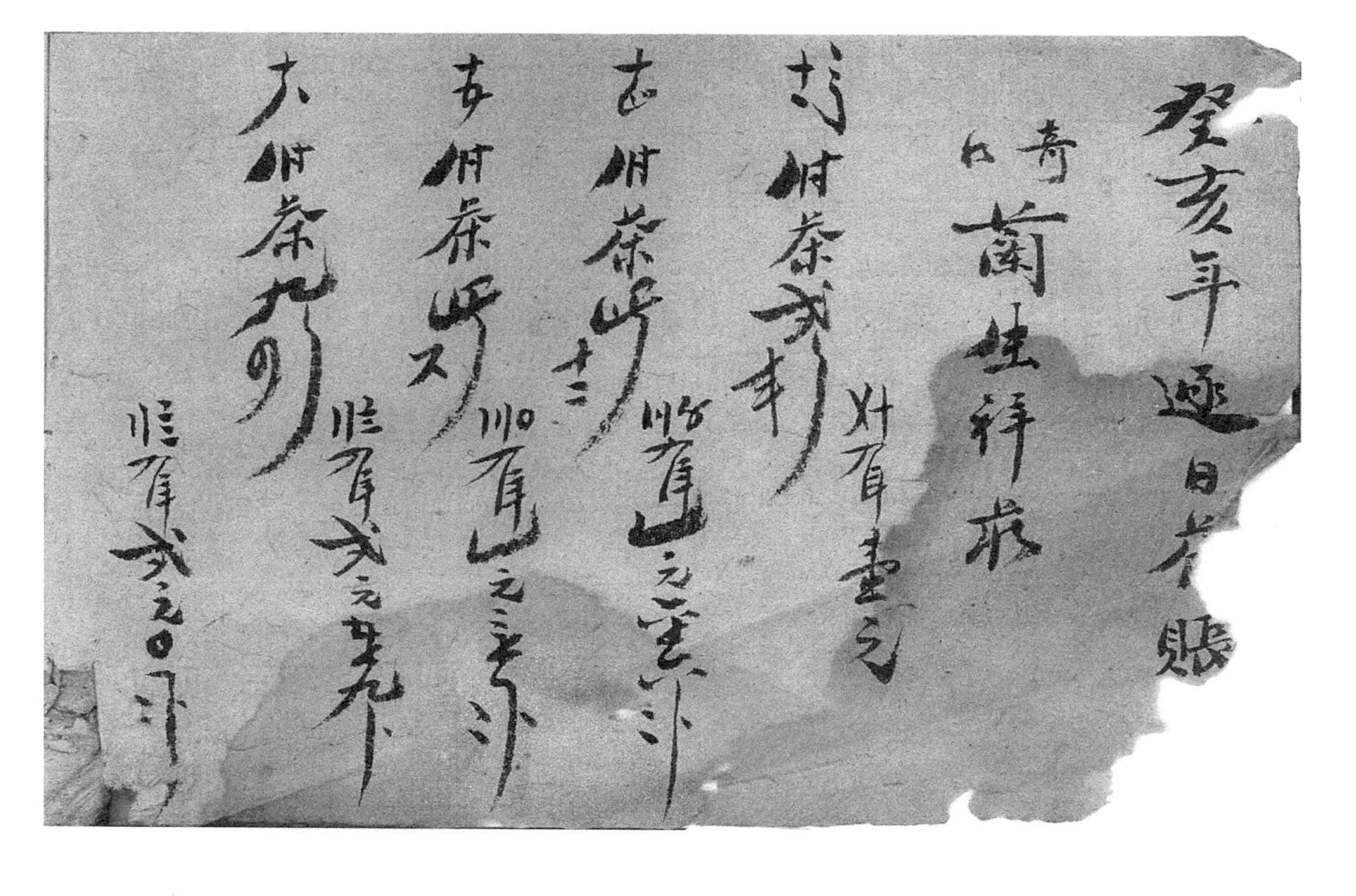

癸亥年逐日存賬

奇口 蘭生祥號

付洋壹元

初一付茶貳秤

初二付茶四秤

初五付茶四秤

初六付茶九秤

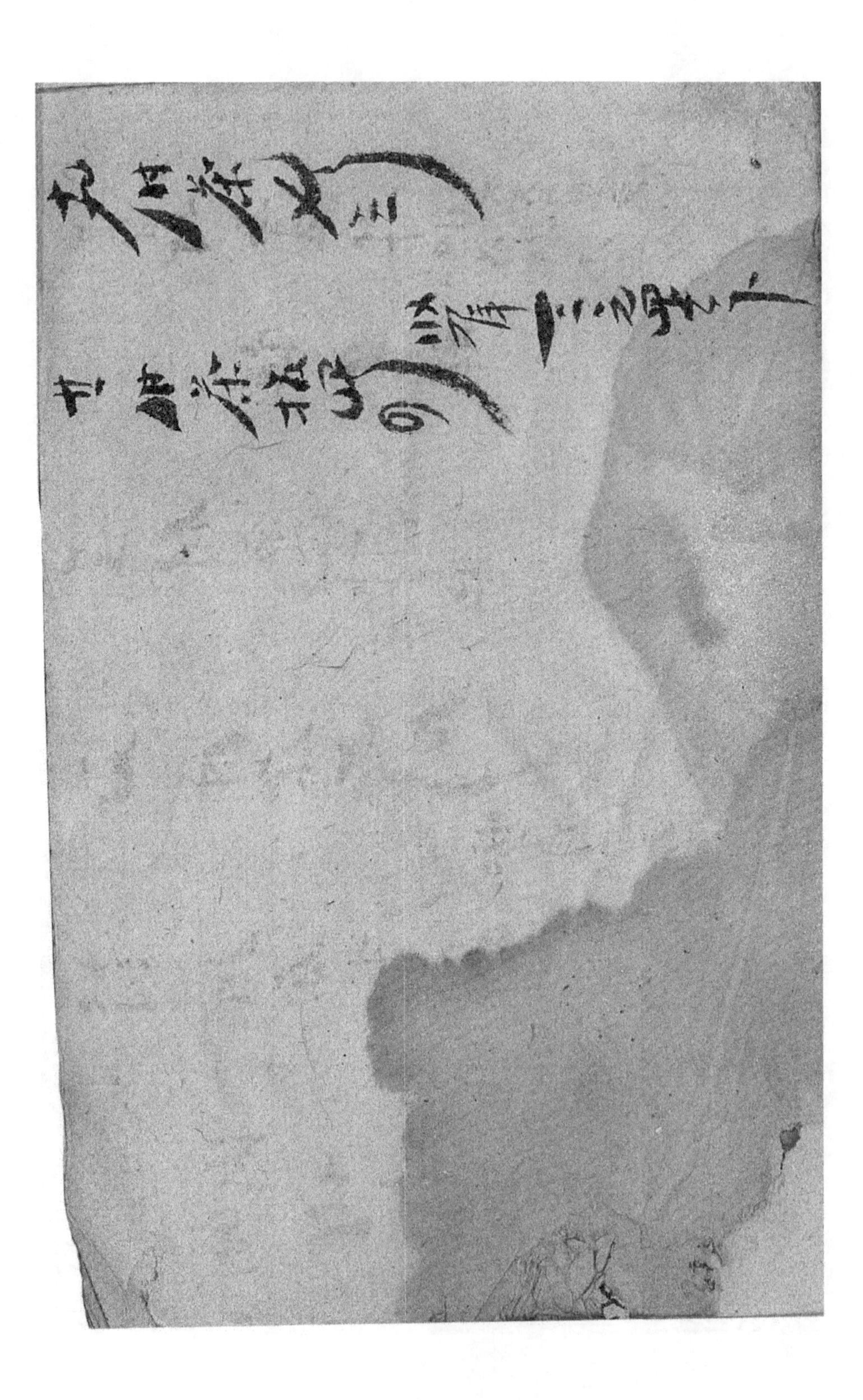

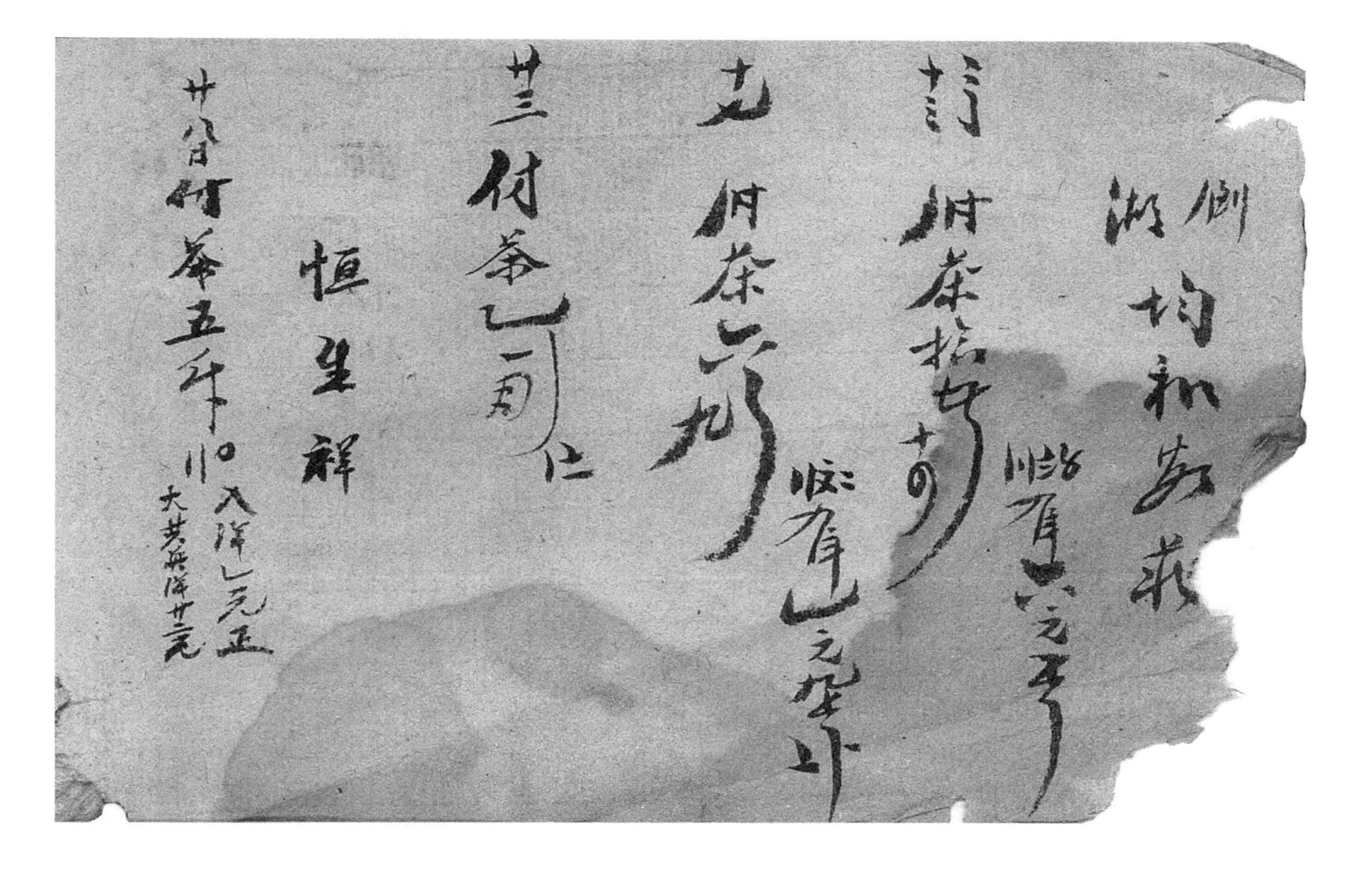

倒

湖坳和[illegible]萩　[illegible]六元[illegible]

十三　付茶[illegible]十[illegible]　[illegible]山元[illegible]

十五　付茶六[illegible]

廿三　付茶[illegible]

恒生祥

廿八日付茶五斤[illegible]　大洋[illegible]元正

大共英洋廿元

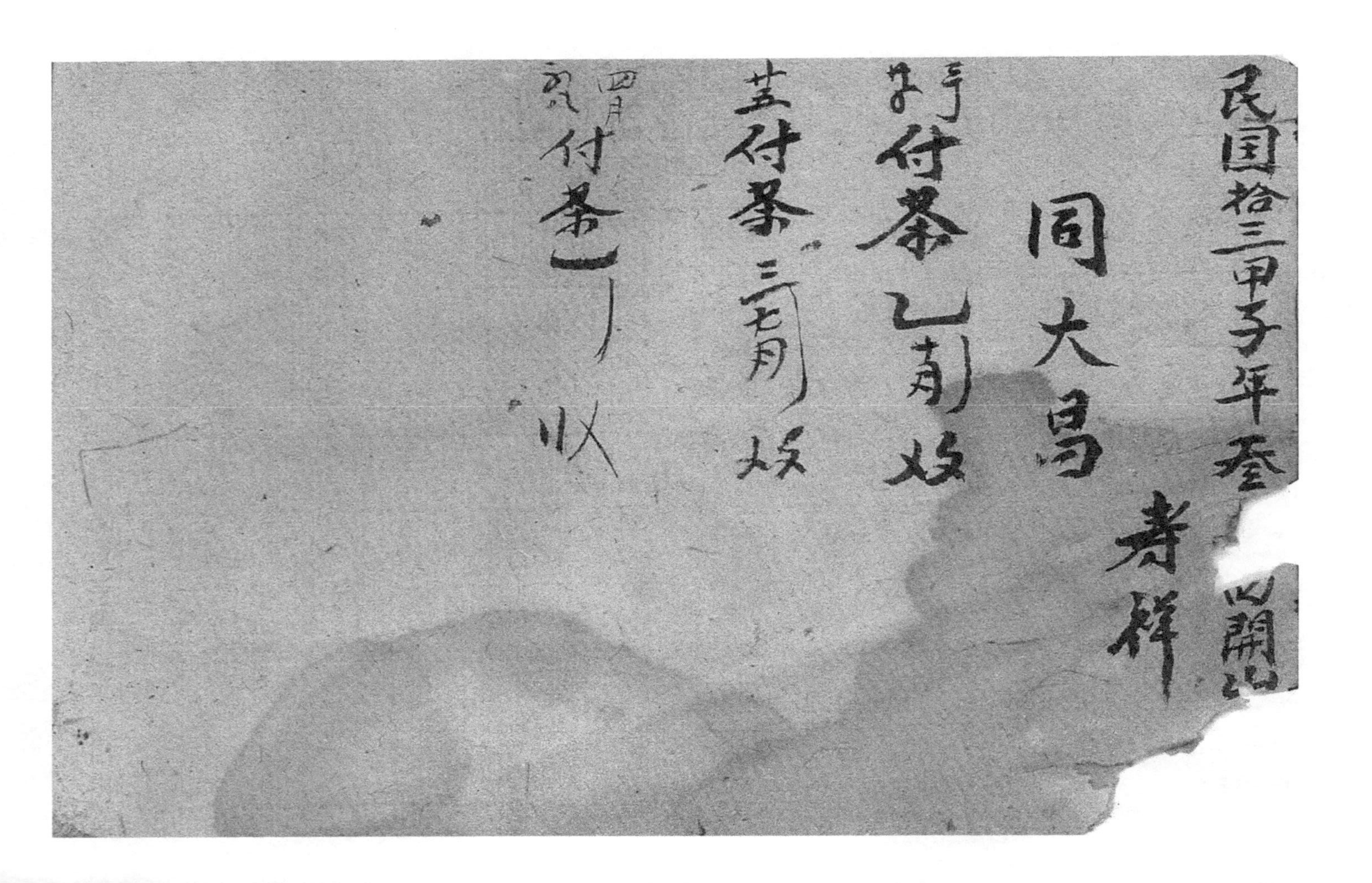

民国拾三甲子年荃[illegible]開[illegible]

寿祥

同大昌

[illegible]付茶乙[illegible]收

[illegible]付茶三[illegible]收

四月 [illegible]付茶一[illegible]收

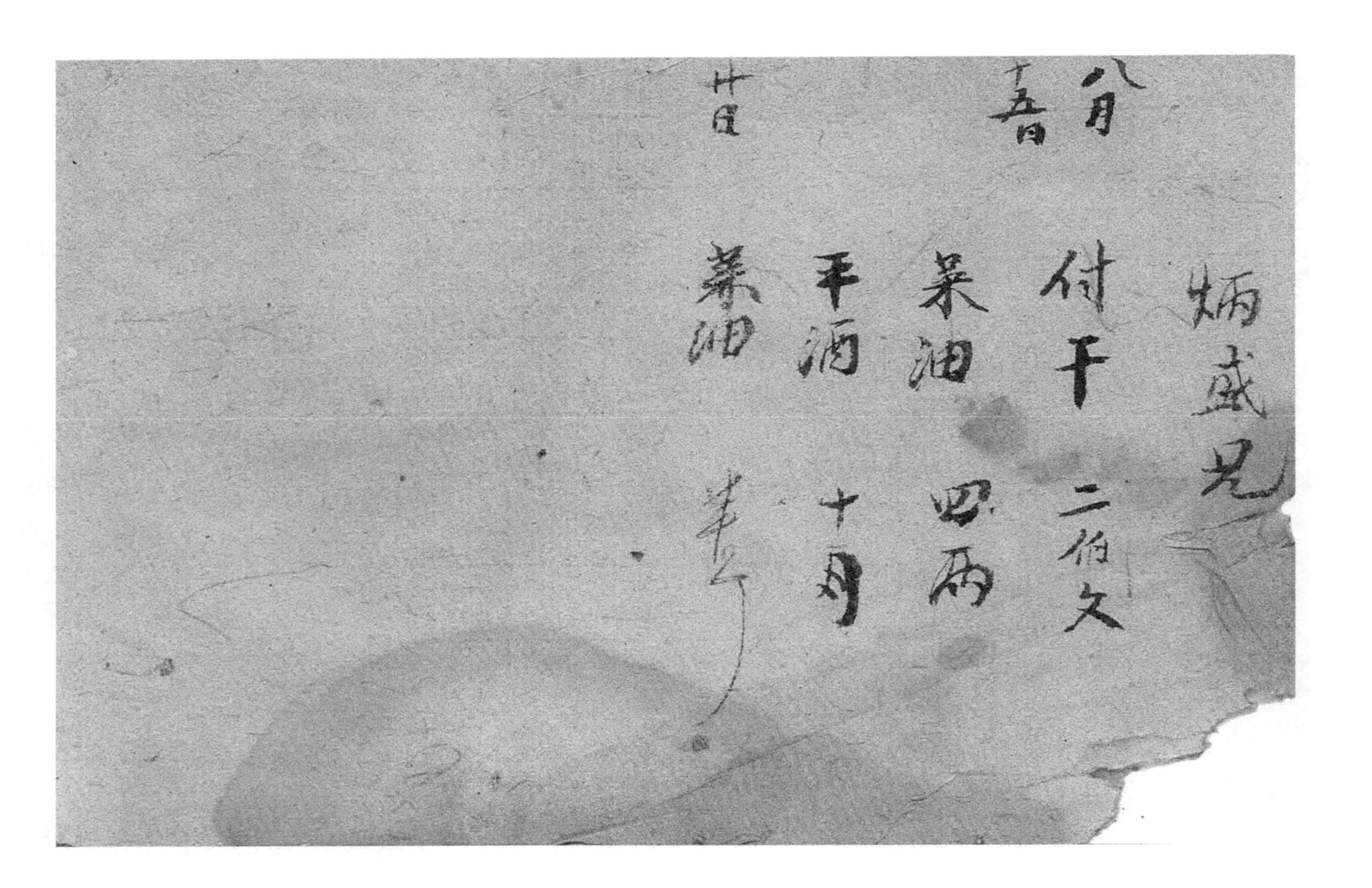

炳盛兄

八月十五日 付干 二佰文

菜油 四两

平酒 十月

廿日 菜油 半斤

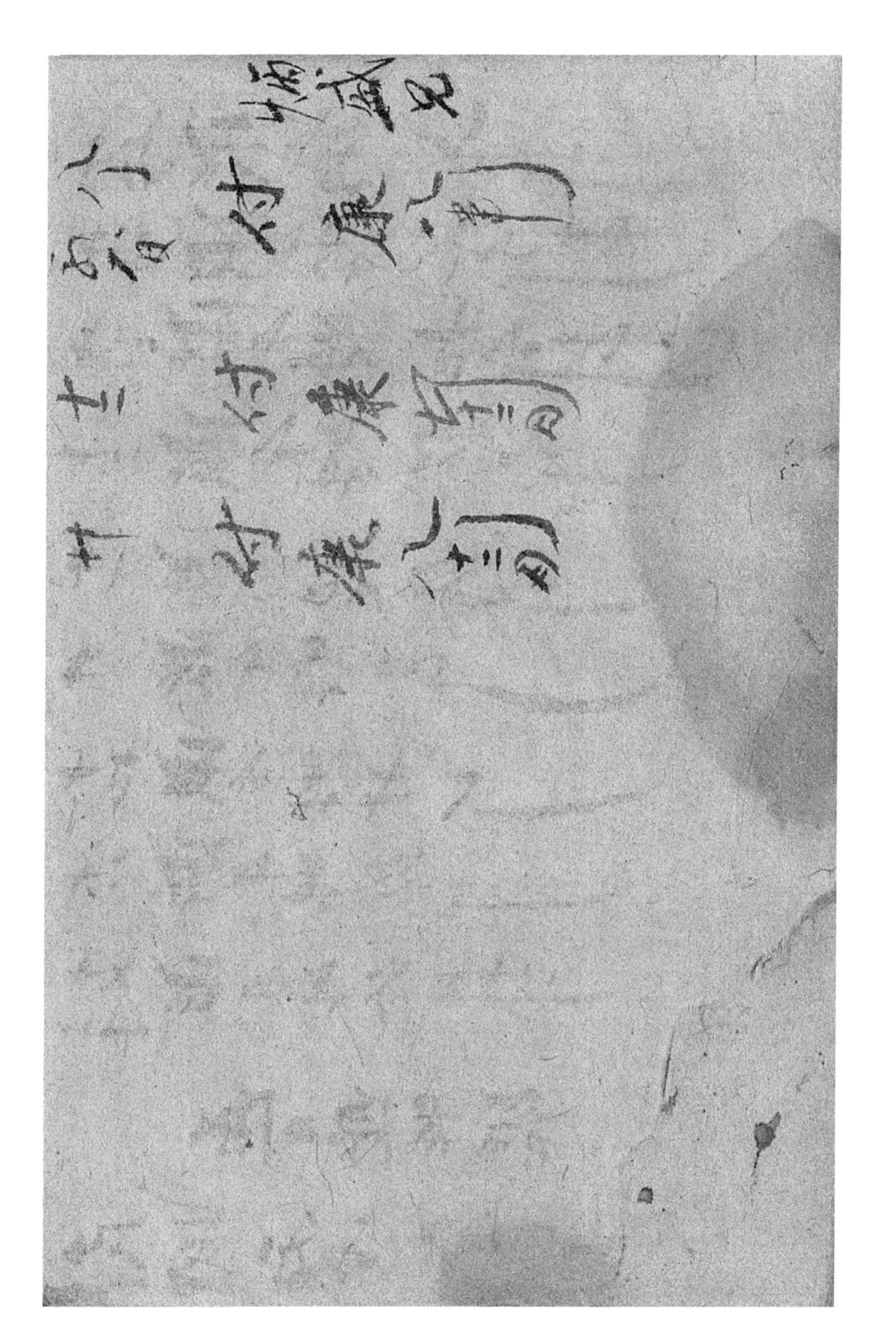

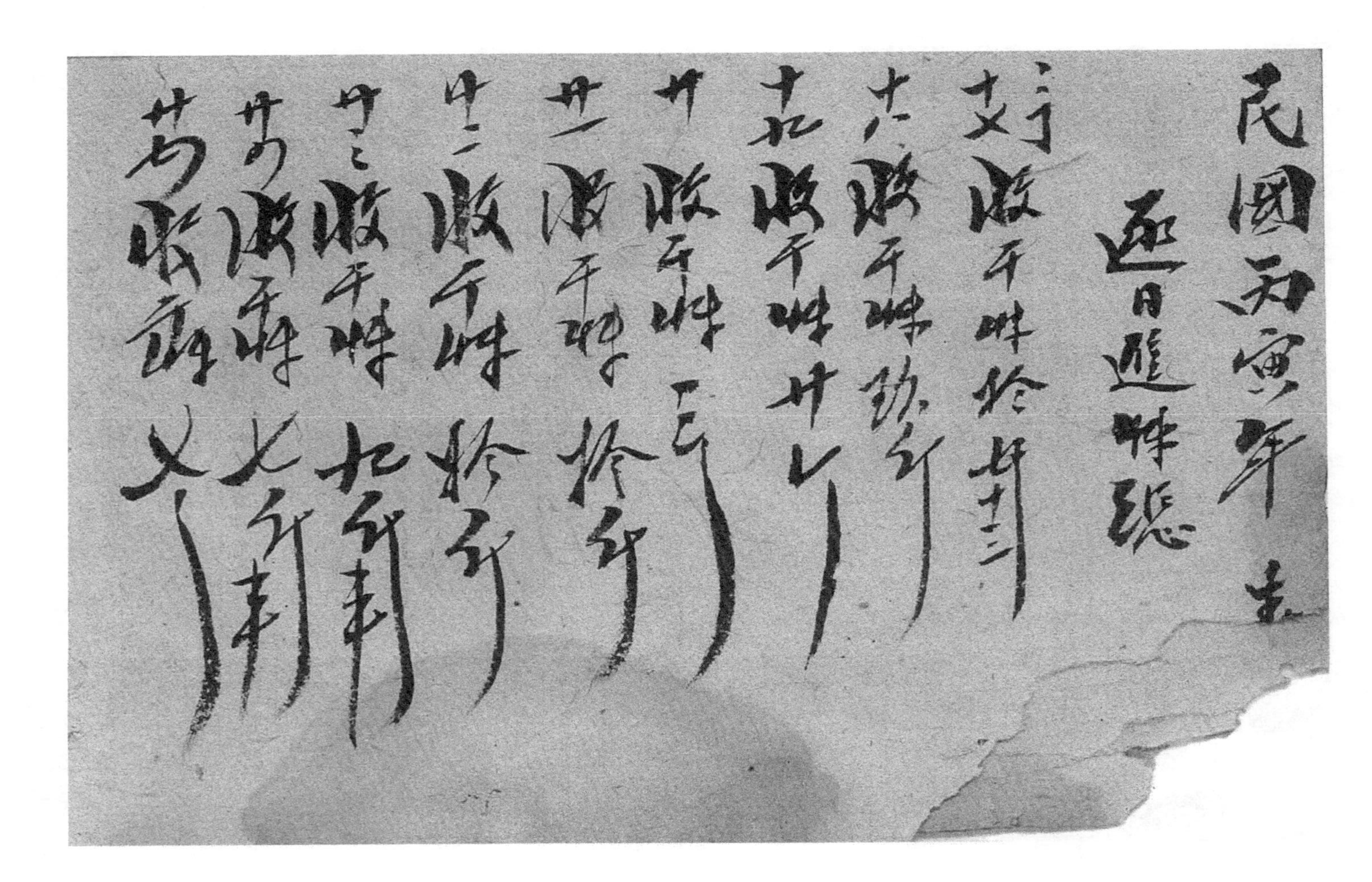

民國丙寅年 立

逐日進帳總

十八日

支元中百卅文

十九日

支言羊手

支元中百文

廿日

支元中百文

廿一日

支元中一百文 炳盛手

支元中三百文 字家當

五月初拾日

進丁

進坤 [illegible]

福元

廿七日 [illegible]

勸生

四月
廿八 [illegible]

民国乙丑年四月十三日种谷立

前四月廿八日种郑家坞

又四月初十日种坟坞口

种胡前坛

十一种上

天佑早谷　卅五斤

秋寿早谷　廿五斤

顺明早谷　三斤

龙乡主户　百〇九斤

林树主户　百十三斤

又　主户　廿八斤

坫松主户　九十四斤

民国乙丑年五月吉立

三德洋拾贰元正

顺明洋四元正

安乐洋叁元正

叶孙洋二元正

仁荣洋二元正

启松洋乙元正

顺子洋三元正

长生洋六元正

项申洋六元正

汪月洋五元正

定嬉洋 九元正
百祥洋 六元正
媞安洋 拾元正
秋寿洋 五元正
大丰洋 五元正
小至洋 三元正
長朋洋 八元

壬戌年

十二月十八日 付青才手英洋二元

廿三日 付頂申手英洋四元

乙丑年

五月初七日 付頂申英洋七元

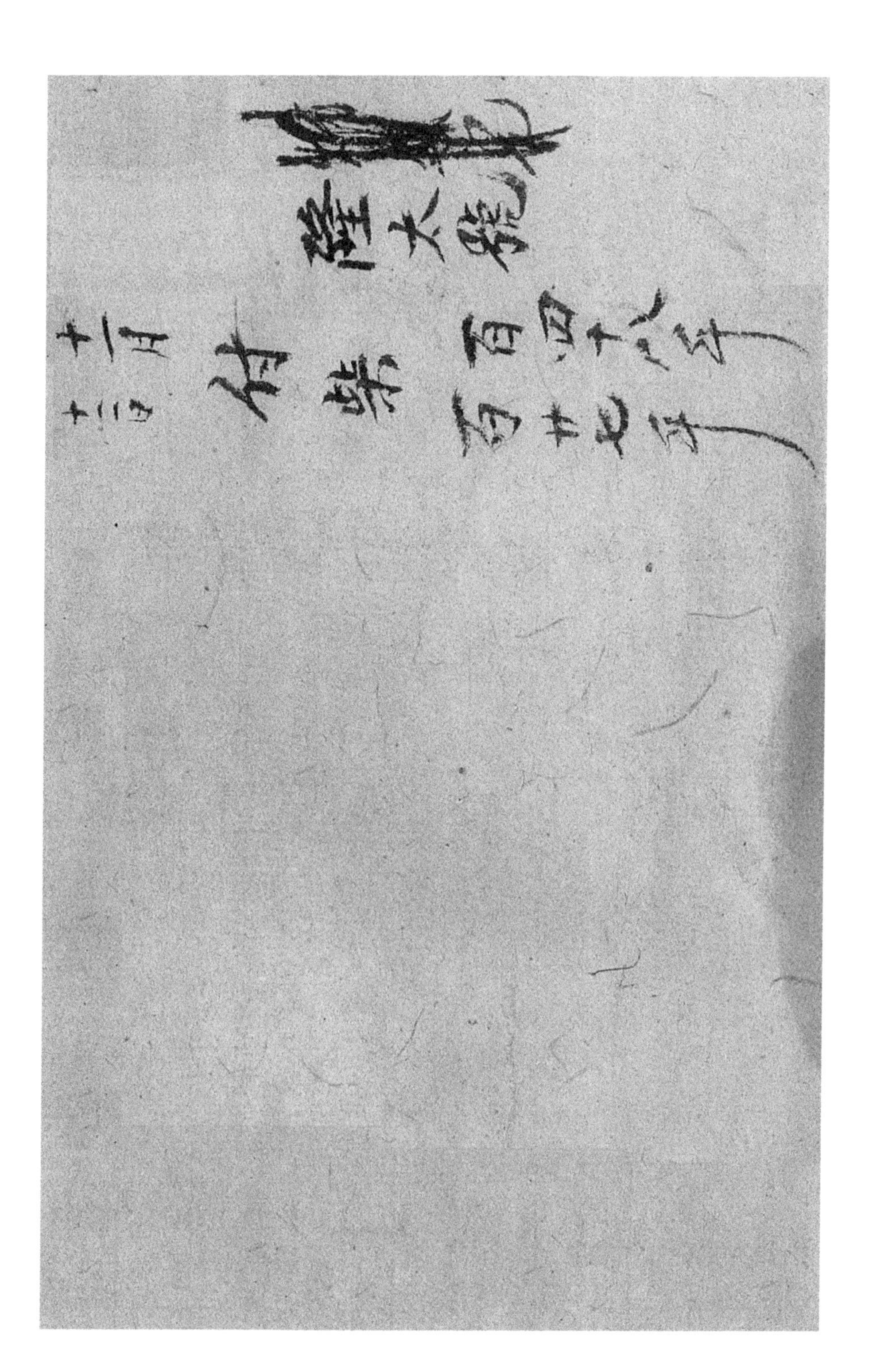
隆太號

付

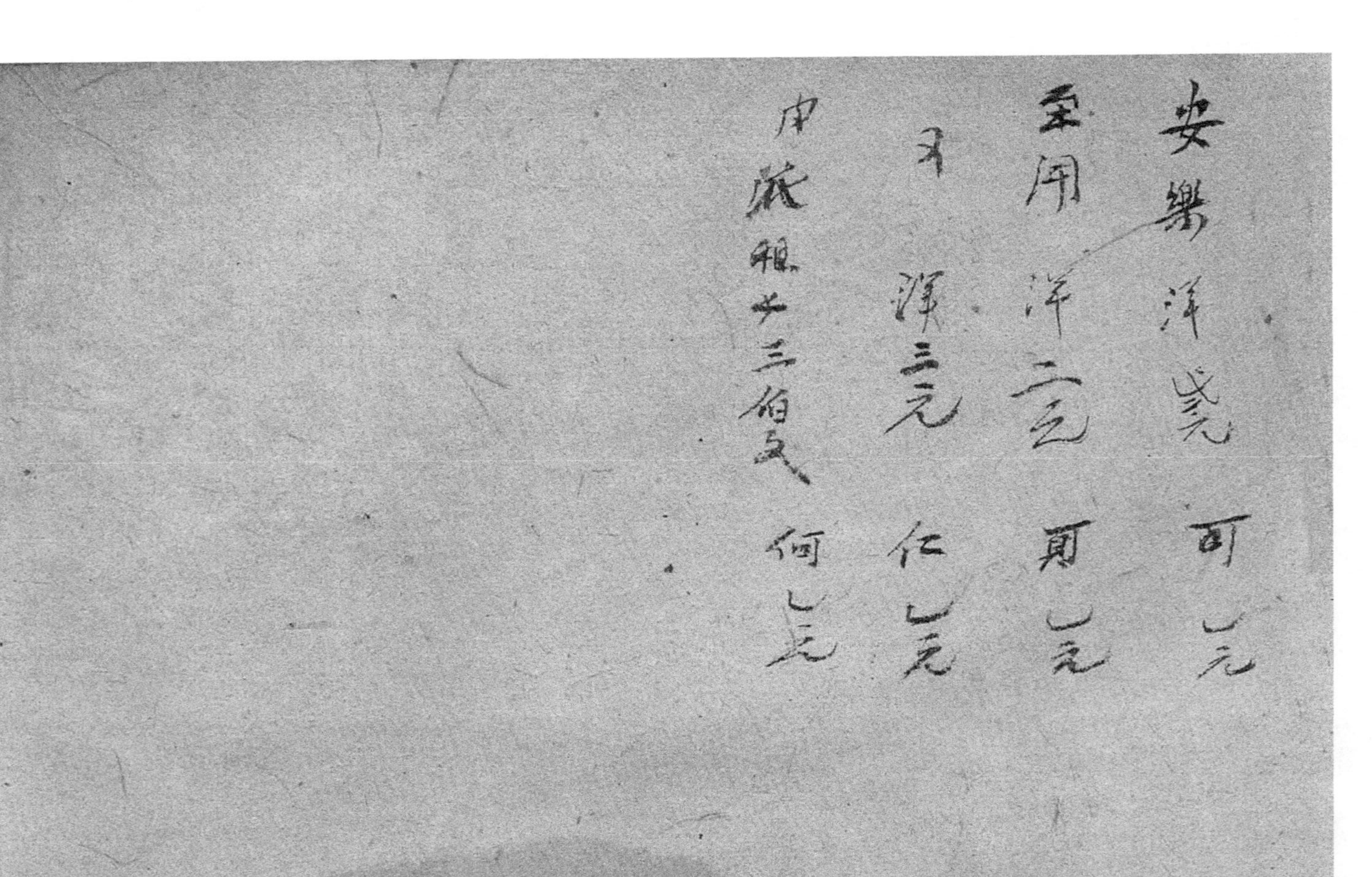

安樂洋貳元 可一元
至用洋二元 貝一元
又洋三元 仁一元
中秋糧廿三佰文 何一元

五月初三日開山大吉

隆泰號

五月初三日 付毛尖弍斤

初五 付毛尖弍十斤

付毛尖壹斤 收[illegible]付又洪吉

付毛尖乙斤 收言弍斤洪吉

后　记

本丛书虽然为2018年度国家出版基金资助项目，但资料搜集却经过十几年的时间。笔者2011年的硕士论文为《茶业经济与社会变迁——以晚清民国时期的祁门县为中心》，其中就搜集了不少近代祁门红茶史料。该论文于2014年获得安徽省哲学社会科学规划后期资助项目，经过修改，于2017年出版《近代祁门茶业经济研究》一书。在撰写本丛书的过程中，笔者先后到广州、合肥、上海、北京等地查阅资料，同时还在祁门县进行大量田野考察，也搜集了一些民间文献。这些资料为本丛书的出版奠定了坚实的基础。

2018年获得国家出版基金资助后，笔者在以前资料积累的基础上，多次赴屯溪、祁门、合肥、上海、北京等地查阅资料，搜集了很多报刊资料和珍稀的茶商账簿、分家书等。这些资料进一步丰富了本丛书的内容。

祁门红茶资料浩如烟海，又极为分散，因此，搜集、整理颇为不易。在十多年的资料整理中，笔者付出了很多心血，也得到了很多朋友、研究生的大力帮助。祁门县的胡永久先生、支品太先生、倪群先生、马立中先生、汪胜松先生等给笔者提供了很多帮助，他们要么提供资料，要么陪同笔者一起下乡考察。安徽大学徽学研究中心的刘伯山研究员还无私地将其搜集的《民国二十八年祁门王记集芝茶草、干茶总账》提供给笔者使用。安徽大学徽学研究中心的硕士研究生汪奔、安徽师范大学历史与社会学院的硕士研究生梁碧颖、王畅等帮助笔者整理和录入不少资料。对于他们的帮助一并表示感谢。

在课题申报、图书编辑出版的过程中，安徽师范大学出版社社长张奇才教授非常重视，并给予了极大支持，出版社诸多工作人员也做了很多工作。孙新文主任总体负责本丛书的策划、出版，做了大量工作。吴顺安、郭行洲、谢晓博、桑国磊、祝凤霞、何章艳、汪碧颖、蒋璐、李慧芳、牛佳等诸位老师为本丛书的编辑、校对付出了不少心血。在书稿校对中，恩师王世华教授对文字、标点、资料编排规范等内容进行全面审订，避免了很多错误，为丛书增色不少。对于他们在本丛书出版中

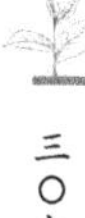

所做的工作表示感谢。

本丛书为祁门红茶资料的首次系统整理，有利于推动近代祁门红茶历史文化的研究。但资料的搜集整理是一项长期的工作，虽然笔者已经过十多年的努力，但仍有很多资料，如外文资料、档案资料等涉猎不多。这些资料的搜集、整理只好留在今后再进行。因笔者的学识有限，本丛书难免存在一些舛误，敬请专家学者批评指正。

康　健

2020年5月20日